2012年中国水产学会学术年会
论 文 选 集

中国水产学会 编

海洋出版社

2013年·北京

图书在版编目(CIP)数据

2012年中国水产学会学术年会论文选集/中国水产学会编. —北京：海洋出版社，2013.9
ISBN 978-7-5027-8662-5

Ⅰ.①2… Ⅱ.①中… Ⅲ.①渔业-中国-文集
Ⅳ.①S9-53

中国版本图书馆CIP数据核字(2013)第224113号

责任编辑：高朝君
责任印制：赵麟苏

海洋出版社 出版发行
http://www.oceanpress.com.cn
北京市海淀区大慧寺路8号 邮编：100081
北京华正印刷有限公司印刷
2013年9月第1版 2013年9月北京第1次印刷
开本：787mm×1092mm 1/16 印张：14.50
字数：370千字 定价：68.00元
发行部：62132549 邮购部：68038093 总编室：62114335

目　次

基础水产生物

基于新腹足目的三种DNA条形码分析方法的研究
…………………………………………………………………… 邹山梅　李　琪(1)

基础水产育种

几种体色锦鲤鳞片和鳍条上色素细胞的观察
…………………………………………………… 熊　钢　王　宇　王晓清　等(19)
金鱼微卫星DNA的筛选、引物设计及应用
…………………………………………………… 杨　璞　梁拥军　孙向军　等(26)
张家口坝上高背鲫鱼红细胞大小及DNA含量与染色体数的关系
…………………………………………………… 陈　力　赵春龙　黄海枫　等(34)
张家口坝上高背鲫肌肉营养成分分析及营养价值评价
…………………………………………………… 韩青动　陈　力　傅　仲　等(43)
张家口坝上高背鲫鱼DNA含量及细胞周期分析
…………………………………………………… 韩青动　陈　力　穆淑梅　等(56)

水产增养殖

盐度对点篮子鱼存活、生长和摄食的影响
…………………………………………………… 王　妤　赵　峰　庄　平　等(61)
吉丽罗非鱼和南美白对虾混养技术
………………………………………………………… 佟延南　王德强　李芳远(67)
利用网箱开展加州鲈鱼无公害高产养殖技术研究
………………………………………………………… 魏明伟　何军功　杨　起(71)

水产品贮藏与加工

南极磷虾甲壳质晶体结构和热学性质研究
………………………………………………………… 王彦超　薛长湖　常耀光(75)
低盐鱼糕新工艺:鱼糜pH－shifting工艺及微波加热胶凝
………………………………………………………… 付湘晋　李忠海　林亲录(89)

生物防腐剂在水产品保鲜中的研究进展
……………………………………………………… 朱丹实　励建荣　冯叙桥　等(96)
冷冻处理对风干蒙古红鲌腌制和干燥特性的影响
……………………………………………………… 李慧兰　杨杰静　刘友明　等(101)
茶多酚对黏质沙雷氏菌抑菌机理初步研究
……………………………………………………… 仪淑敏　励建荣　李学鹏　等(108)
水产鱼类保鲜技术研究进展
……………………………………………………… 刘剑侠　李婷婷　李学鹏　等(115)
市售鱼糜制品微生物菌相分析
……………………………………………………… 王雪琦　仪淑敏　励建荣(124)
中国对虾冷藏过程中品质变化与评价
……………………………………………………… 李学鹏　励建荣　王彦波　等(132)
水产品中微生物风险评估与安全标准
……………………………………………………… 白凤翎　李学鹏　励建荣(145)
鳡和草鱼鱼糜热诱导凝胶性能的比较研究
……………………………………………………… 丁玉琴　刘　茹　熊善柏(151)
鲍鱼内脏多糖促 HepG2 细胞增殖及替代培养基中血清作用的研究
……………………………………………………… 武风娟　李国云　刘春花　等(161)

基础水域生态

莱州湾鱼类种类组成及季节变化
……………………………………………………… 郑　亮　李　凡　吕振波　等(168)
套子湾及其邻近海域春季游泳动物群落结构
……………………………………………………… 王田田　李　凡　吕振波　等(179)
应用多重模型推论估计北部湾多齿蛇鲻的生长参数
……………………………………………………… 侯　刚　刘金殿　冯　波　等(194)
应用氮稳定同位素技术研究北部湾多齿蛇鲻摄食生态
……………………………………………………… 冯啟彬　颜云榕　卢伙胜　等(205)
挺水植物根系对底泥抗蚀作用的实验研究
……………………………………………………… 金　晶　张饮江(219)

基于新腹足目的三种 DNA 条形码分析方法的研究

邹山梅　李　琪

（中国海洋大学，山东 青岛 266003）

摘要： 近几年，DNA 条形码，作为一种对物种进行快速鉴定的分子方法，受到了学界的广泛认可。最初，单系法和距离法被应用于 DNA 条形码分析。最近，特征法被提出来。此研究中，为了检测三种 DNA 条形码分析方法的有效性，我们对新腹足目（Neogastropoda）贝类物种的 COI 和 16*S* rDNA 序列进行了分析。基于两条序列的分析结果显示：①距离分析法不能有效地区分大部分种类；②种内和种间距离出现明显的重叠区。COI NJ 树可以有效地区分大部分种类。对于 COI 和 16*S* rDNA 基因，特征分析法可以正确鉴定所有研究的新腹足目种类，并且可以有效区分一些属。此研究证明 DNA 条形码特征分析方法可以对不同水平的物种界元进行有效地区分和鉴定，特别是对于近缘物种。另外，特征法也可以使用相对保守的基因片段。

关键词： DNA 条形码；单系法；距离法；特征法

1　引言

近几年，DNA 条形码被提出作为一种快速又简便的物种鉴定方法，即利用一段标准 DNA 序列对物种进行区分鉴定，特别是有效区分一些形态相似的近缘种[1~6]。对比 DNA 条形码数据库，获得的未知生物个体或产物可以被识别鉴定。从这个意义上讲，利用 DNA 条形码方法鉴定物种的概念要清楚地区分于利用 DNA 序列信息进行物种分类和多样性研究的概念（例如基于 DNA 序列的 DNA 分类）[7~9]。截至目前，DNA 条形码获得了广泛的认可和应用，有超过 1 000 个已发表的文章涉及其应用[10]。

树形分析法是目前 DNA 条形码的主要分析方法，其可以分为两种：距离分析法和单

基金项目：国家高技术研究发展计划项目（2007AA09Z433）；教育部培育资金项目（707041）

通信作者：李琪。E-mail：qili66@ouc.edu.cn

系分析法。距离分析法是基于种内和种间距离的差异度。单系分析法以每个种类在进化树上形成单源枝为成功鉴定标准[2]。距离分析法通过计算出物种间序列差异度而建立一个距离鉴定体系。此鉴定体系中最重要的是距离界值阈，并根据此距离界值阈来判定一个未知种类是否为新种。另外一些学者[11,12]提出以"Barcoding gap"作为标准来进行物种鉴定[13~15]。"Barcoding gap"即种内序列和种间序列的距离缺口。然而，距离分析法并不是一种很好的鉴定和发现新物种的方法[9,16,17]。一个原因是线粒体DNA的碱基置换率在同一种内和不同种的个体间的差异度很大。这种大的差异度可以导致种内和种间序列距离的重叠[9,17~19]，进而影响序列鉴定的准确性[13,20,21]。单系分析法以进化树上的物种是否为单源为标准来鉴定此物种是否为已知种或新种。同举例分析法一样，单系分析法也遭受到了质疑。例如，所研究样品的不足易导致进化树拓扑结构的不同[22,23]。由于演化时间的不足，一些近缘种可能互不为单系群[24,25]。另外，基因序列树和真正的物种进化树往往是不一致的[15,26,27]，并且以单系作为标准来进行物种鉴定缺乏客观性[23,28,29]。

特征分析法被最新提出来作为代替距离法和单系法的新的DNA条形码分析方法[16,21,23,30]。此方法是根据同一类群个体具有区别于其他类群个体的碱基特征的概念而提出的[31]。它以物种独特的碱基组合代替序列距离对物种进行特征描述。一个物种独特的碱基组合为此物种基因序列上特定位置上的A、T、C、G四种碱基。特征分析法可以利用多基因位点对不同水平的分类界元进行鉴定[21]。目前，相关研究已证实了此种分析方法在物种鉴定和发现新种的有效性，比如对果蝇和蜻蜓目昆虫的研究[21,23,32]。

本研究通过对具有多水平分类界元(种、属、科)的新腹足目进行条形码分析来检测以上三种条形码分析方法的有效性。广泛的分类界元可以允许我们在一个宽泛的种的水平上来分析平均序列距离和碱基特征。当COI基因被用作单一的标准基因进行条形码鉴定时[2,11,33~36]，相关学者提出其局限性[19,37,38]。本研究中，我们利用COI和16*S* rDNA两个基因位点对新腹足目进行条形码分析。

新腹足目(Neogastropoda)隶属于腹足纲，是一个物种及其丰富的海洋群体(大约有16 000个种类)，其分布遍布海洋环境的每一个角落[39,40]。它包含许多极具多样性和生态重要性的科目，比如骨螺科、滨螺科和宇螺科，并且具有一套成熟的形态鉴别体系[40~45]。然而，由于该目的极大形态可塑性和外部形态易受环境影响等因素，其基于形态特征的物种分类变得极其困难。另外，许多科目包含大量的近缘种，也加剧了鉴定困难。因此，新腹足目可以作为理想的材料来检测DNA条形码的有效性。通过检测DNA条形码在新腹足目物种分类方面的可行性，我们可以清楚地知道如何运用DNA序列进行物种鉴定。

2 研究方法

2.1 样品采集

我们分析了新腹足目12科25属40种的113个个体的COI和16*S* rDNA序列(表1)。所有研究个体是2003—2010年从中国沿海的31个地点采集的，并保存在90%~100%的酒精中(表1，图1)。

表 1 本研究中的物种

科	属	种	种名缩写	个体数
Buccinidae	*Buccinium*	*pemphigum*	Bp	6
		yokomaruae	By	4
	Phos	*senticosus*	Ps	5
	Cantharus	*melanostomus*	Cm	2
		cecillei	Cc	2
	Volutharpa	*ampullacea perryi*	Va	5
	Neptunea	*cumingi*	Nc	3
Columbellidae	*Euplica*	*scripta*	Es	3
	Pseudamycla	*formosa*	Pf	1
	Mitrella	*bicincta*	Mb	5
		burchardi	Mbu	2
Melongenidae	*Hemifusus*	*colosseus*	Hc	2
		ternatanus	Ht	5
		tuba	Htu	8
Muricidae	*Chicoreus*	sp.	Cs	1
		torrefactus	Ct	2
	Boreotrophon	*xestra*	Bx	4
	Thais	sp.	Ts	1
	Ergalatax	*margariticola*	Em	2
				2
	Ceratostoma	*rorifluum*	Cr	2
				4
	Morula	*rugosa*	Mr	2
		granulata	Mg	4
		margariticola	Mm	1
Nassariidae	*Nassarius*	*siquijorensis*	Zs	1
		hepaticus	Nh	4
		festivus	Nf	3
Fasciolariidae	*Fusinus*	*ongicaudus*	Fl	4
Volutidae	*Melo*	*melo*	Mme	4
Babyloniidae	*Babylonia*	*lutosa*	Bl	1
		areolata	Ba	4
Conidae	*Conus*	*aristophanes*	Ca	2
		textile	Cte	1
		betulinus	Vt	2
		sanguinolentus	Csa	1
Turbinellidae	*Vasum*	*turbinellus*	Vt	2
Terebridae	*Duplicaria*	*dussumieri*	Dd	1
Turridae	*Turricula*	*javana*	Tj	1
	Gemmula	*deshayesii*	Gd	1
	Lophiotoma	*leucotropis*	Ll	1

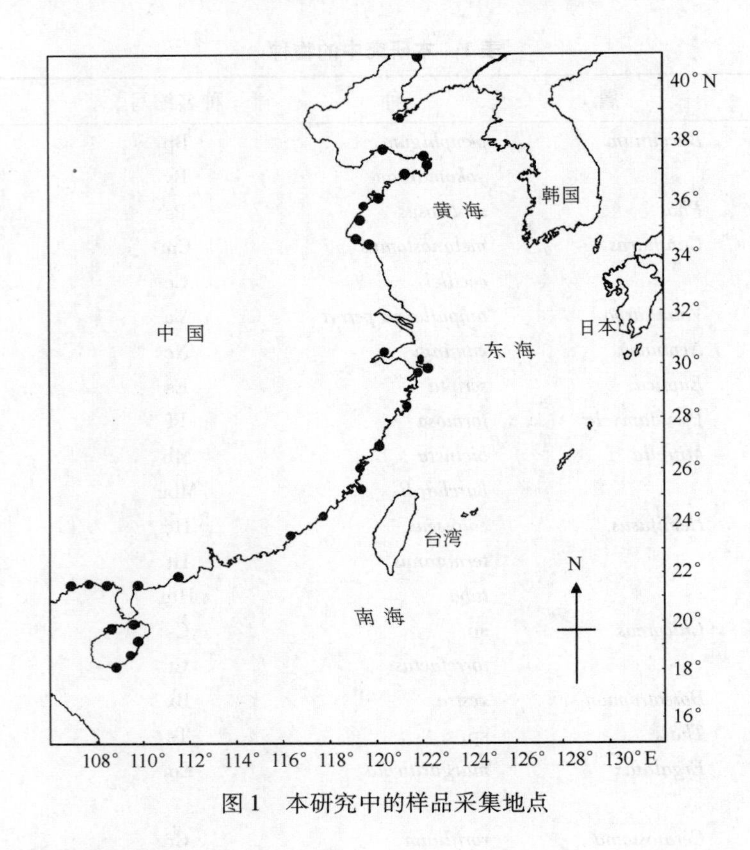

图1　本研究中的样品采集地点

2.2　DNA 提取，PCR 扩增和测序

利用 CTAB 提取法[46]，DNA 从研究个体的足部肌肉提取。PCR 扩增在 50 μL 的体系中进行。该体系包含 1.5 mM $MgCl_2$，0.2 mM 的 dNTPs，1 mM 的正反向引物，10 倍的 buffer 和 2.5 单位的 Taq 酶。PCR 循环体系为：95℃ 3 分钟—退火温度 45 秒（COI 和 16*S* rDNA 的退火温度为 45 ~ 50℃）—72℃ 1 分钟，接下来 35 个循环的 95℃ 30 秒—退火温度 45 秒（COI 和 16*S* rDNA 的退火温度为 45 ~ 50℃）—72℃ 1 分钟，最后 72℃ 10 分钟。COI 的 PCR 扩增引物是 LCO1490（F）- GGTCAACAAATCATAAGATATTGG 和 HCO2198（R）- TTAACTTCAGGGTGACCAAAAAATCA[47]。16*S* rDNA的扩增引物是 16Sar - CGCCTGTTTATCAAAAACAT 和 16Sbr - CCGGTCTGAACTCAGATCACGT[48]，16SarM - GCGGTACTCTGACCGTGCAA 和 16SbrM - TCACGTAGAATTTTAATGGTCG[49]。PCR 产物在 1.5 倍的琼脂糖电泳上进行检测，如果有杂带，则进行切胶处理。然后目的产物用 EZ Spin Column PCR Product Purification Kit，Sangon 试剂进行纯化。纯化后的产物用 BigDye Terminator Cycle Sequencing Kit（ver. 3.1，Applied Biosystems）和 AB PRISM 3730 进行双向测序。

2.3　序列距离和系统发育分析

用软件 Seqman Ⅱ 5.07（Lasergene，DNASTAR，Madison，WI，USA）对 COI 和 16*S* rDNA 序列的正反向进行编辑和整合。然后用软件 fftnsi（MAFFT 6.717[50]）对整合后的序列进行比对。在所有的 COI 序列中，没有发现碱基插入和缺失。用 Gblocks 0.91b[51] 软件删除

16*S* rDNA 序列中的不确定区域。

在 K2P 距离模型下用 MEGA 4.0[52] 软件对 COI 和 16*S* rDNA 序列进行距离和进化树分析。邻接树的支持度由自检举检验 1 000 次重复而来。*Cypraea cervinetta*（Cypraeidae）被选作为外群体。

2.4 特征法分析

我们用 CAOS[53,54] 系统进行 DNA 条形码特征法的分析。CAOS 系统可以对所研究群体进化树的每一个节点进行特征分析。该特征可以是序列碱基、形态、生态等，其只存在于所分析进化树的一个节点上[21]。CAOS 系统包括两个程序：P－Gnome 和 P－Elf[53]。本研究中，PAUP v4.0b10[55] 和 Mesquite v2.6[56] 软件被用来产生需要在 P－Gnome 上运行的 NJ 进化树和 nexus 文件。P－Gnome 程序要求 NJ 进化树上的每一个研究单元只有一个节点，即摧毁每个单元的进化枝中所包含的小节点。此研究单元根据研究目标而定。最后，每个研究单元中区别于其他单元的独有的碱基特征被抽取出来，形成独特的条形码特征。

3 结果

本研究一共分析了 113 个新腹足目个体的 108 个 COI 和 102 个 16*S* rDNA 序列（表 1）。其中的 63 个 COI 和 58 个 16*S* rDNA 是从本研究中获得的，其 Genbank 号为 JN052927～JN053047。其他的 45 个 COI 和 44 个 16*S* rDNA 序列式从 Genbank 上下载所获得。本研究中的 97 个个体同时具有 COI 和 16*S* rDNA 序列。

3.1 基于距离法的条形码分析结果

本论文分析了不同分类水平的 COI 序列距离（图 2，表 2）。和期望的一样，序列距离

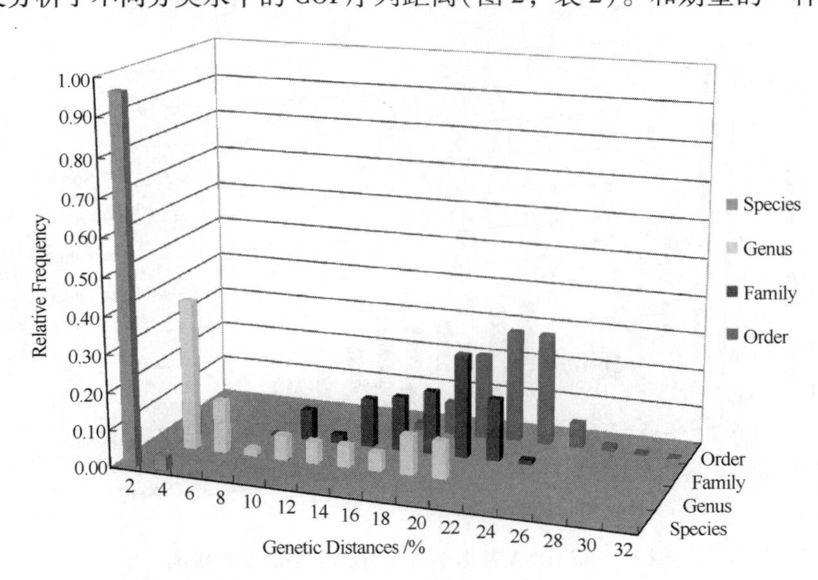

图 2　COI 基因的各个分类水平的序列距离

随着分类水平的增高而增大。同一种内个体间的COI序列距离分布为0～2.20%，其平均值为0.64%。同一属内不同种个体间的COI序列距离分布为2.10%～19.80%，其平均值为8.06%。同一科内不同属个体间的COI序列距离分布为6.3%～24.80%，其平均值为18.46%。不同科间个体的COI序列距离分布为15.20%～30.90%，其平均值为21.61%。在COI的种内和种间距离之间没有出现"distance－gap"（见图2）。10倍的距离界值阈标准导致了45%的鉴定错误率。最小的种间距离（2.10%～3.90%）出现在角螺属（*Hemifusus*）内，并且和种内距离间有重叠。

表2　COI不同分类水平的序列距离

类别	平均/%	最小/%	最大/%	误差
种内	0.64	0.00	2.20	0.002
属内	8.06	2.10	19.80	0.010
科内	18.46	6.30	24.80	0.017
目内	21.61	15.20	30.90	0.022

图3和表3显示了不同分类水平的16*S* rDNA序列距离。同一种内个体间的16*S* RDNA序列距离分布为0～1.60%，其平均值为0.20%。同一属内不同种个体间的16*S* rDNA序列距离分布为0.30%～12.40%，其平均值为3.41%。同一科内不同属个体间的16*S* RDNA序列距离分布为2.2%～21.0%，其平均值为9.65%。不同科间个体的16*S* RDNA序列距离分布为6.90%～30.20%，其平均值为16.32%。因此，在16*S* rDNA序列的种内和种间距离间也出现了重叠（图3）。10倍的距离界值阈标准导致了57%的鉴定错误率。在每一个分类水平上，16*S* rDNA的序列距离一般要小于COI的序列距离。

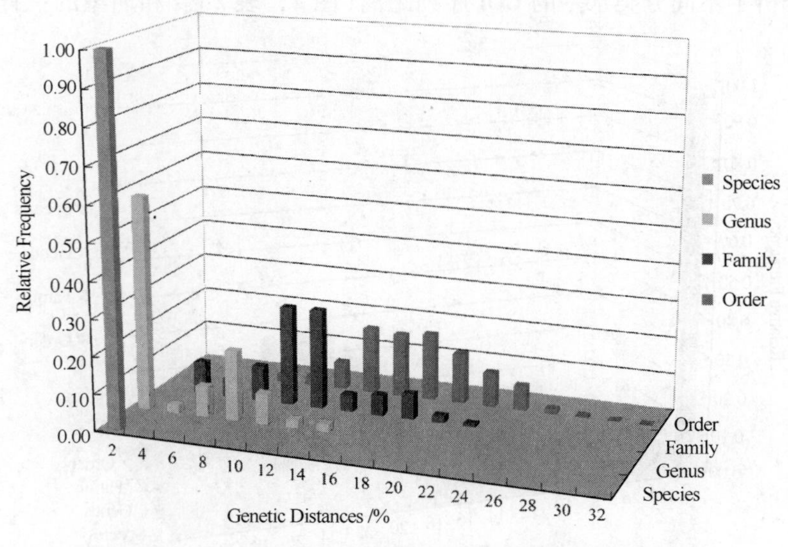

图3　16*S* rDNA基因的各个分类水平的序列距离

表3 16*S* rDNA 不同分类水平的序列距离

类别	平均/%	最小/%	最大/%	误差
种内	0.20	0.00	1.60	0.001
属内	3.41	0.30	12.40	0.009
科内	9.65	2.20	21.70	0.018
目内	16.32	6.90	30.20	0.024

3.2 单系法分析结果

所有包含大于1个个体的物种在COINJ树上显示为单系群，并具99%或100%的节点支持度(图4)。只包含一个个体的物种不显示支持度。3个 *Hemifusus* 种在COI NJ树上显

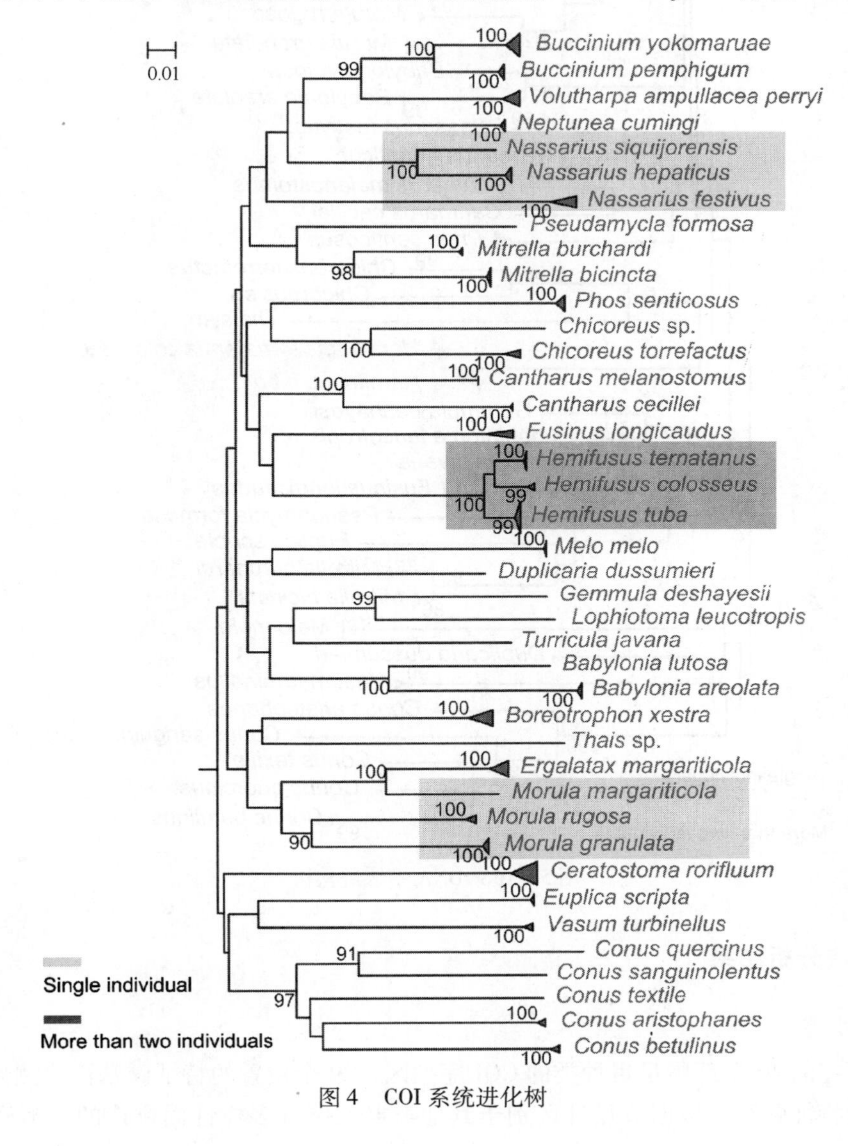

图4 COI系统进化树

示出很近的进化关系(图4)。除了*H. colosseus*和*H. ternatanus*聚为一个进化枝，所有包含大于1个个体的种类在16*S* rDNA NJ树上也显示为单系群(图5)。但一些种在16*S* rDNA NJ树上具较低的支持度。在COI和16*S* rDNA NJ树上，*Nassarius*和*Morula*均不构成单系群。

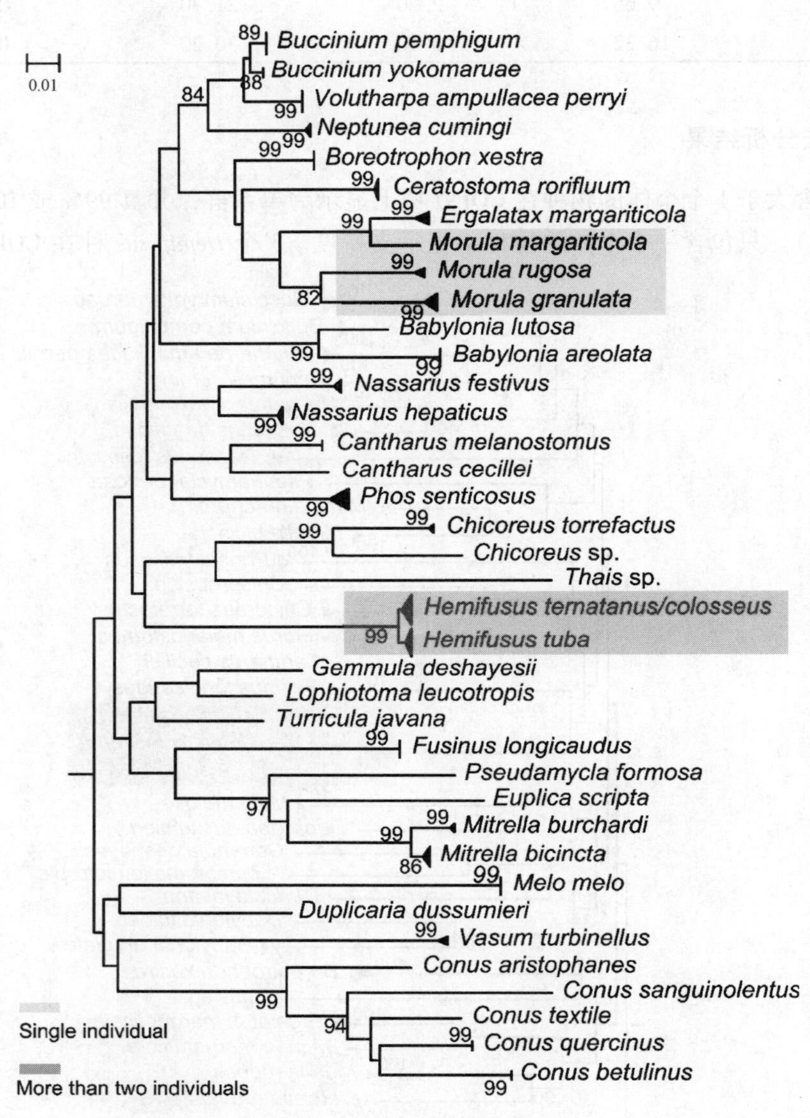

图5　16*S* rDNA系统进化树

3.3　特征法分析结果

3.3.1　种水平

在所研究的40个新腹足目种类的COI序列区，29个位置的特征碱基被检测到(表4)。这些位置的特征碱基是根据节点处区别于其他类群的碱基多样性而挑选的。多样性越高，则被挑选的可能性就越大。所有研究的种类在所挑选的 COI 序列区的 29 个位置均构成独特的碱基组合，且种至少存在 3 个特征碱基。对于近缘种 *Hemifusus colosseus*、*H. ternatanus* 和 *H. tuba*，只有 4 个特征碱基被检测到。

表 4　新腹足目 40 个种的 COI 特征法分析

	位置																												
种名	14	49	59	68	71	80	104	140	191	194	215	233	266	281	305	311	317	326	329	389	398	468	472	479	494	506	518	551	608
Es (3)	G	A	C	A	G	T	T	A	G	A	T	T	A	A	A	A	A	A	G	T	A	A	C	A	A	T	T	T	T
Pf (1)	A	T	T	A	A	T	T	T	A	T	C	T	A	T	T	T	T	T	G	T	G	A	T	G	A	T	G	A	T
Mbu (2)	A	T	T	A	A	T	T	A	G	G	T	T	T	T	T	A	T	T	G	A	G	A	T	A	A	T	T	A	T
Mb (5)	A	T	T	G	A	T	T	A	A	A	T	T	T	C(2) T(3)	T	G	A	T	T	A	A	A	T	A	A	T	T	A	T
By (4)	A	T	T	A	T	T	A	G	G	T	T	T	A	C	A	T	T	T	A	A	C	G	T	A	G	C	G	T	T
Bp (6)	A	T	T	A	C	T	A	A	G	T	T	T	A	T	A	T	T	T	G	A	T	G	T	A	G	T	G	T	T
Va (4)	A	T	T	A	T	T	A	A	G	T	T	A	G	C	A	T	T	T	G	G(1) A(3)	C	A	C(1) T(3)	A	A	T	G	C	T
Nc (3)	A	T	C	T	T	T	A	A	A	A	C	A	T	T	A	T	T(2) C(1)	T	G	A	A	A	T	G	A	T	A	T	C
Cm (2)	G	T	C	A	T	T	A	A	A	A	T	A	A	T	C	T	A	A	T	A	A	A	C	A	A	T	A	T	T
Cc (2)	A	C	C	A	T	T	A	A	G	A	T	A	A	T	G	T	T	A	T	A	A	A	C	A	A	T	G	T	T
Ps (4)	A	T	T	T	T	T	G	T	T	G	C	A	T	G	A	T	T	T	T	G	G	A	C	A	A	A	T	T	T
Bl (1)	A	T	T	G	A	A	A	A	C	A	T	A	T	T	C	T	A	C	T	T	T	A	T	A	A	T	A	A	T
Ba (4)	A	T	T	G	A	A	A	A	T	A	G	A	T	G	T	C	A	T	T	T	T	A	T	A	A	T	A	G	T
Ht (5)	A	T	T	T	A	T	A	A	A	G	T	T	A	C	T	T	T	T	G	A	G	A	T	A	A	A	C	A	C
Hc (2)	G	T	T	T	A	T	A	A	A	G	T	T	A	T	T	T	T	T	G	G	G	A	T	A	A	A	C(1) T(1)	G	C
Htu (8)	A	T	T	T	A	T	A	A	A	G(7) A(1)	C	T	A	T	T	T	T	T	G(4) A(4)	A	G	A	C	A	A	A	C	A	T
Vt (2)	G	G	C	T	T	A	G	G	G(1) A(1)	A	T	A	T	C	T	T	G	T	G	T	A	A	C	T	G	T	G	G	C
Mme (4)	C	G	T	A	T	T	A	G	G	T	G	C	T	T	A	T	G	A	G	T	A	A	T	G	A	T	G	A	T
Cq (2)	A	T	G	G	A	A	T	G	A	T	A	A	T	T	T	T	T	G	A	A	G	A	T	G	A	C	A	T	T
Cb (2)	A	T(1) C(1)	A	G	G	A	A	A	G	T	T	A	T	T	G	C	A	A	G	T	A	A	T	A	A	T	C	T	T
Cte (1)	A	T	C	G	G	A	G	A	A	T	C	G	T	A	A	A	A	G	A	T	A	A	T	A	A	T	G	T	T
Csa (1)	A	C	G	G	A	A	T	A	A	T	T	A	T	T	T	T	C	A	G	G	G	A	T	A	A	C	A	T	T
Tj (1)	A	T	C	T	T	A	A	G	G	A	G	A	T	C	A	T	A	T	A	G	G	A	T	G	A	T	T	G	T
Gd (1)	A	G	T	T	T	T	G	A	A	A	T	A	T	T	A	T	A	A	C	A	A	A	T	A	A	T	A	G	T
Ll (1)	A	T	T	T	T	T	A	A	T	A	C	T	T	T	A	C	A	G	A	T	A	A	T	A	A	T	A	T	G
Ca (2)	A	T	C	G	A	A	G	A	T	C	G	A	T	T	T	T	A	A	G	T	G	A	C	A	A	T	G	A	T
Dd (1)	A	T	T	T	T	T	A	G	T	G	T	G	T	T	T	T	G	G	G	A	A	A	T	A	A	T	T	T	A
Bx (4)	A	T	T	T	T	C	T	A	G	A	T	A	A	T	T	T	A	G	G	T	T	A	C	T	G	T	A	A	T
Fl (2)	A	T	T	T	A	T	A	A	A	A	T	A	A	A	A	T	G(1) T(1)	T	A	T	G	A	T	G	A	T	T	T	C
Mg (4)	A	G	T	A	T	G	T	A	G	A	T	A	T	T	T	T	A	A	C	T	T	A	T	G	A	T	A	T	C
Mr (2)	A	T	T	G	T	A	T	A	A	A	T	A	C	T	T	T	A	G	T	T	A	A	T	A	G	T	A	T	T
Cs (1)	A	T	C	T	T	T	A	T	T	T	T	A	A	T	T	T	A	A	G	T	A	A	T	A	G	A	T	T	T
Mm (1)	A	T	T	A	T	T	T	A	A	C	C	A	T	A	T	T	A	G	G	T	T	A	T	A	G	A	A	A	T
Em (4)	A	T	T	A	T	T	C	C	A	T	T	A	T	A	T	T	A	A	A	T	T	A	T	G	G	A	A	A	T
Ts (1)	A	T	C	A	T	C	G	G	T	A	A	T	T	T	T	T	T	G	A	C	T	A	C	C	G	G	G	A	T
Cr (6)	A	T	C	T	T	C	G	G	A	A	T	A	A	A	T	C	A	A	G	T	A	A	T	T	G	T	G	T	T
Ct (2)	A	T	T	C	T	T	G	A	T	A	T	A	A	T	T	T	A	A	T	T	A	A	T	A	A	G	A	T	T
Nh (4)	A	T	C	C	T	C	T	A	T	A	G	C	A(3) G(1)	T	C	C	A	G	A	T	A	A	C	A	A	T	A	T	T
Nf (3)	G	T	T	T	A	T	T(2) C(1)	A	A	G	G	T	A	T	T	A	A	G	A	A	A	A	T	A	A(2) G(1)	A	T	T	T
Ns (1)	A	T	T	T	T	T	T	A	T	G	A	T	A	T	T	T	G	A	A	T	A	A	T	G	A	T	G	T	C

注：表中显示了 COI 序列 14～608 位置的特征碱基。种名和表 1 中的缩写对应。括号里显示了每个位置的碱基数。

表 5 显示出所研究的 39 个新腹足目种类的 16*S* rDNA 序列区的 27 个位置的特征碱基。与 COI 序列区的检测结果类似，所有研究的种类在所挑选的 16*S* rDNA 序列区的 27 个位置均构成独特的碱基组合，且每个种至少存在 3 个特征碱基。对于近缘种 *Hemifusus colosseus*、*H. ternatanus* 和 *H. tuba*，则只有 3 个特征碱基被检测到。

表 5　新腹足目 40 个种的 16*S* rDNA 特征法分析

种名 \ 位置	45	89	105	120	161	176	177	178	189	193	196	199	203	204	206	210	211	214	216	249	250	281	283	287	290	365	366
Es (1)	T	A	A	A	T	G	G	T	A	T	T	A	A	T	A	G	T	A	G	T	G	A	T	A	A	T	T
Pf (1)	T	T	G	C	A	A	G	T	-	A	T	G	T	T	G	G	T	A	T	A	A	-	G	G	C	T	T
Mbu (2)	T	T	G	G	A	G	G	T	A	A	T	A	A	T	G	A	T	C	A	T	G	A	G	G	C	T	T
Mb (5)	T	T	G	G	A	G	G	T	A	T	T	A	A	T	G	A	T	T	A	T	A	A	A	A	C	T	T
Bp (5)	A	A	T	A	G	A	A	C	A	C	C	G	A	T	A	A	T	G	A	A	A	A	C	A	A	C	T
By (2)	A	A	T	A	G	A	A	T	A	T	C	G	A	T	A	A	T	T	A	A	A	A	C	A	A	C	C
Va (5)	A	A	T	A	G	G	A	C	A	T	C	A	A	T	A	A	T	T	A	A	A	A	C	A	A	C	T
Nc (3)	A	A	T	A	A	A	A	A	A	T	T	G	A	T	A	A	T	G	A	A	-	A	C	A	A	C	T
Cm (2)	G	A	T	A	T	A	A	T	A	T	T	A	A	T	A	G	C	A	A	A	A	A	T	A	A	T	T
Cc (1)	A	A	C	G	T	A	A	T	A	A	T	A	A	T	A	A	T	A	T	A	A	A	T	A	G	T	T
Ps (5)	A	A	T	A	T	A	A	A	A	C	T	T	G	C	T	G	T	G	A	A	A	A	A	A	T	T	T
Bl (1)	G	G	T	A	A	A	A	A	T	T	T	A	A	T	A	A	T	G	T	G	A	A	C	G	G	C	C
Ba (4)	G	G	T	A	A	A	G	A	T	T	T	A	A	C	A	A	C	G	C	A	A	A	A	A	A	C	C
Ht (5)	G	T	T	A	T	A	A	A	A	T	T	A	A	A	A	A	T	A	T	A	T	G	C	A	A	C	T
Hc (2)	A	T	T	A	T	A	A	A	A	T	C	A	A	A	A	A	T	A	T	A	T	A	C	A	A	T	T
Htu (7)	A	T	T	A	T	A	A	A	A	T	C	A	A	A	A	A	T	A	T	A	T	G	C	G	A	C	T
Fl (4)	A	T	A	T	A	G	G	T	A	T	T	T	G	A	A	G	C	A	A	C	A	A	T	C	T	T	T
Vt (2)	T	G	T	A	G	A	A	A	A	G	-	A	T	G	G	G	C	T	G	A	G	T	T	G	A	C	T
Mme (4)	G	T	T	A	T	A	G	A	A	A	-	G	T	A	G	C	T	A	A	T	A	A	A	T	A	C	T
Cq (2)	G	C	T	A	A	A	A	T	A	T	T	A	A	A	G	A	T	A	T	A	C	A	T	A	T	C	C
Cb (2)	G	C	T	A	G	A	A	T	A	T	T	A	C	A	G	A	C	A	A	T	A	A	C	A	T	C	C
Cte (1)	G	C	T	A	A	G	G	T	A	A	T	A	A	A	A	A	T	A	T	A	G	A	T	G	T	C	C
Ca (1)	G	T	T	A	A	A	C	T	A	T	T	A	A	A	A	A	T	A	T	G	A	A	T	A	T	C	C
Csa (1)	G	T	T	A	G	G	T	T	A	T	T	A	A	A	G	A	T	A	T	G	C	A	T	A	C	C	C
Tj (1)	A	C	A	T	A	T	A	A	A	-	T	A	T	T	A	A	C	A	A	A	A	A	A	T	T	T	T
Gd (1)	A	T	A	T	A	T	T	A	A	T	T	A	A	T	A	A	T	A	T	A	A	A	A	T	T	C	T
Ll (1)	A	T	A	T	A	T	C	A	A	T	-	A	A	T	G	A	T	A	T	A	A	A	A	A	A	T	T
Dd (1)	G	A	T	T	G	T	A	A	T	-	T	G	A	A	A	A	C	A	G	T	G	A	A	A	G	C	T
Mg (4)	T	A	C	G	T(2) C(2)	T	A	A	G	T	A	T	A	T	A	A	C	A	A	A	C	A	A	T	G	T	T
Mr (2)	T	A	C	G	T	C	G	A	A	T	A	T	G	T	A	A	T	A	A	G	A	A	A	T	A	C	T
Mm (1)	T	A	T	G	A	A	A	A	A	A	A	C	A	T	A	A	T	A	A	A	A	A	A	A	A	C	T
Bx (4)	T	A	T	A	G	T	A	T	A	A	A	A	A	T	A	A	T	A	A	A	A	A	A	C	A	C	T
Ts (1)	A	A	C	G	A	A	C	T	T	C	A	A	-	T	A	T	G	A	A	A	A	A	A	T	A	C	T
Ct (2)	A	G	C	A	A	A	A	T	T	A	A	C	T	T	T	T	A	A	A	A	A	G	-	A	A	T	T
Cs (1)	A	A	C	G	A	A	A	T	C	A	A	T	A	T	T	T	A	A	A	A	T	A	A	A	A	C	T
Cr (5)	T	A	T	A	A	A	A	A	T	A	A	T	T	T	C	A	T	A	T	A	A	A	A	T	A	T	T
Em (3)	T	A	T	A	G	A	A	A	A	A	A	T	A	T	A	A	T	A	A	A	A	A	A	G	G	C	T
Nh (4)	A	A	T	A	A	A	A	G	A	T	T	A	A	T	A	A	T	A	T	T	G	A	T	A	A	C	T
Nf (3)	A	A	C	G	A	A	A	-	A	C	T	A	T	C	A	A	T	A	T	T	A	-	T	A	T	C	T

注：表中显示了 16*S* rDNA 序列 45 ~ 366 位置的特征碱基。种名和表 1 中的缩写对应。括号里显示了每个位置的碱基数。

由于检测到较少的碱基特征，我们对 *Hemifusus colosseus*、*H. ternatanus* 和 *H. tuba* 单独形成一个数据集并进行了分析。此三个种的 COI 序列区的 30 个位置构成独特的碱基组合，且每个种至少存在 14 个特征碱基。在 16*S* rDNA 序列区，有 21 个位置构成独特的碱基组合，且每个种至少存在 5 个特征碱基(表 6、表 7)。此数据集的分析结果显示 COI 和 16*S* rDNA 序列的特征法分析可以将 *Hemifusus colosseus*、*H. ternatanus* 和 *H. tuba* 3 个近缘种清楚地区分开来。

表 6 *Hemifusus* 属 3 个种的 COI 特征法分析

	位置																													
种名	14	44	116	119	122	152	194	209	215	242	263	275	281	291	299	300	329	353	386	389	392	411	473	515	518	551	587	599	608	641
Hc (2)	G	A	C	G	T	T(1) C(1)	G	A	T	C	G	G(1) T(1)	T	C	A	T	G	C	C	G	A	T	T	T	T(1) C(1)	G	A	C	C	A
Ht (5)	A	G	C	G	C	T	G	G	T	T	A	T	C	C	A	C	G	T	T	A	A	C	T	C	C	A	A	C	C	G
Htu (8)	A	A	T	A	C	T	G(7) A(1)	G	C	T	G	T	T	T	G	C	A(4) G(4)	T	C	A	A(7) G(1)	C	C	T	C	A	G	T	T	G

注：表中显示了 COI 序列 14～641 位置的特征碱基。种名和表 1 中的缩写对应。括号里显示了每个位置的碱基数。

表 7 *Hemifusus* 属 3 个种的 16*S* rDNA 特征法分析

	位置																				
种名	5	6	18	27	45	126	177	196	222	264	281	287	365	424	425	429	440	441	444	446	451
Hc(2)	T	G	C	G	A	C	G(1) A(1)	C	T	A	A	A	T	A	G	G	T	T	G	G	G
Ht(5)	T(4) C(1)	G(3) A(2)	C	G(4) C(1)	G(1) A(4)	C	A	T	A	G	G	A	C	A	G(4) C(1)	A(1) G(4)	G(1) T(4)	G(1) T(4)	G(1) T(4)	G(1) T(4)	C(1) G(4)
Htu(7)	T	G	A	G	A	T(1) C(6)	A	C	T	A	G	G	C	A(6) G(1)	G	G	T	T	T	T	G

注：表中显示了 16*S* rDNA 序列 5～451 位置的特征碱基。种名和表 1 中的缩写对应。括号里显示了每个位置的碱基数。

3.3.2 属水平

在所研究的新腹足目 25 个属的 COI 序列区，32 个位置的特征碱基被检测到(表 8)。此 25 个属中的 23 个属至少存在 3 个特征碱基。然而对于 *Conus* 和 *Morula* 两个属，则只检测到一个位置的特征碱基。

表 9 显示出 25 个属的 16*S* rDNA 序列区的 32 个位置的特征碱基。所有的属在所挑选的 16*S* rDNA 序列区的 32 个位置均构成独特的碱基组合，且每个属至少存在 3 个特征碱基。

4 讨论

4.1 单系法和距离法分析

距离法一直是条形码分析中一个备受争议的分析方法[13,19,57]。如果以序列变异度作为物种演化的结果，那么以一个距离界值阈来进行物种鉴定非常具有主观性，因为其无法反映出物种进化的具体过程。例如，由于不同物种类群间的种内和种间距离总会出现重叠，所以很难界定一个标准的距离界值阈来进行物种鉴定[10]。本研究中，COI 和 16*S* rDNA 序列分析均未出现种内和种间距离的“barcoding gap”。相反，两种序列分析均出现了种内和种间的距离重叠区，尤其对于 16*S* rDNA 序列。我们发现赫伯特[33]所提出的 10 倍距离界值阈对于本研究来说较大而不能有效区分一些近缘种。对于 COI 和 16*S* rDNA 序列，此 10 倍距离界值阈均导致了 50% 的物种鉴定错误率。因此，我们一定要谨慎使用距离法来进行条形码物种鉴定分析，尤其对于包含大量近缘种的物种类群，比如本研究中的新腹足目。

表8 新腹足目各个属的 COI 特征法分析

	位置																														
属(种/*n*)	44	50	86	89	95	101	104	131	140	143	173	233	242	254	281	287	308	314	323	356	380	419	503	512	548	557	560	566	572	596	617	632
Euplica (1/3)	G	A	G	G	C	T	T	C	A	A	T	T	T	T	A	A	T	G	G	T	T	A	T	G	G	T	G	T	T	T	T	G
Pseudamycla (1/1)	C	T	A	G	T	C	T	A	T	T	T	T	T	A	T	A	C	T	A	T	T	A	T	A	A	G	A	A	T	C	T	A
Mitrella (2/7)	G	T	A	T	T/C	T	T	A	A	T	T	T	T/A	A	T/C	A	T	T/A	A	T	A/T	A/G	T	A	G/A	A	A	T	T	T	T/C	C
Buccinium (2/10)	A	T	G	A	A/G	T	A	A	G/A	C/A	A	T	T	A/T	C/T	T	A	A	G	T/C	C/T	T	G	A	A	T	T	T	T	T	T	A
Volutharpa (1/4)	A	T	A	A	A	T	A	A	A	A	A	A	T	A	C	C	A	A	A	T	T/C	C	T	A	A	C	T	A	C	T	T	A
Neptunea (1/3)	A	T	A	A	G/A	T	A	A	A	A	A	A	T	A	T	T	T	A	T	T	A	T	A	A	G	T	C	T	T	T	C	A
Cantharus (2/4)	G	T/C	A	A	T	T	A	A/G	A	A	T	A	T	A	T	C/T	A	G	A	T	T	T	G/A	A	T	T	A	T	A/G	T	T	A
phos (1/4)	G	T	A	T	T	T	G	A	T	A	T	A	T	A	G	T	G	T	G	A	T	T	G	T	A	A	C/T	G	T	A	G	C
Babylonia (2/5)	G/A	T	C/T	T/C	A	A	A	T	A	T/C	A	A	T	T	T/G	T	A/G	G	T/C	T/C	C/T	T	T	A	A/G	G/A	C/T	A	T	T	A	T/C
Hemifusus (3/15)	G/A	T	A	A	T	T	A	T	A	T	T	T	T/C	A	C/T	T	T	T	A	T	C	T	T	A	T	T	A	T	A	T	T	G
Vasum (1/2)	A	G	A	T	A	A	G	T	G	G	T	A	T	T	C	A	A	T	T	G	T	T	G	G	C	G	T	G	T	T	T	A
Melo (1/4)	T	G/C	T	T	A	A	A	A	G	T	T	C	A	C	T	T	A	A	T	A	A	T	A	C	A	T	G	T	C	T	T	G
Turricula (1/1)	T	T	A	G	T	A	A	T	G	T	T	A	T	A	C	T	G	C	A	T	C	T	A	A	A	T	C	T	A	T	A	A
Gemmula (1/1)	T	G	A	T	T	A	G	T	A	T	T	A	A	A	T	A	A	A	A	A	C	A	T	A	T	T	A	A	A	C	T	A
Lophiotoma (1/1)	T	T	A	G	T	A	A	T	A	T	T	T	A	A	T	A	C	G	A	T	C	A	T	A	T	T	A	G	A	T	T	T
Duplicaria (1/1)	T	T	A	T	T	T	A	T	G	T	T	G	T	A	T	A	A	A	T	T	T	T	T	A	T	T	A	T	A	T	T	C
Fusinus (1/2)	G/A	T	A/G	A	T	T	A	A	A	A	T	A	T	G	A	T	A	G	G	T	C	T	C	A	A	T	G	T	A	T	T	A
Boreotrophon (1/4)	C	T	T	G	T	T	T	T	A	T	T	A	T	T	T	G	A	A	T	T	T	A	G	A	C	T	A	T	T	T	T	C/T
Conus (5/7)	▨	T/C	A	▨	▨	C/T	▨	▨	G/A	▨	A/G	A/G	A/G	A	T/A	▨	G/A	▨	T/A	T	T/C	T	T/C	G/A	T/C	T	▨	▨	T/A	T/G	C/T	A
Morula (3/7)	A/C	G/T	A	▨	C/T	T/C	T	T/A	A	A	▨	A	▨	▨	T/A	T/A	A/T	T	T/A	T	T/C	A	T	A	T	T/A	▨	▨	T/G	▨	T	A
Chicoreus (2/3)	G/A	T	A/G	A/G	T	T	A	T	T/C	A/G	A	A	T	A	T	A	T	T	T	T	T/C	A	T	A	A	T	A/G	T	A/T	T	A	T
Ergalatax (1/4)	C	T	G	C	T	T/C	C	T	A	A	C	A	T	T	A	A	T	T/C	A	T	T	A/G	T	G	C	C	A	A	A	C	G	A
Ceratostoma (1/6)	G	T	A	A	A	T	G	A	A	A	C	A	T	G	A	T	T	A	T	A	T	A	C/T	A	T	T	G	T	T	T	T	A
Thais (1/1)	C	A	A	G	A	G	G	A	G	A	T	T	T	A	T	T	A	T	A	A	G	A	G	T	A	T	T	C	T	G	A	T
Nassarius (3/8)	A	T	T/A	T/A	T	T/A	T/C	A	A	T	A	C/T	T/C	A	T	A/G	A/T	A	A/C	T	T	▨	T	A	A/T	T	A	A	A/T	T/G	A/T	A

注：表中显示了 COI 序列 44 ~ 632 位置的特征碱基。阴影处代表一个位置有大于 1 个碱基，斜体阴影代表此位置有多个碱基而无法识别。直线阴影标出的属代表不能清楚区分的属。

表 9 新腹足目各个属的 16*S* rDNA 特征法分析

属(种/*n*)	位置																															
	69	71	82	89	90	104	105	120	121	125	157	161	162	164	172	176	177	189	199	200	204	211	214	216	286	287	289	290	294	295	306	319
Euplica (1/1)	C	G	T	A	G	T	A	A	A	G	T	T	G	T	A	G	G	A	A	A	T	T	A	G	A	A	C	A	T	T	T	T
Pseudamycla (1/1)	T	G	A	T	A	T	G	C	A	T	A	A	A	A	A	A	G	-	G	A	T	T	A	T	T	G	G	C	G	T	T	T
Mitrella (2/7)	T	G	A	T	A	T	G	G	A	A	T/G	A	G/A	G	A	G	G	A	A	A	T	T	T/C	A	A	A/G	A	C	G	T	T	G
Buccinium (2/7)	T	G	A	A	A	A	T	A	T	A	A/G	G	A	A	A	A	A	A	G	A	T	T	G/T	A	A	A	A	A	T	T	C	A
Volutharpa (1/5)	T	G	G	A	A	A	T	A	T	A	G	G	G	A	G	G	A	A	A	A	T	T	T	A	A	A	A	A	T	T	C	A
Neptunea (1/3)	T	G	A	A	A	G	T	A	T	A	T	A	C	A	A	A	A	A	G	A	T	T	G	A	A	A	A	A	T	T	T	A
Cantharus (2/3)	T	G	C	A	A	A	T	A	T	T	G/T	T	A	G	G	A	A	A	A	A	T	C	A	A	C	A	A	A	T	T	A	A
phos (1/5)	A	G	G	A	G/A	A	T	A	T	T	-	T	A	T	G	A	A	A	T	A	C	T	G	A/G	C	A	A	T	T	T	T/C	C
Babylonia (2/5)	T	G	A	G	C	G/A	T	A	C/T	A	T	A	A	A	A	A	G/A	T	A	A	C/T	C/T	G	C/T	C/T	A/G	G/A	A/G	T	T	A	A
Hemifusus (3/14)	T	G	A	T	T	A	T	A	T	T	C	T	A	A	A	A	A/G	A	A	A	A	T	A	T	T	A/G	T	A	T	T	A	A
Fusinus (1/4)	T	G	T	T	A	A	A	T	T	T	T	A	C	A	G	G	G	A	T	A	A	C	A	A	A	C	G	T	T	T	G	A
Vasum (1/2)	C	A	G	G	C	G	T	A	C	G	G	G	A	G	T	A	A	A	A	G	G	C	T	G	G	G	T	A	T	G	A	A
Melo (1/4)	C	T	A	T	A	T	T	A	A	A	T	T	A	A	C	A	G	A	G	A	A	T	A	A	T	T	A	A	T	G	T	A
Conus (5/7)	T/C		T	C/T	T	T/C	T	A	G	T/C	T/C	A/G	A/G	A/G	A	A/G		A	A	A	A	T/C	A	T/A	T/C	A/G	T/A	T/C		T/G	T/A	A
Turricula (1/1)	C	G	A	C	A	T	A	T	A	T	T	A	A	A	A	T	A	A	A	A	T	C	A	A	T	T	A	T	T	T	T	A
Gemmula (1/1)	T	G	A	T	A	T	A	T	A	T	T	A	A	A	A	T	T	A	A	A	T	T	A	T	A	T	A	T	T	T	T	A
Lophiotoma (1/1)	T	G	A	T	A	T	A	T	G	A	T	A	A	A	A	T	C	A	A	A	T	T	A	T	T	A	G	A	T	T	T	A
Duplicaria (1/1)	T	G	A	A	A	T	T	T	A	T	A	G	G	A	A	T	A	T	G	A	A	C	A	G	T	A	G	G	T	T	T	A
Boreotrophon (1/4)	T	G	A	A	A	A	T	A	T	A	G	G	A	A	A	T	A	A	A	A	T	T	A	A	A	C	A	A	A	A	G	A
Thais (1/1)	A	G	C	A	A	G	C	G	T	T	T	A	A	A	A	A	C	T	A	G	T	G	A	A	T	T	A	A	A	T	A	A
Chicoreus (2/3)	T	A	A	G/A	T	C/T	C	A/G	T/C	T	A	A	A/G	A	A	A	A	T/C	C/T	T	T	A	A	A	C/G	A	A	A	C/T	T/C	T/G	A
Ceratostoma (1/5)	A	G	A	A	T	A	T	A	T	A	T	A	A	A	A	A	A	T	T	A	T	T	A	T	T	T	A	A	A	C	G	A
Morula (3/7)	A/G	G/T	A	A		A	C/T	G	T		T		A	A/G	A		A/G	G/A	T/C		T	C/T	A	A	A/T	T/A	A	G/T	T/A	G/T		A
Ergalatax (1/3)	G	T	A	A	C	A	T	A	T	A	T	G	C/T	A	A	A	A	A	T	T	T	T	A	A	T	G	A	G	T	G	A/G	A
Nassarius (2/7)	A/T	G	A	A	A	T	T/C	A/G	T/A	A/T	A/G	A	A	A/C	A	A	A	A	A	A	T/C	T	A	T	A/C	A	T	A/T	T	T	T	A

注:表中显示了 16*S* rDNA 序列 69 ~ 319 位置的特征碱基。阴影处代表一个位置有大于 1 个碱基,斜体阴影代表此位置有多个碱基而无法识别。

最后，我们的研究结果还显示，随着分类界元的提高，COI 和 16*S* rDNA 的序列距离也随之增大。从这一点来说，物种分子演化和形态分类之间具有一定的一致性。但是这种一致性只是比较粗略的。比如，本研究中不同分类界元的分子距离之间往往存在重叠区。

相对于距离分析法以分子距离进行物种鉴定，单系法则以物种在进化树上的单源性为标准[20]。从理论上讲，单系法可以鉴定出距离法不能区分的种类[58]。本研究中，COI 和 16*S* rDNA 序列产生了不同的拓扑结构。所有包含 1 个个体以上的种类在 COI 进化树上均构成单源枝，并具较大的支持度。然而在 16*S* rDNA 进化树上，近缘种 *Hemifusus colosseus* 和 *H. ternatanus* 聚为一枝，并且一些单源种具有较低的支持度。产生此结果的原因可能是 16*S* rDNA 基因较 COI 基因保守[59]，从而导致一些近缘种没有足够长的时间形成单系群。另外，在 COI 和 16*S* rDNA 进化树上，一些属均不构成单系群。

尽管单系法较距离法在物种鉴定方面有一定的优越性，但有关学者仍旧认为其支持度检测比较简单而往往不能正确地辨别单源群[60]。另外，物种鉴定并不能取决于单源性，而且以单系法为标准来进行物种鉴定极具主观性[62]。因此，应该避免用单系法进行 DNA 条形码的物种鉴定分析。实际上，已经有相关研究显示出基于单系法和距离法的 DNA 条形码物种鉴定的局限性[23,63~67]。然而，鉴于两种方法在数据分析上的简捷性，其仍可以用来进行初步的物种鉴定并和其他途径的鉴定结果进行比较。

4.2 特征法分析

本研究中，特征法 DNA 条形码分析方法显示出了在种和属鉴定水平上的有效性。在种的水平上，COI 和 16*S* rDNA 序列均可以对所有的研究种类进行有效鉴定。所有种类均在 COI 和 16*S* rDNA 序列区的一定位置显示出独特的碱基组合，且每个种至少有 3 个特征碱基。尤其对于近缘种 *Hemifusus colosseus* 和 *H. ternatanus*，其不能被距离法和单系法区分开来，但可以被特征法有效区分，且在两个基因序列区均至少具有 3 个特征碱基。由于在总数据分析中较少的特征碱基，我们对 *Hemifusus colosseus*、*H. ternatanus* 和 *H. tuba* 进行了单独的特征法分析。结果显示，三个种在两个基因序列区均具有独特的碱基组合，且每个种具有更多的特征碱基。本研究中包含了大量的近缘种。因此，利用特征法鉴定近缘种的优势在本研究中被充分地凸显出来。

在属的水平上，除了 *Conus* 和 *Morula*，COI 和 16*S* rDNA 两个基因位点的特征法分析均可以对 24 个属进行有效的碱基特征区分。*Conus* 和 *Morula* 没有明显的 COI 碱基特征，其原因可能是 *Conus* 和 *Morula* 在 COI 序列区有非常高的碱基变异度，从而导致每个属不具有固定的区别于另一个属的碱基组合。相对于单系法和距离法只能在种的水平上进行物种鉴定，本研究显示出特征法在鉴定属水平的优越性。

可信的特征法 DNA 条形码分析要依赖于一个合适的基因位点。线粒体基因的 COI 片段通常被用作 DNA 条形码分析的理想基因片段[11,68~72]。然而，随着 DNA 条形码的广泛应用，越来越多的研究展现出单位点分析方法的许多问题[73]。本研究表明 COI 和 16*S* rDNA 基因位点均可以作为鉴定新腹足目种和属的合适基因。尽管 16*S* rDNA 较 COI 保守，但其与距离法和单系法相比，仍旧可以更有效地对新腹足目种类进行物种鉴定。因此，特征法 DNA 条形码可以用更多的相对比较保守的基因片段进行物种鉴定。Goldstein 和 DeSalle[62] 认为未来 DNA 条形码可以用更长的 DNA 序列进行物种鉴定分心，甚至可以用物种的全基因组序列。因此，特征法可以使全基因组序列进行条形码分析具有可能性。

特征法的另一个优点在于它可以和传统的分类方法相结合进行物种鉴定。相对于表型性物种鉴定，例如形态分类法，特征法有可视化的鉴定优越性，使其成为名副其实的条形码[74]。这对于综合分类法[62,75]是尤为重要的，因为物种鉴定必须依靠于形态表观和分子信息的综合运用。

参考文献

[1] Hebert P D N, Cywinska A, Ball S L, et al. Biological identifications through DNA barcodes[J]. Proc R Soc Lond B, 2003a, 270: 313 – 321.

[2] Hebert P D N, Ratnasingham S, deWaard J R. Barcoding animallife: cytochrome *c* oxidase subunit 1 divergences among closely related species[J]. Proc R Soc Lond B, 2003b, 270: S96 – S99.

[3] Waugh J. DNA barcoding in animal species: progress, potential and pitfalls[J]. 2007, Bioessays, 29(2): 188 – 197.

[4] Ratnasingham S, Hebert P D N. BOLD: The Barcode of Life Data System (www. barcodinglife. org)[J]. Mol Ecol Notes, 2007, 7: 355 – 364.

[5] Frézal L, Leblois R. Four years of DNA barcoding: current advances and prospects[J]. Infect Genet Evol, 2008, 8(5): 727 – 736.

[6] Bertolazzi P, Felici G, Weitschek E. Learning to classify species with barcodes. BMC Bioinformatics[J], 2009, 10 (Suppl 14): S7.

[7] DeSalle R. Species discovery versus species identification in DNA barcoding efforts: response to Rubinoff[J]. Conserv Biol, 2006, 20: 1545 – 1547.

[8] DeSalle R. Phenetic and DNA taxonomy: a comment on Waugh[J]. Bio Essays, 2007, 29: 1289 – 1290.

[9] Rubinoff D. Utility of mitochondrial DNA barcodes in species conservation[J]. Conserv Biol, 2006, 20: 1026 – 1033.

[10] Goldstein P Z, DeSalle R, Amato G, et al. Conservation genetics at the species boundary[J]. Conserv Biol, 2007, 14: 120 – 131.

[11] Hebert P D N, Penton E H, Burns J M, et al. Ten species in one: DNA barcoding reveals cryptic species in the neotropical skipper butterfly *Astraptes fulgerator*[J]. Proc Natl Acad Sci USA, 2004a, 101: 14812 – 14817.

[12] Burns J M, Janzen D H, Hajibabaei M, et al. DNA barcodes of closely related (but morphologically and ecologically distinct species of butterflies (Hesperiidae) can differ by only one to three nucleotides[J]. J Lepidopt Soc, 2007, 61: 138 – 153.

[13] Meyer C P, Paulay G. DNA barcoding: error rates based on comprehensive sampling[J]. PloS Biol, 2005, 3: 2229 – 2238.

[14] Meier R, Kwong S, Vaidya G. Ng PKL DNA Barcoding and taxonomy in Diptera: a tale of high intraspecific variability and low identification success[J]. Syst Biol, 2006, 55: 715 – 728.

[15] Meier R, Zhang G, Ali F. The use of mean instead of smallest interspecific distances exaggerates the size of the “barcoding gap” and leads to misidentification[J]. Syst Biol, 2008, 57: 809 – 813.

[16] DeSalle R, Egan M G, Siddall M. The unholy trinity: taxonomy, species delimitation and DNA barcoding [J]. Phil Trans R Soc B, 2005, 360: 1905 – 1916.

[17] Rubinoff D, Cameron S, Will K. A genomic perspective on the shortcomings of mitochondrial DNA for “barcoding” identification[J]. J Hered, 2006, 97: 581 – 594.

[18] Will K W, Rubinoff D. Myth of the molecule: DNA barcodes for species can not replace morphology for identification and classification[J]. Cladistics, 2004, 20: 47 - 55.

[19] Hickerson M J, Meyer C P, Moritz C. DNA barcoding will often fail to discover new animal species over broad parameter space[J]. Syst Biol, 2006, 55: 729 - 739.

[20] Wiemers M, Fiedler K. Does the DNA barcoding gap exist? - a case study in blue butterflies (Lepidoptera: Lycaenidae)[J]. Front Zool, 2007, 4: 8.

[21] Rach J, DeSalle R, Sarkar I N, et al. Character - based DNA barcoding allows discrimination of genera, species and populations in Odonata[J]. Proc R Soc Lond B, 2008, 275: 237 - 247.

[22] Nielsen R, Matz M. Statistical approaches for DNA barcoding[J]. Syst Biol, 2006, 55: 162 - 169.

[23] Yassin A, Markow T A, Narechania A, et al. The genus *Drosophila* as a model for testing tree - and character - based methods of species identification using DNA barcoding[J]. Mol Phylogenet Evol, 2010, 57: 509 - 517.

[24] Hudson R R, Coyne J A. Mathematical consequences of the genealogical species concept[J]. Evolution, 2002, 56: 1557 - 1565.

[25] Knowles L L, Carstens B C. Delimiting species without monophyletic gene trees[J]. Syst Biol, 2007, 56: 887 - 895.

[26] Pamilo P, Nei M. Relationships between Gene Trees and Species Trees[J]. Mol Biol Evol, 1988, 5: 568 - 583.

[27] Kizirian D, Donnelly M A. The criterion of reciprocal monophyly and classification of nested diversity at the species level[J]. Mol Phylogenet Evol, 2004, 32: 1072 - 1076.

[28] Will K W, Rubinoff D. Myth of the molecule: DNA Larcodes for species can not replace morphology for identification and classification[J]. Cladistics, 2004, 20: 47 - 55.

[29] Little D P, Stevenson D W. A comparison of algorithms for the identification of specimens using DNA barcodes: examples from gymnosperms[J]. Cladistics, 2007, 23: 1 - 21.

[30] Reid B N, Le M, McCord W P, et al. Comparing and combining distance - based and character - based approaches for barcoding Turtles[J]. Mol Ecol Resour, 2011. DOI: 10. 1111/j. 1755 - 0998. 2011. 03032. x.

[31] Sarkar I N, Thornton J W, Planet P J, et al. An automated phylogenetic key for classifying homeoboxes[J]. Mol Biol Evol, 2002, 24: 388 - 399.

[32] Damm S, Schierwater B, Hadrys H. An integrative approach to species discovery in odonates: from character-based DNA barcoding to ecology[J]. Mol Ecol, 2010, 19: 3881 - 3893.

[33] Hebert P D N, Stoeckle M Y, Zemlack T S, et al. Identification of birds through DNA barcodes[J]. PloS Biol, 2004b, 2: 1657 - 1663.

[34] Ward R D, Zemlak T S, Innes B H, et al. DNA barcoding Australia's fish species[J]. Phil Trans R Soc B, 2005, 360: 1847 - 1857.

[35] Janzen D H, Hajibabaei M, Burns J M, et al. Wedding biodiversity inventory of a large and complex Lepidoptera fauna with DNA barcoding[J]. Phil Trans R Soc B, 2005, 360: 1835 - 1845.

[36] Blaxter M, Mann J, Chapman T, et al. Defining operational taxonomic units using DNA barcode data[J]. Phil Trans R Soc B, 2005, 360: 1935 - 1943.

[37] Neigel J E, Domingo A, Stake J. DNA barcoding as a tool for coral reef conservation[J]. Coral Reefs, 2007, 26: 487 - 499.

[38] Elias M, Hill R I, Willmott K R, et al. Limited performance of DNA barcoding in a diverse community of tropical butterflies[J]. Proc R Soc Lond B, 2007, 274: 2881 - 2889.

[39] Bouchet P. Turrid genera and mode of development: the use 和 abuse of protoconch morphology[J]. Malacologia, 1990, 32: 69 - 77.
[40] Ponder W F, Colgan D J, Healy J M, et al. Caenogastropoda//Ponder W F. Monophyly and evolution of the Mollusca[J]. Berkeley: University of California Press, 2008, 331 - 383.
[41] Ponder W F. The origin and evolution of the Neogastropoda[J]. Malacologia, 1974, 12: 295 - 338.
[42] Taylor J D, Morris N J. Relationships of neogastropods//Ponder W F, ed. Prosobranch Monophyly. Malac. Rev. Supp. 4, 1988, 167 - 179.
[43] Ponder W F, Lindberg D R. Towards a monophyly of gastropod molluscs - an analysis using morphological characters[J]. Zool J Linn Soc, 1997, 19: 83 - 265.
[44] Kantor Y I. Monophyly and relationships of Neogastropoda//Taylor J D, ed. Origin and Evolutionary Radiation of the Mollusca. Oxford: Oxford University Press. 1996, 221 - 230.
[45] Kantor Y I. Morphological prerequisites for understanding Neogastropod monophyly[J]. Boll Malacol, 2002, 38: 161 - 174.
[46] Winnepenninckx B, Backeljau T, De Wachter R. Extraction of high molecular weight DNA from mollusks [J]. Trends Genet, 1993, 9: 407.
[47] Folmer O, Black M, Hoeh W, et al. DNA primers for amplication of mitochondrial cytpchrome *c* oxidase subunit I from diverse metazoan invertebrates[J]. Mol Mar Biol Biotechnol, 1994, 3: 294 - 299.
[48] Palumbi S R. Nucleicacids II: the polymerase chain reaction//Hillis D, Moritz C. Molecular systematics. 1996, Sinauer, Sunder - 1, 205 - 247.
[49] Zou S, Li Q, Kong L. Multigene barcoding 和 phylogeny of geographically widespread muricids (Gastropoda: Neogastropoda) along the coast of china. Mar Biotechnol[J]. 2011, doi: 10. 1007/s10126 - 011 - 9384 - 5.
[50] Katoh K, Asimenos G, Toh H. Multiple alignment of DNA sequences with MAFFT[J]. Methods Mol Biol, 2009, 537: 39 - 64.
[51] Castresana J. Selection of conserved blocks from multiple alignments for their use in phylogenetic analysis [J]. Mol Biol Evol, 2000, 17: 540 - 552.
[52] Tamura K, Dudley J, Nei M, et al. Mega 4: molecular evolutionary genetics analyses (mega) software version 4. 0. Mol Biol Evol[J], 2007, 24: 1596 - 1599.
[53] Sarkar I N, Planet P J, Desalle R. CAOS software for use in character — based DNA barcoding. Mol Ecol Resour[J], 2008, 1256 - 1259.
[54] Bergmann T, Hadrys H, Breves G, et al. Character — based DNA barcoding: a superior tool for species classification[J]. Berl Münch tierärztl, 2009, 122: 446 - 450.
[55] Swofford D L. PAUP * : Phylogenetic analysis using parsimony (and other methods). In Version 4 edition Sunderl, Massachusetts: Sinauer Associates, 2002.
[56] Maddison W P, Maddison D R. MESQUITE: a modular system for evolutionary analysis (http: // mesquiteproject. org), 2009.
[57] Moritz C, Cicero C. DNA barcoding: Promise and pitfalls[J]. PloS Biol, 2004, 2: 1529 - 1531.
[58] Kerr K R, Birks S M, Kalyakin M V, et al. Filling the gap—COI barcode resolution in eastern Palearctic birds[J]. Front Zool, 2009, 6: 29.
[59] Knowlton N, Weigt L A. New dates and new rates for divergence across the Isthmus of Panama[J]. Proc R Soc B Biol Sci, 1998, 265, 2257 - 2263.
[60] Rodrigo A G. Calibrating the bootstrap test of monophyly. Int J Parasitol[J]. 1993, 23: 507 - 514.
[61] Ross H A, Murugan S, Li W L S. Testing the reliability of genetic methods of species identification via sim-

ulation[J]. Syst Biol, 2008, 57: 216-230.

[62] Goldstein P Z, DeSalle R. Integrating DNA barcode data and taxonomic practice: Determination, discovery, and description[J]. Bioessays, 2010, 33: 135-147.

[63] Trewick S A. DNA barcoding is not enough: mismatch of taxonomy and genealogy in New Zeal and grasshoppers (Orthoptera: Acrididae)[J]. Cladistics, 2008, 24: 240-254.

[64] Robinson E A, Blagoev G A, Hebert P D N, et al. Prospects for using DNA barcoding to identify spidersin species-rich genera[J]. Zookeys, 2009, 16: 27-46.

[65] Lukhtanov V A, Sourakov A, Zakharov E V, et al. DNA barcoding Central Asian butterflies: increasing geographical dimension does not successfully reduce the success of species identification[J]. Mol Ecol Resour, 2009, 9: 1302-1310.

[66] Fazekas A J, Kesanakurti P R, Burgess K S, et al. Are plant species inherently arder than animal species using DNA barcoding markers? [J]. Mol Ecol Resour, 2009, 9: 130-139.

[67] Wild A L. Evolution of the Neotropical ant genus *Linepithema*[J]. Syst Ent, 2009, 34: 49-62.

[68] Kress W J, Wurdack K J, Zimmer E A, et al. Use of DNA barcodes to identify flowering plants[J]. Proc Natl Acad Sci USA, 2005, 102: 8369-8374.

[69] Bely A E, Weisblat D A. Lessons from leeches: a call for DNA barcoding in the lab[J]. Evol Dev, 2006, 8: 491-501.

[70] Hajibabaei M, Janzen D H, Burns J M, et al. DNA barcodes distinguish species of tropical Lepidoptera[J]. Proc Natl Acad Sci USA, 2006, 103: 968-971.

[71] Smith M A, Woodley N E, Janzen D H, et al. DNA barcodes reveal cryptic host specificity within the presumed polyphagous members of a genus of parasitoid flies (Diptera: Tachinidae)[J]. Proc Natl Acad Sci USA, 2006, 103: 3657-3662.

[72] Witt J D, Threloff D L, Hebert P D N. DNA barcoding reveals extraordinary cryptic diversity in an amphipod genus: implications for desertspring conservation[J]. Mol Ecol, 2006, 15: 3073-3082.

[73] Gomez A, Wright P J, Lunt D H, et al. Mating trials validate the use of DNA barcoding to reveal cryptic speciation of a marine bryozoan taxon[J]. Proc R Soc Lond B, 2007, 274: 199-207.

[74] Lowenstein J H, Amato G, Kolokotronis S O. The Real *maccoyii*: Identifying Tuna Sushi with DNA Barcodes-Contrasting Characteristic Attributes and Genetic Distances[J]. PLoS ONE, 2009, 4: e7866.

[75] Dayrat B. Towards integrative taxonomy[J]. Biol J Linn Soc, 2005, 85: 407-415.

几种体色锦鲤鳞片和鳍条上色素细胞的观察

熊 钢[1] 王 宇[1] 王晓清[2] 张建国[1]
周 玲[2] 卿爱东[1] 刘伟光[1]

(1. 湖南生物机电职业技术学院，长沙 410127；
2. 湖南农业大学动物科技学院水产系，长沙 410128)

摘要： 取不同部位的鳞片和鳍条，按鱼体由外至内的上下层放置于载玻片上在显微镜下拍照，观察几种体色锦鲤不同部位的鳞片和鳍条色素细胞特征，为锦鲤体色研究提供理论依据。结果显示，几种色素细胞在锦鲤鳞片和鳍条上有不同的组合、大小、形状和发育情况而呈现出各种体色，得出体表几种色素细胞的排列组合决定锦鲤体色的结论。

关键词： 锦鲤；鳞片；鳍条；色素细胞

鱼类鳞片、皮肤及鳍条上的各种色素细胞使其体色丰富多彩。现已知道鱼类的基本色素细胞有4种：含有黑色颗粒的黑色素细胞(Melanohore)、含有黄色颗粒的黄色素细胞(Xanthophore)、含有红色颗粒的红色素细胞(Erythrohore)、含有结晶鸟粪素的鸟粪素细胞(Guanohore)。鸟粪素细胞又叫虹彩素细胞(Iridophore)或白色素细胞(Leucophore)，主要起着反射光线的作用[1]。硬骨鱼类的色素细胞起源于神经嵴细胞[2]，色素细胞都具有薄而极富弹性的细胞膜，膜上有细微的肌纤维和神经末梢。由于纤维的收缩，细胞可变成一个微小的球或扩大成较大的盘状体[3]。锦鲤鳞片色彩较多样，色素细胞包括以上4种[4]。

1 材料与方法

1.1 试验鱼

试验取湖南生物机电职业技术学院水产养殖基地当年繁殖的锦鲤，体重为15～20 g，

基金项目：湖南省教育厅项目(11C0792)，湖南生物机电职业技术学院项目(09QDZZ01)
作者简介：熊钢(1982—)，硕士研究生，讲师。E-mail：xionggang709@126.com
通信作者：王宇(1956—)，高级工程师

体色为黑色、白色、红色和杂色 4 种。

1.2　色素细胞的观察

在鱼体背部、侧线处和腹部取鳞片，在背鳍、胸鳍和尾鳍部位，取鲜活鳍条，其鳞片按正常的上下层放置在载玻片上在显示微镜下观察并拍照。

2　结果

2.1　黑色锦鲤

黑色锦鲤背部鳞片后区(未被其他鳞片覆盖的扇形区域，又称顶区)的黑色素细胞呈明显的分枝，分枝粗大而密集(图 1，图 2)，在中间有少量的黄色素细胞分布，肉眼观察背部体色和鳞片后区为浓墨黑色；在背部鳞片的前区(埋在真皮层内被覆盖的区域，又称基区)也存在分枝状的黑色素细胞，但黑色素稀少(图 1)。侧线处鳞片的黑色素细胞则呈细而疏的分枝(图 3，图 4)，发育即将成熟，在中间有少量的黄色素细胞分布，肉眼观察背

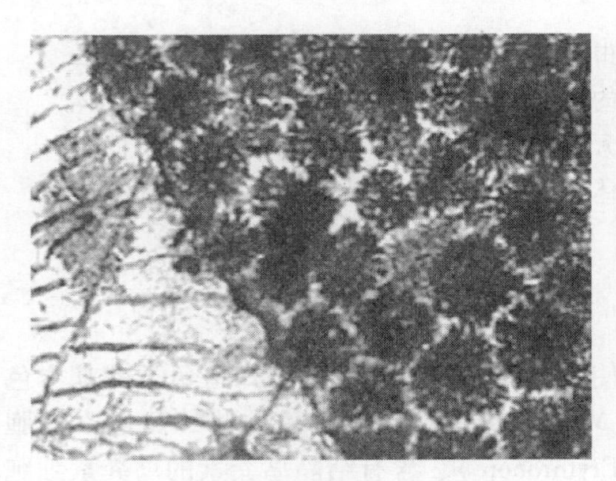

图 1　黑色锦鲤背部鳞片(放大倍数：10 × 10)

图 2　黑色锦鲤背部鳞片(放大倍数：10 × 40)

图 3　黑色锦鲤侧线处鳞片(放大倍数：10 × 10)

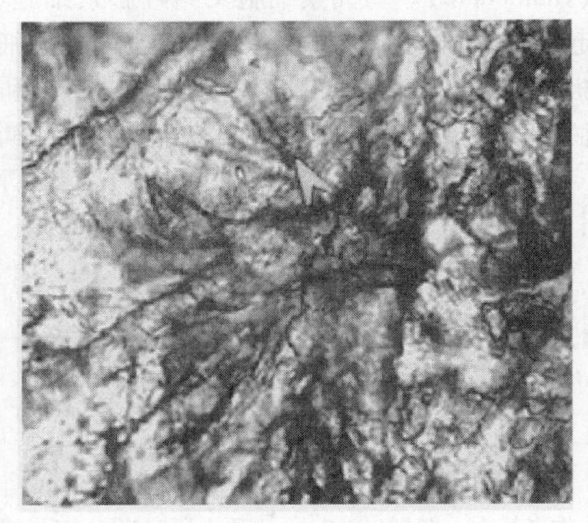

图 4　黑色锦鲤侧线处鳞片(放大倍数：10 × 40)

图 5　黑色锦鲤腹部鳞片(放大倍数：10×10)

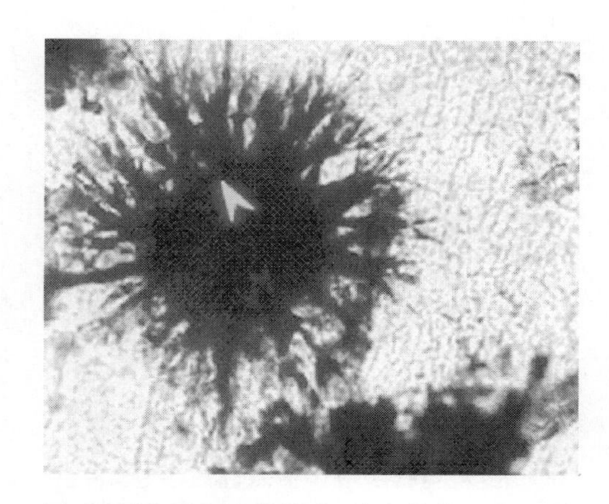

图 6　黑色锦鲤腹部鳞片(放大倍数：10×40)

部体色和鳞片后区为黑色。腹部鳞片的黑色素细胞也呈分枝状(图 5，图 6)，但分枝更细短，还处在发育中；由于色素细胞间隙空间大，黄色素细胞呈现明显，肉眼观察腹部体色和鳞片后区体色为黑中略带有黄色。

2.2　白色锦鲤

白色锦鲤背部鳞片和侧线处鳞片均未发现有红色素细胞、黄色素细胞和黑色素细胞；在白色锦鲤腹部则有黄色素细胞分布，这些黄色素细胞的黄色素并不十分集中，所以肉眼观察腹部鳞片为白色。白色锦鲤各鳍条色素细胞含量极少，只有少量的黄色素细胞，而且黄色素细胞中黄色素含量稀少；但在胸鳍边缘有一较窄的区域集中大量的黄色素细胞(图 7 至图 12)，肉眼观察白色锦鲤各鳍条为白色。

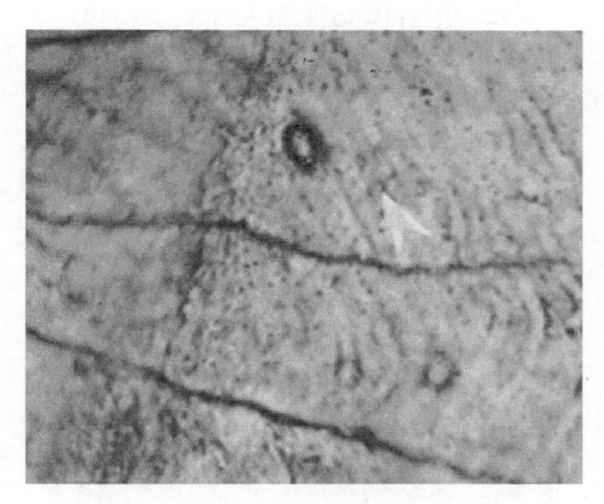

图 7　白色锦鲤背部鳞片(放大倍数：10×10)

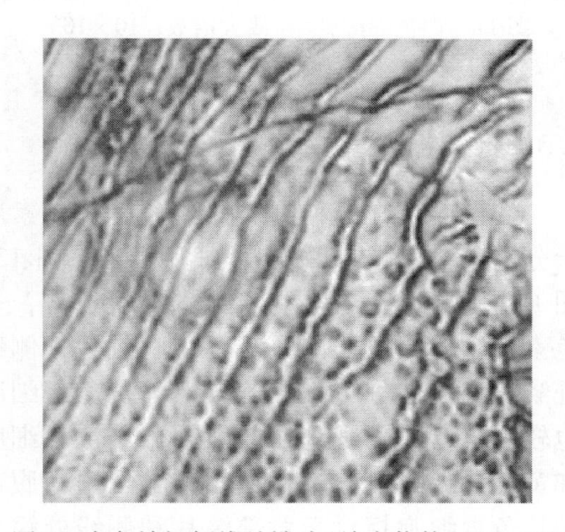

图 8　白色锦鲤侧线处鳞片(放大倍数：10×10)

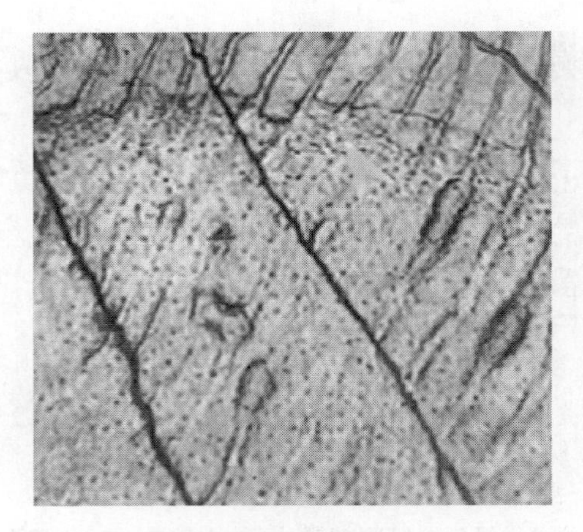

图9　白色锦鲤腹部鳞片（放大倍数：10×10）

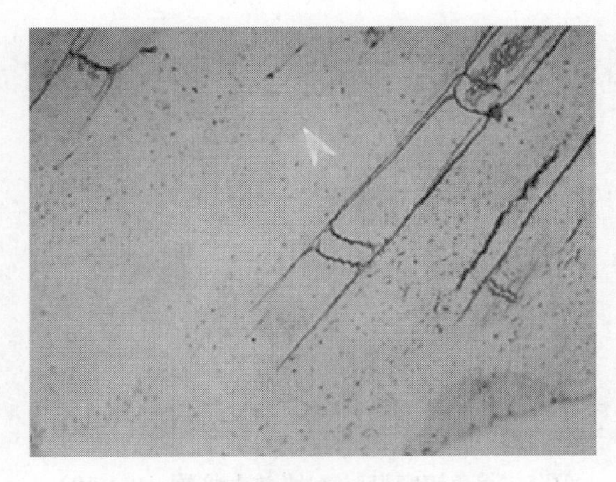

图10　白色锦鲤背鳍（放大倍数：10×10）

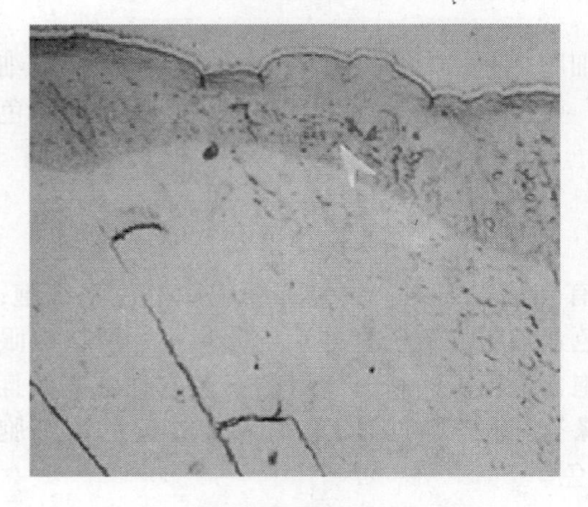

图11　白色锦鲤胸鳍（放大倍数：10×10）

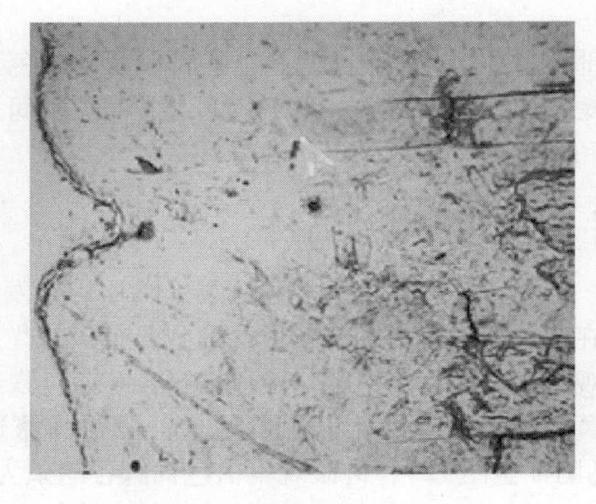

图12　白色锦鲤尾鳍（放大倍数：10×10）

2.3　红色锦鲤

红色锦鲤背部和侧线处鳞片后区色素胞十分丰富，其前区的色素细胞稀少（图13，图14）；鳞片上红色素细胞占绝对优势，黄色素细胞比较少，肉眼观察为鲜红色；侧线处鳞片上后区红色素细胞丰富，黄色素细胞也较为丰富，侧线管在前区部分红色素细胞和黄色素细胞相对基区较丰富（图14）。腹部鳞片色素细胞相对于背部鳞片和侧线处鳞要稀少，表现出来的颜色为淡红色（图15）。

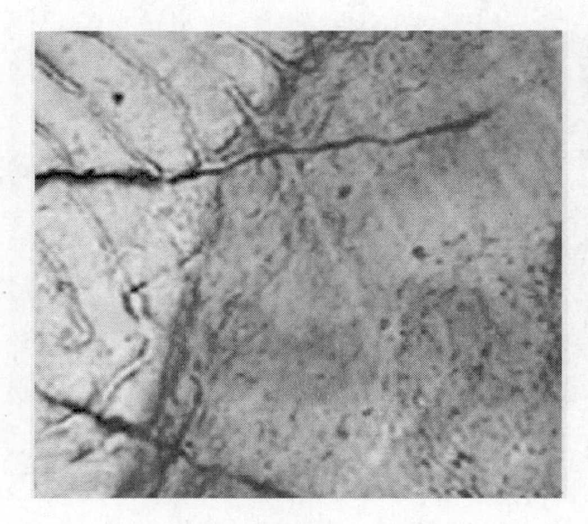

图13　红色锦鲤背部鳞片（放大倍数：10×10）

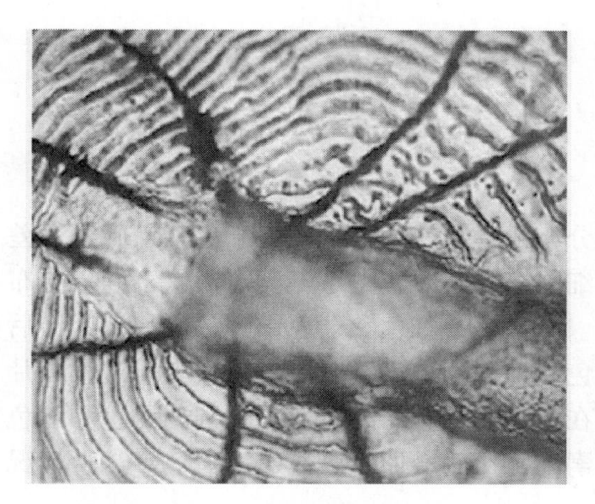
图 14　红色锦鲤侧线处鳞片(放大倍数：10 × 10)

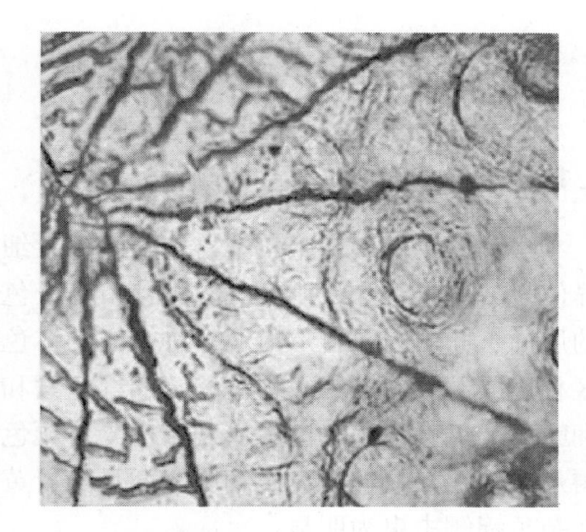
图 15　红色锦鲤腹部鳞片(放大倍数：10 × 10)

2.4　杂色锦鲤

从杂色锦鲤不同部位取下的不同色彩鳞片，在显微镜下观察发现：鳞片上色素细胞呈无规则分布；不同色彩的鳞片，色素细胞组成比例不同，鳞片所表现出的颜色主要取决于占比例大的色素细胞；在鳞片上分枝状黑色素细胞排列和分枝比较凌乱(图 16，图 17)；在背鳍上分枝状黑色素细胞则分枝很明显且沿着鳍条排列(图 18)，在鳍条之间分布着大量的黄色素细胞和红色素细胞，其他鳍条上的分枝状黑色素细胞还没发育成熟，分枝细短。

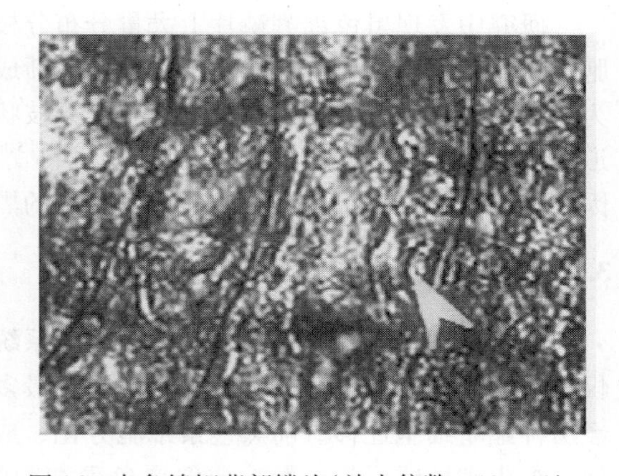
图 16　杂色锦鲤背部鳞片(放大倍数：10 × 10)

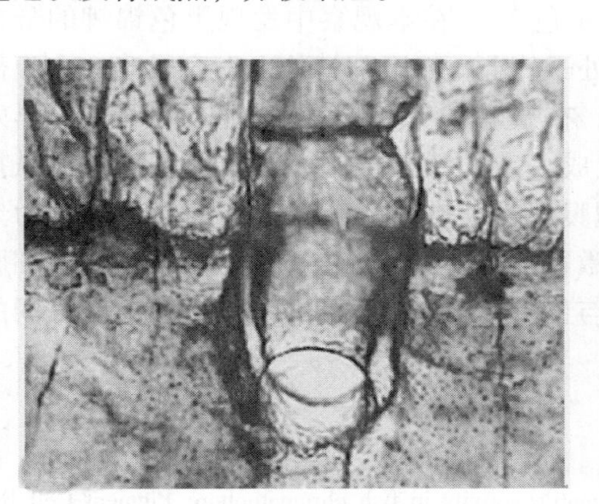
图 17　杂色锦鲤侧线处鳞片(放大倍数：10 × 10)

图 18　杂色锦鲤背鳍(放大倍数：10 × 10)

3 讨论

3.1 鳞片色素细胞与鱼体颜色

鳞片后区色素细胞较丰富，前区色素细胞分布稀少，前区与后区由于色素细胞密度差异使得其分界线十分明显。在鳞片上由于色素细胞组合不同、大小不同、形状不同，分布的层面不同，因而就形成了多种多样的体色[4]。在黑色、红色和杂色锦鲤的鳞片前区与后区相连的部分区域中发现有稀疏的红色素和黄色素细胞分布。经过显微镜放大后观察鳞片和鳍条上色素细胞和肉眼所观察的鳞片颜色存在差异，例如：肉眼所观察到的黑色和红色鳞片中存在少量的黄色素细胞，而且随着黄色素细胞比例增加逐渐显出淡黄色，这种情况在杂色锦鲤中更为明显。

锦鲤有不同色彩的斑纹，观察中发现：一条鱼上深色斑纹处鳞片的色素细胞比浅处鳞片的色素细胞排列更致密；有斑纹的锦鲤比单色的锦鲤色素细胞更为紧凑，以致有斑纹的比没斑纹的锦鲤体色表现更为艳丽。

研究中发现黑色锦鲤鳞片上大量分布分枝状黑色素细胞，在其间夹杂少量的黄色素细胞，随着生长鳞片上分枝状黑色素细胞逐渐成熟，黄色素细胞逐渐减少，最终鱼体全部变为黑色。而在杂色锦鲤的鳞片上则少有分枝状黑色素细胞，以小的黑色素细胞为主。据报道，这些小个体色素细胞的比例伴随饵料[5,6]和养殖环境[7,8]等条件的变化而发生变化。因此推断，分枝状黑色素细胞对锦鲤鳞片的黑色起着决定性的作用。

3.2 色素细胞分布与发育特征

黑色素细胞受控于交感神经和内分泌系统[9]，硬骨鱼类的黄色素细胞和红色素细胞仅仅是由激素调节。黑色素细胞是目前研究最多的一种色素细胞，一个成熟的黑色素细胞要经历神经嵴细胞迁移、前黑色素细胞分化、成黑色素细胞发育和生长等诸多阶段，期间任何一个生理性错误都会影响成熟黑色素细胞的数量或分布，从而影响鱼的体色[10]。黑色素细胞能使鱼类呈现黑色或褐色，有时也出现黄色[11]。在本观察中发现黑色锦鲤的分枝状黑色素细胞在背部鳞片成熟早，其次是侧线处鳞片上，而腹部鳞片上发育最晚，在腹部鳞片的分枝状黑色素细胞还夹杂有黄色素细胞；在鳍上分枝状黑色素细胞以背鳍上最早发育成形；分枝状黑色素细胞在鳞片沿着鳞轮线成一定的弧形排例，在鳍上沿鳍条成纵排例。在养殖中发现随着锦鲤的生长，黑色锦鲤腹部颜色也由淡黄逐渐变白，最后变为黑色。目前还没有相关报道鱼体这些部位的相关激素分泌规律，在这些部位分枝黑色素细胞形成、发育和成熟以及腹部黄色素细胞的消退与鱼机体内分泌激素在不同部位分泌之间的规律和内在机制有待进一步深入研究。

参考文献

[1] Fujii R, Mellaizumi Komae, et al. The regulation of motile activity in fish chromatophore. Pigment Cell Researeh, 2000, 13(5): 300 – 319.
[2] Rawls J R, Mellgren E M, Johnson S L. How the zebrafish gets its strpes. Developmental Biology, 2011,

240：301 –314.
[3] 曹玉茹．鱼类体色的意义[J]．中国钓鱼，2001，5：44.
[4] 徐伟，李池陶，等．几种鲤鲫鳞片色素细胞和体色发生的观察[J]．水生生物学报，2007，31(1)：67 –72.
[5] Butfle L G，Crampton V O，Williams P D. The efect of feed pigment type on flesh pigment deposition and colour in farmed Atlantic salmon，Salmo salar L[J]．Aquac. Res.，2001，32：1 –9.
[6] Baker R T，Pfeiffer A M，Schoner F J，et al. Pigmenting efficacy of astaxanthin and canthaxanthin in fresh-water reared Atlantic salmon，Salmo salar[J]．Anim. Feed. Sci. Tech.，2002，99：97 –106.
[7] Salm A L，Spanings F A，Gresnigt R，et al. Background adaptation and water acidification affect pigmentation and stress physiology of tilapia，Oreochromis mossambicus[J]．Gen. Comp. Endocrinol.，2005，144：51 –59.
[8] Van der Salm A L，Spanings F A T，Gresnigt R，et al. Background and adap tation and water acidification affect pigmentation and stressphysiology of tilapia，Oreochromis mossambicus[J]．Gen. Compa. Endocrinol.，2005，144：51 –59.
[9] Goda M，Fujii R. The blue coloration of the common surgeonfish Paracanthurus hepatus – II Color revelation and color changes[J]．Zoological Science (Tokyo)，1998，15(3)：323 –333.
[10] 薛继鹏，张彦娇，麦康森，等．鱼类的体色及其调控[J]．饲料工业，2010，31(A01)：122 –126.
[11] 刘金海，王安利，王维娜．金鱼总色素及色素组分的比较研究[J]．水生生物学报，2007，31(1)：73 –77.

金鱼微卫星 DNA 的筛选、引物设计及应用

杨　璞　梁拥军　孙向军　张　欣

（水产科学研究所，北京 100068）

摘要：为金鱼（*Carassius auratus auratus*）的遗传多样性评价提供基因组水平的直接证据。本研究利用珠富集法分离草金鱼的微卫星分子序列，获得 38 个阳性克隆，对其进行测序，获得 31 个微卫星 DNA 序列，利用软件 Primer Premier 5.0 设计引物 12 对，其中有 8 对引物可扩增出稳定的目的条带。利用筛选出的 8 对微卫星引物对北京 2 个草金鱼养殖群体进行了遗传多样性分析。结果表明，2 个草金鱼养殖群体的遗传多样性水平较高，其平均观测杂合度（*Ho*）分别为 0.565 5 和 0.534 3，平均期望杂合度（*He*）分别为 0.657 0 和 0.628 6，平均多态性信息含量 *PIC* 分别为 0.510 6 和 0.500 9。两群体间遗传距离为 0.095 7，遗传相似度为 0.921 1。8 个微卫星位点可用于锦鲤群体的遗传学研究。

关键词：金鱼；微卫星；磁珠富集；遗传多样性

1　引言

金鱼（*Carassius auratus auratus*）分类上属鲤形目（Percoiformes）、鲤科（Sparidae）、鲫属（*Carassius*）[1]，是鲫种的变种。金鱼是世界著名的观赏鱼类之一，起源于中国，已有 1 700 多年的饲养历史。在长期人工繁育下，难以避免由近亲交配和小群体繁殖所产生的基因丢失和遗传嬗变，致使金鱼品质变劣，抗病力下降，抗逆性差。如何最大限度地保持金鱼养殖群体的遗传多样性，维持金鱼优良的品质，已成为水产工作者关注的焦点。

微卫星（Microsatellite）作为近年来发展迅速、应用广泛的分子标记之一，拥有较高的个体特异性和可重复性[2]，并且能够提供丰富的多态位点及基因座位杂合度和纯合度等的遗传信息[3]，在鱼类的遗传育种方面有着巨大的应用价值。国内外已有相关报道，如制备鲤微卫星分子标记[4,5]，建立遗传连锁图谱[6]，群体结构及遗传多样性的分析[7]。

本文尝试用磁珠富集的方法对草金鱼微卫星 DNA 进行筛选和引物设计，并进一步对北京 2 个草金鱼养殖群体的遗传多样性进行了比较研究，以便为金鱼的遗传多样性评价提供基因组水平的直接证据。

基金项目：观赏鱼产业技术体系北京市创新团队和北京市自然科学基金资助项目（6112008）
作者简介：杨璞（1983—），硕士研究生。研究方向：鱼类育种及养殖技术
通信作者：梁拥军。E-mail：liangyongjun@ hotmail. com

2 研究方法

2.1 实验动物

分别从北京市水产科学研究所小汤山良种繁育基地自繁培育的草金鱼群体(记为XTS)和北京市朝阳区黑庄户观赏鱼发展中心的草金鱼群体(记为HZH)中各随机抽取24尾，剪取少量尾鳍酒精固定。

2.2 基因组DNA的提取

酚氯仿法抽提草金鱼基因组DNA并纯化，具体步骤见参考文献[8]。

2.3 酶切及特定大小的DNA片段的回收

基因组DNA在1%琼脂糖凝胶上电泳检测，估计DNA浓度为200 ng/μL，取约10 μg草金鱼基因组DNA，在含有限制性内切酶MboI的酶切缓冲体系(200 μL)中，37℃温育3 h后，蔗糖密度梯度离心(10%、20%、30%、40%)(22 000 r/min，22 h)收集300 ~ 1 000 bp目的片段并纯化。

2.4 接头的制备与连接

Brown接头的制备：等比例混合两组寡聚核苷酸链，95℃变性10分钟，经4小时缓慢冷却至10℃，最终形成的双链接头是：

5′-GATCGTCGACGGTACCGAATTCT-3′ A

3′-CAGCTGCCATGGCTTAAGAACTG-5′ B

建立20 μL连接体系，其中包含4 μL酶切片断、接头10 μL(25 μmol/L)、T_4DNA连接酶6U、10×Buffer 2 μL、16℃水浴过夜。

2.5 创建草金鱼的基因组文库

用旋离柱(PALL FILTRON)去除多余接头并浓缩至10 μL左右。1%琼脂糖凝胶电泳检测多余接头是否除尽。

取接头片段3 μL作模板，Primer B为引物，进行25 μL体系的PCR预扩增(PE9700型PCR仪)创建基因组文库。反应程序为：72℃，2 min，94℃变性3 min，然后94℃、1 min，58℃、1 min，72℃、1.5 min，20个循环，最后72℃延伸10 min。反应完毕，去除多余引物、dNTP等，同时将几次PCR产物浓缩至25 μL，并电泳检测其浓度及片段大小。

2.6 用生物素标记的微卫星探针和Dynal磁珠与基因组文库杂交，捕获和富集微卫星

建立50 μL反应体系：Probe(生物素标记的CA_{12}探针)1.5 μL(10 μmol/L)；PrimerB 5 μL(50 μmol/L)；2×SSC 15 μL；10% SDS 0.5 μL；ddH20 14 μL，16℃预热，待用。

取14 μL(约300 ng)连有接头，经PCR扩增的DNA片段于95℃变性5 min，迅速加入到以上预热的杂交混合液中，68℃杂交1 h。期间进行磁珠的平衡：取100 μL(10 mg/mL)

磁珠放于一个 500 μL 低黏性的硅化管中，将硅化管放在磁力架上 1 ~ 2 min，轻轻吸出盐溶液，加入 200 μL B&W(10 mmol/L Tris - Cl，1 mmol/L EDTA，2 mol/L NaCl)洗涤 2 遍，再用 200 μL 洗液 I(6 × SSC，0.1% SDS)多次洗涤平衡，直到磁珠顺滑。

用包被有链霉亲和素的磁珠在 25℃ 捕获连有生物素探针的微卫星序列，轻轻摇动 20 min，使链霉亲和素与生物素充分结合。把硅化管放在磁力架上，洗涤磁珠去除非特异性 DNA 片段：6 × SSC，0.1% SDS 室温下洗涤 2 次，每次静置 10 min；3 × SSC，0.1% SDS 68℃ 洗 2 次，每次静置 15 min；6 × SSC 室温快速洗 2 次，基本去除不含微卫星序列。然后用 200 μL 0.1 × TE 室温快速洗 2 次，加入 50 μL 0.1 × TE，95℃ 变性 10 min，洗脱含有微卫星序列的单链 DNA。再以捕获的单链 DNA 为模板进行二次 PCR 扩增，22 个循环，其他程序同第一次 PCR，过柱，浓缩产物至 10 μL 左右。

取 2 μL PCR 产物与 pMD18 - T vector(promega 公司)16℃ 水浴中连接 12 h。同时以 T 载体自连作为对照，将连接产物转化到用 $CaCl_2$ 制备的感受态 E. coli(DH5α)中。含重组子的菌落转移到硝酸纤维素膜上(promega 公司)，并用 γ - 32P 标记的放射性探针 $(CA)_{12}$ 进行第二轮杂交，具体方法参照《分子克隆实验指南》(第三版)。挑取阳性克隆，测序。返回序列在去除载体及接头序列后采用 Primer Premier 5.0 软件包进行引物设计。

2.7 微卫星 PCR 扩增检测

PCR 反应体系包括：1.5 mmol/L $MgCl_2$，0.2 mmol/L dNTPs，0.2 μmol/L 引物，1U Taq 酶，1 × buffer，20 ng 模板 DNA，总反应体系为 15 μL。

PCR 反应程序如下：95℃ 预变性 5 min，之后进行 35 个循环，每一循环包括 95℃、30 s，各引物的退火温度 30 s，72℃、30 s，最后于 72℃ 延伸 5 min。

PCR 产物在 6% 变性聚丙烯酰胺凝胶中电泳，硝酸银法进行染色。胶板室温下干燥，干燥后扫描仪拍照保存。

2.8 数据处理

统计分析锦鲤养殖群体微卫星位点上的等位基因组成、基因频率及其分布，对多态位点进行分析，应用 LabImage(Version 2.7.2)软件辅助确定基因型，并计算各等位基因的大小；利用 POPGENE32(Version 1.31)软件计算平均等位基因数(A)、平均观测杂合度(Ho)、平均期望杂合度(He)、微卫星位点的多态信息含量(PIC)和 Hardy - Weinberg 偏离指数(d)。根据 NeiM 的方法[9]计算 2 个群体的遗传距离。

$$A = (1/n)\sum X_i$$

$$Ho = \text{杂合子观测数} / \text{观察个体总数}$$

$$He = 1 - \sum f_i^2$$

$$d = (Ho - He)/He$$

$$PIC = 1 - \sum f_i^2 - \sum 2f_i^2 \times f_j^2$$

式中：n 为等位基因总数；X_i 为第 i 位点的等位基因数；f_i 为位点第 i 个等位基因的频率，$j = i + 1$。

3　结果

3.1　适宜基因组片段的获得

用MboI限制性内切酶对高质量基因组DNA进行不完全酶切，选用10%、20%、30%、40% 4个梯度的蔗糖溶液选取所需要的基因组片段，将离心后含基因组片段的蔗糖溶液收集于36个离心管中，琼脂糖凝胶电泳检测(图1)，选取含300～1 000 bp的目的片段，并对其进行回收、纯化。

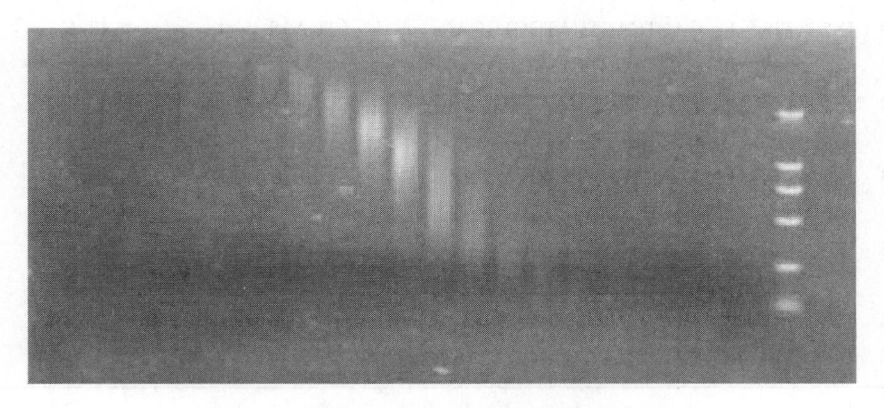

图1　蔗糖密度梯度离心收集产物的电泳图

3.2　测序结果及序列分析

本次实验共获得微卫星基因组文库250个克隆，通过杂交进行二次筛选，共获得38个阳性克隆，对其进行测序，得到31个含有微卫星的序列。其中CA/GT占绝大多数。根据Weber[10]提出的测序标准将所获得的微卫星序列进行归类，其中完美型的微卫星占大多数，见表1。

表1　草金鱼微卫星不同类型重复序列所占比例

完美型	非完美型	复合型
18	8	5
58.06%	25.81%	16.13%

在31个微卫星序列中，除了一些微卫星序列因本身结构或两端侧翼序列太短不能设计引物外，其余微卫星利用引物设计软件Primer Premier 5.0设计引物12对，通过优化PCR反应条件，其中有8对引物可扩增出稳定的目的条带。微卫星信息见表2。

表2 草金鱼微卫星引物

位点	genbank No	引物序列 (5'-3')	重复单元	复性温度 T_a/℃	产物大小 /bp
BJFGF011	JX508766	F：AGTCTGTTACGGGTCTGC R：TCATTACCAAGGGAGGAG	(ATC)9	49.3	153
BJFGF018	JX508773	F：CACCGAACCTCACATCAT R：CACGCATCGTTACAGTCC	(TG)13(CAT)15	48.9	171
BJFGF019	JX508774	F：CCCCATCCCTCACAAACG R：CTGGCAGAGCATTCCAACAAC	(TCA)9	51.8	134
BJFGF020	JX508775	F：GACTCACTGATGCTGGAC R：GTTGTGCTTATTCTTGGA	(TGA)8	47.6	239
BJFGF022	JX508777	F：ATGATAAGGATGAGGAGGAT R：GCTTTGTGAGTTTGTGGG	(GAT)46	50.4	325
BJFGF023	JX508778	F：ACACTCGCTCACTACAGG R：CACCACCATCATCATCAG	(TGT)8	49.7	320
BJFGF025	JX508780	F：CTAAAGTAACCTGGGACG R：CATTATCATCAGCAGCATC	(TGA)10	46.8	110
BJFGF026	JX508781	F：AGGAACAGGCAGACGAGC R：CACCGATGTGAGGACTGGAAC	(CT)16(ATG)7	51.8	308

3.3 微卫星位点的遗传多样性分析

两个群体各位点的平均等位基因数、观测杂合度、期望杂合度、多态信息含量以及遗传偏离指数统计结果见表3。8个微卫星位点上共检测到53个等位基因，每个位点的等位基因数从3~11个不等。微卫星位点BJFGF018的等位基因数最多，为11个；微卫星位点BJFGF022的等位基因数最少，为3个。两个群体的平均等位基因数分别为6.72个和6.53个。8对引物在2个群体中均表现为多态。

从表3可知，两个草金鱼养殖群体的平均观测杂合度(*Ho*)分别为0.565 5和0.534 3，平均期望杂合度(*He*)分别为0.657 0和0.628 6，平均多态性信息含量*PIC*分别为0.510 6和0.500 9。BJFGF011、BJFGF019、BJFGF022、BJFGF023位点的Hardy-Weinberg遗传偏离指数(*d*)为负值。*d*值反映了*Ho*和*He*的平衡关系。*d*值越接近0，表明基因型分布越接近平衡状态。

表3 草金鱼人工养殖群体遗传多样性

位点	平均等位基因数 *A*	观测杂合度 *Ho*	期望杂合度 *He*	多态信息含量 *PIC*	遗传偏离指数 *d*
BJFGF011	8	0.683 3	0.708 7	0.673 4	-0.115
BJFGF018	11	0.816 7	0.772 0	0.798 6	0.152
BJFGF019	5	0.687 5	0.693 7	0.682 6	-0.009
BJFGF020	7	0.445 0	0.764 5	0.691 0	0.125

（续表）

位点	平均等位基因数 A	观测杂合度 Ho	期望杂合度 He	多态信息含量 PIC	遗传偏离指数 d
BJFGF022	10	0.646 7	0.821 6	0.729 6	-0.060
BJFGF023	3	0.173 3	0.212 7	0.188 1	-0.013
BJFGF025	4	0.426 7	0.462 7	0.282 5	0.059
BJFGF026	5	0.520 0	0.706 4	0.637 3	0.300
XTS	6.72	0.565 5	0.657 0	0.510 6	0.056 2
HZH	6.53	0.534 3	0.628 6	0.500 9	0.053 6
平均值	6.63	0.549 9	0.642 7	0.505 7	0.054 9

图2 引物BJFGF019在小汤山群体的PCR扩增结果

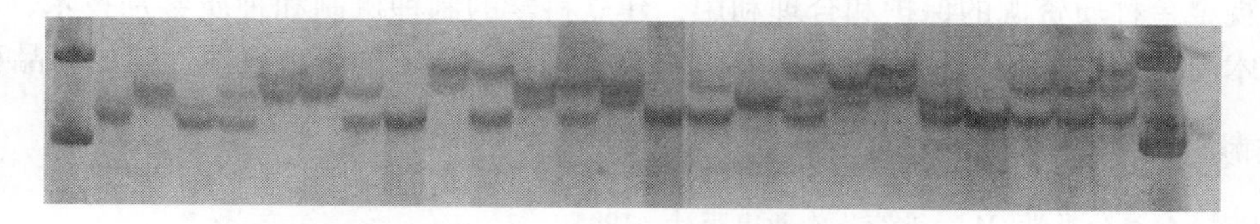

图3 引物BJFGF019在黑庄户群体的PCR扩增结果

3.4 遗传距离和遗传相似度

根据NeiM计算了2个草金鱼养殖群体间的遗传距离和遗传相似度，群体间遗传距离为0.095 7，遗传相似度为0.921 1。

4 讨论与结论

4.1 磁珠富集法在金鱼微卫星标记筛选中的应用

磁珠富集法是一种高效而简单快速的筛选微卫星的方法，较小片段克隆法获得的完美型序列的比例更高，另外富集法获得的微卫星中重复次数超过10次的较小片段克隆法获得的更多[11]。应用磁珠富集法对微卫星序列进行了2次筛选，一是用生物素联结的重复序列做探针，在杂交洗脱时将大部分低重复序列除去，二是用含同样重复序列的同位素探针进行再一次筛选，这样可以使大部分低重复序列被删除。但是，操作过程中一些因素会影响筛选微卫星效率，最主要的影响因素是磁珠的平衡及洗液和洗涤温度。一般新鲜磁珠较容易平衡，而存放时间较长的磁珠需要反复多次洗涤，直到磁珠顺滑；同时，保护吸附的含有微卫星序列的片段不被洗脱，整个操作过程要轻，以达到最高的分离效率[12]。

另外，本试验中采取磁珠富集法与放射性同位素杂交相结合的方法，这样可以有效降低杂交的背景，从而减少假阳性出现的概率。

微卫星寡核苷酸的重复数在同一物种的不同基因型间差别很大，具有十分丰富的多态性[13,14]，Weber等[10]认为，只有在双碱基重复序列重复次数大于12次时，微卫星标记才有可能表现出较*PIC*值，当$n \geqslant 16$时，可提供的多态性信息含量(*PIC*)在0.5以上，才可以进行相应的多态性分析。

我国水产动物种类繁多，遗传特性复杂，仅依靠微卫星引物的通用性进行遗传多样性分析、连锁图谱构建、QTL定位、分子标记辅助育种等研究具有很大的局限性[15]。磁珠富集法制备微卫星技术可以大大提高水产动物微卫星分子标记的应用进程。

4.2 2个草金鱼养殖群体遗传多样性的分析

实验统计分析了2个草金鱼人工养殖群体各24个个体在8个微卫星位点的平均等位基因数，计算得到了平均多态性信息含量*PIC*分别为0.510 6和0.500 9，表明2个人工养殖群体的多样性水平尚在一个合理状态，但BJFGF018、BJFGF019、BJFGF022、BJFGF023位点的Hardy－Weinberg遗传偏离指数(*d*)为负值，说明有杂合子缺失现象，由此看来，该养殖群体的遗传多样性现状也不能过于乐观。为保证金鱼养殖产业持续、健康发展，需要业者重视金鱼种质资源的保护和合理利用，建立科学的制种机制和种质鉴别技术，将现代生物技术与传统的遗传育种技术进行有机结合，培育优质、健康、抗逆性强的新品种。

参考文献

[1] 孟庆闻. 鱼类分类学[M]. 北京：农业出版社，1995.

[2] Zhou J，Wu Q，Wang Z，et al. Genetic variation analysis within and among six varieties of common carp (Cyprinus carpio L) in china using microsatellite markers[J]. Russian joumal of genetics，2004，40(10)：1144－1148.

[3] Desvignes J F，Laroche J，Durand J D，et al. Genetic variability in reared stocks of common Carp (Cyprinus carpio L) based on albzymes and microsatellites [J]. Aquaculture，2001，194：291－301.

[4] Luo Wenyong，Hu Jun，Li Xiaofang. The evolution and application of microsatellites[J]. Hereditas (Beijing)，2003，25(5)：615－619.

[5] Crooijmans R P M A，Poel J J，Groenen M A M，et al. Microsatellite markers in common carp (Cyprinus carpio L.) [J]. Animal Genetics，1997，28：129－134.

[6] Yue G H，Ho M Y，Orban L，et al. Microsatellites within genes and ESTs of common carp and their applicability in silver crucian carp[J]. Aquaculture，2004，234：85－98.

[7] Sun X W，Liang L Q. A genetic linkage map of common carp (Cuprinus carpio L.) and mapping of a locus associated with cold tolerance[J]. Aquaculture，2004，238：165－172.

[8] Zhou J，Wu Q，Wang Z，et al. Genetic variation analysis within and among six varieties of common carp (Cyprinus carpio L.) in China using microsatellite markers[J]. Russian Journal of Genetics，2004，40：1144－1148.

[9] 耿波，孙效文，梁利群，等. 利用17个微卫星标记分析鳙鱼的遗传多样性[J]. 遗传，2006，28(6)：683－688.

[10] Nei M. Estimation of average heterozygosity and genetic distance from a small number o f individuals[J]. Genetics, 1978, 89: 583 - 590.

[11] WeberJ L. Informativeness of human (dC—dA) n (dG—dT) n polymorphisms [J] Genomics, 1990, 7: 524 - 530.

[12] 孙效文，贾智英，魏东旺，等. 磁珠富集法与小片段克隆法筛选鲤微卫星的比较研究[J]. 中国水产科学，2005，12(2)：126 - 132.

[13] Goldstein D B, Pollock D D. Launching microsatellites: a review of mutational processes and methods of phylogenetic inference[J]. Hered, 1997, 88: 335 - 342.

[14] Ferguson A. Molecular genetics in fisheries: current and future perspective[J]. Rev Fish Biol Fish, 1994, 4: 379 - 383.

[15] 孙效文，鲁翠云，梁利群. 磁珠富集法分离草鱼微卫星分子标记[J]，水产学报，2005，29(4)：482 - 486.

张家口坝上高背鲫鱼红细胞大小及DNA含量与染色体数的关系

陈　力[1]　赵春龙[1]　黄海枫[1]　穆淑梅[2]
吴江立[2]　王真真[1]　马　鹏[2]

（1. 河北省海洋与水产科学研究院，河北 秦皇岛 066000；
2. 河北大学，河北 保定 071002）

摘要： 对张家口坝上高背鲫鱼外周血红细胞及其核的大小、DNA含量和核型进行了研究。采用血涂片法测量高背鲫鱼血红细胞核面积和体积分别是普通鲫鱼的1.30倍和1.56倍，其细胞核体积接近三倍体的理论预期值1.5倍；采用流式细胞仪对高背鲫鱼血红细胞进行DNA含量测定，得出其DNA含量是对照鸡的1.6倍，DNA含量 $P=3.68$ pg/N，为三倍体。同时采用肾细胞制作染色体标本对高背鲫鱼的染色体组型进行分析，其结果为：染色体数目145～162条，染色体众数为156左右，为三倍体，其核型公式 $3n=18m+24sm+48st+66t$，臂数 $NF=198$，染色体分析结果与红细胞核测量和DNA含量测定结果一致。本研究证明：高背鲫鱼的红细胞核大小、DNA含量与染色体数为显著的正相关。

关键词： 高背鲫鱼；红细胞；DNA含量；染色体数

张家口坝上高背型鲫鱼，俗称“高背鲫”，是名贵的土著鱼类品种，与普通鲫鱼相比，体高与体长比明显大，头小，尾柄短。该鲫鱼生长速度快、抗病力强、个体较大、肉质鲜美，且对生态条件适应性强，具有耐寒、耐低氧、食性广、繁殖力高等特点，能自然繁殖，群体数量补充快、可塑性强，主要分布在海拔1 400 m以上的河流、淖泊等天然水体及部分水库，品种性状稳定，是一种优质的增养殖品种。目前国内外对张家口坝上野生高背鲫鱼的相关研究报道较少，只有少量生物学测量及养殖方面的研究报道[1,2]。本文对张家口坝上高背鲫鱼的红细胞大小和DNA含量进行测定，并分析研究了二者与染色体数的关系，以期丰富该鱼的种质研究。

基金项目：河北省水产局科研专项基金项目：张家口坝上高背鲫鱼种质的初步研究
作者简介：陈力，女，45岁，本科，高级工程师。研究方向：水产动物遗传育种与种质资源
通信作者：康现江，男，河北大学生命学院博士生导师，教授。E-mail：xjkang218@126.com

1 材料与方法

1.1 实验材料

实验鱼为张家口市沽源县水泉淖的高背鲫鱼和普通鲫鱼两种，分别暂养于23℃左右的充气水族箱中。用于流式细胞仪内定标的小公鸡购自菜市场，年龄为3个月。

1.2 实验方法

1.2.1 红细胞及其核的测量

用肝素浸润的注射器分别从两种实验鱼的尾鳍静脉采血，制成血涂片，经固定、染色，在显微镜下分别测量红细胞及核的长径和短径，根据公式：$4/3 \times \pi a^2 b$ 和 πab，分别计算红细胞与核的体积和面积。式中 a 为短径，b 为长径。共测量高背鲫鱼和普通鲫鱼各12尾，每尾分别测25个红细胞。

1.2.2 DNA含量测定

用装有肝素的注射器从高背鲫鱼的尾鳍静脉采血1 mL，另取小公鸡的腋下静脉血2 mL作为对照。使用美国的BD FAC－SCalibur流式细胞仪进行样品分析，并用随机附带的CellQuest分析软件进行数据分析，测试结果以直方图表示。

鸡血红细胞是国际上公认的对照标准，本研究采用鸡血红细胞(2 c =2.3 pg)进行内定标，然后将制备好的样品和对照以3:1的比例进行混合，用流式细胞仪进行测定。

$$P = (E_2/E_1) \times 2.3$$

式中：P 为鱼血样中的DNA含量，单位为皮克(pg)；E_2 为鱼红细胞消光值；E_1 为鸡红细胞消光值。

1.2.3 染色体核型分析

采用鱼类染色体研究中常用的植物凝血素(PHA)活体注射法：按10 μg/g鱼体重腹腔一次注射24 h后，再按2～3 μg/g体重注射秋水仙素。2～3 h后，剪鳃放血，解剖取肾脏，低渗、固定按常规方法进行，空气干燥法制取染色体玻片标本，Giemsa液染色，自然干燥后镜检、拍照。染色体分类依据Levan等的标准确定[3]；染色体分组参照Bickham的标准[4]；臂数统计按Corman的方法进行[5]。OLYMPUSZ显微镜下拍照，计数50～100个中期分裂相以确定染色体数；选取8个数目最佳中期分裂相放大、配组，按Levan等人的标准测量、计算，并进行统计分析及配制核型图。

2 结果

2.1 红细胞及其核的形态和大小

从两种实验鱼的尾静脉采出的血液呈鲜红色，血涂片经Giemsa液染色后，红细胞的细胞质无色，细胞核呈紫红色，细胞及其核的形状呈椭圆形或长圆形。观察血涂片：两种鲫鱼的血红细胞，除成熟(正常)红细胞外，在个体中未发现有异常红细胞。高背鲫鱼的红细胞核的长径为 7.41 ~9.58 μm，短径为 4.22 ~ 6.15 μm，红细胞核体积为 799.06 ~ 1 262.29 μm^3。普通鲫鱼的红细胞核的长径为 6.29 ~8.69 μm，短径为 4.17 ~ 5.44 μm，红细胞核体积为 511.07 ~942.59 μm^3。见图 1 和图 2(油镜下观察：1∶10 ×100)。

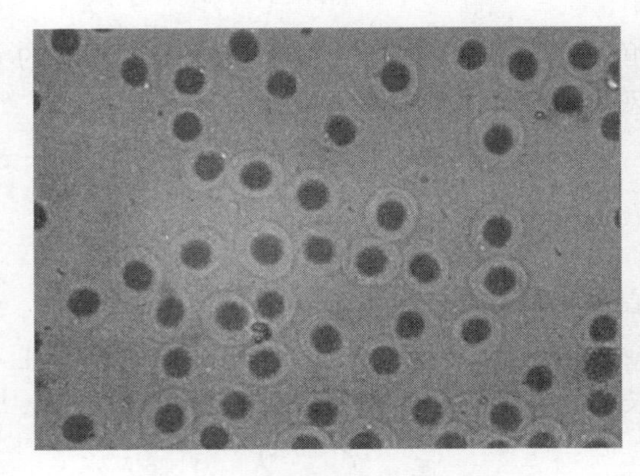

图1 高背鲫鱼血红细胞

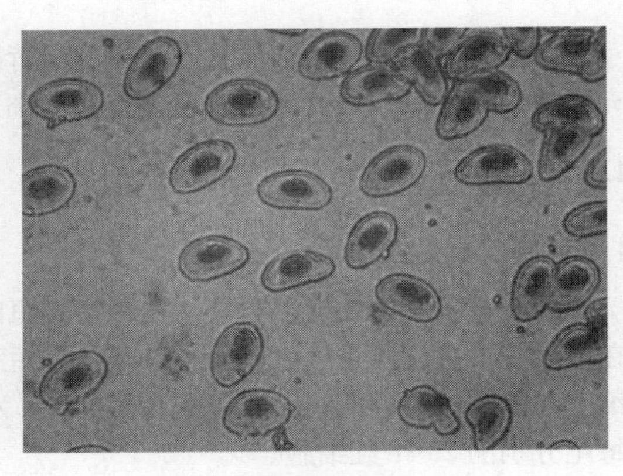

图2 普通鲫鱼血红细胞

在红细胞各项测量指标中，发现高背鲫鱼的红细胞核比普通鲫鱼大：长径和短径都增大。其中红细胞核的长径和短径分别是普通鲫鱼的 1.09 倍和 1.20 倍，即长径较普通鲫鱼增加 9%，核短径增加较多，为 20%。同时还发现高背鲫鱼红细胞的短径较普通鲫鱼增大而长径减少，即高背鲫鱼血细胞的长径小于普通鲫鱼，短径大于普通鲫鱼。由此，高背鲫鱼红细胞核的面积和体积分别是普通鲫鱼的 1.30 倍和 1.56 倍，但红细胞的面积和体积分别是普通鲫鱼的 0.99 倍和 1.12 倍，见表 1。

表1 高背鲫鱼与普通鲫鱼红细胞及其核大小比较

鲫鱼种类	细胞/μm		细胞核/μm		细胞面积 /μm^2	细胞体积 /μm^3	细胞核面积 /μm^2	细胞核体积 /μm^3
	长径	短径	长径	短径				
普通鲫鱼	17.33	9.87	7.59	4.61	536.99	7 067.36	109.94	676.37
高背鲫鱼	15.08	11.19	8.25	5.53	529.55	7 897.54	143.3	1 056.81
高背鲫鱼/普通鲫鱼	0.87	1.13	1.09	1.20	0.99	1.12	1.30	1.56

2.2 DNA 含量

以鸡红细胞为对照，利用流式细胞仪对高背鲫鱼的红细胞进行 DNA 含量的测定，结果为：图 3 中的 A 峰为鸡血细胞核 DNA 含量，B 峰为高背鲫鱼红细胞核 DNA 含量，根据所检测的高背鲫鱼和鸡红细胞吸收 PI 荧光强度，以参数荧光面积消光值与对照样品鸡血的消光值之比计算高背鲫鱼的 DNA 含量。依据直方图分析结果，高背鲫鱼的 *DI* 值为 1.6。DNA 含量用 DNA 指数(DNA index，*DI*)表示。$DI = G_0/G_1$ 期细胞的平均 DNA 含量与 G_0/G_1 标准二倍体细胞的 DNA 含量之比，即 *DI* 值表示相对 DNA 含量。

鸡红细胞的标准 DNA 含量为 2.3 pg/N[6]，高背鲫鱼红细胞 G_0/G_1 期细胞的消光值与鸡血细胞对照比值为 1.6，根据 $P = E_2/E_1 \times 2.3$ 得出高背鲫鱼 DNA 含量为 3.68 pg/N（N 表示细胞核数量）。

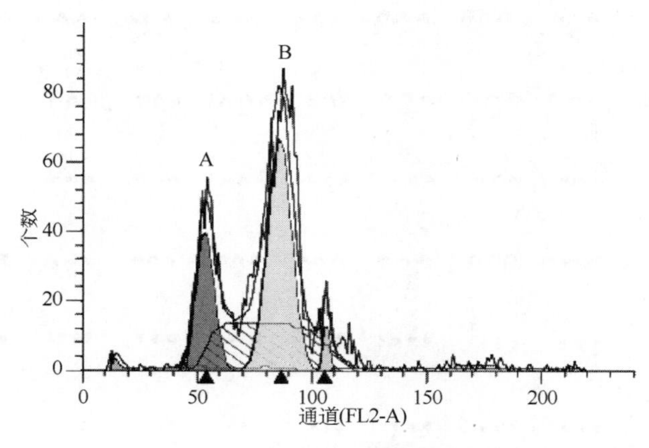

图 3　高背鲫鱼红细胞 DNA 含量

2.3　染色体组型

高背鲫鱼染色体观察结果：共计算中期分裂相 69 个，染色体数为 145 ~ 162 条（见表 2），染色体标准数为 156，其所占比例为 33.4%。该鱼核型公式为 $3n = 18m + 24sm + 48st + 66t$，臂数 $NF = 198$。未发现异型染色体对、次缢痕及随体等（图 4，图 5）。

表 2　高背鲫鱼染色体数

染色体数	<154	154	156	160	162
细胞数	4	20	23	17	5
所占比例/%	5.8	29.0	33.4	24.6	7.2

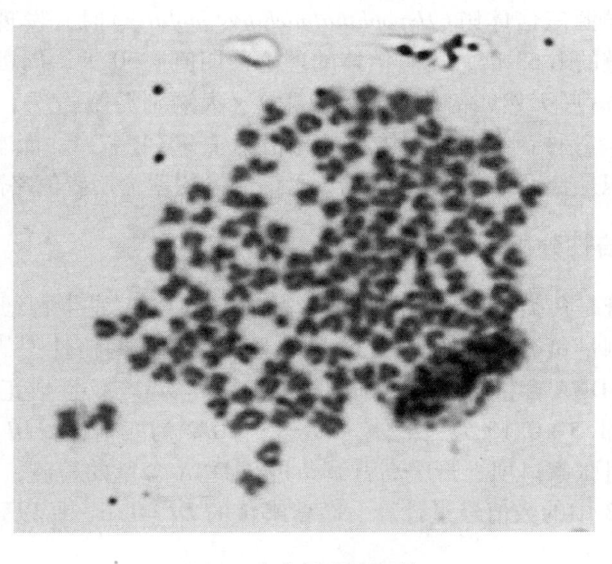

图 4　高背鲫鱼染色体

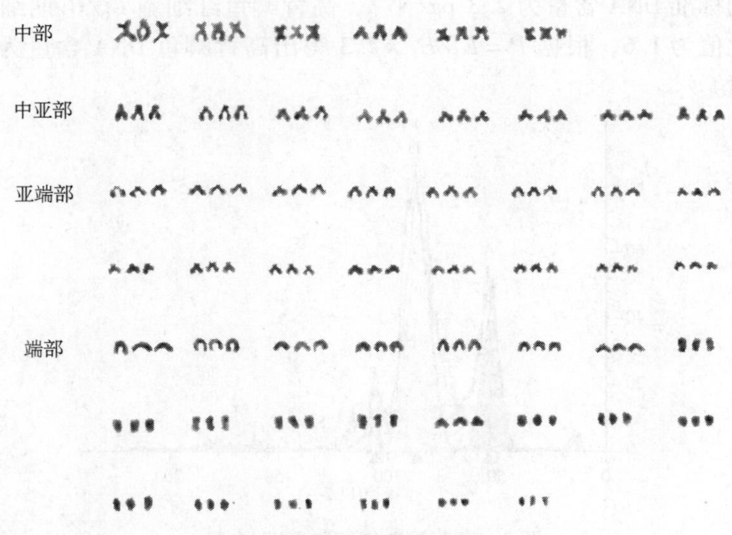

图5　高背鲫鱼染色体组型

3　讨论

3.1　红细胞核的大小与倍性分析

根据细胞核大小与染色体数成比例增加这一规律，用测量红细胞大小的方法来鉴定多倍体鱼已被广泛采用，其中以核体积之比最为常用。而在多倍体鱼类中，染色体数目从二倍体增加到三倍体，其细胞核体积的理论期望值为1.5倍。根据报道，在不同的鱼类中，二倍体与三倍体的核体积比值存在较大差异。Beck等[7]发现草鱼(*Ctenopharyngodon idllus*)和鳙鱼(*Aristichthys nobilis*)的三倍体杂交种的平均核体积是二倍体的1.51倍；朱兰菲等[8]在研究人工同源和异源三倍体鲢(*Hypophthalmichthys molitrix*)时，发现同源三倍体鲢红细胞核体积为二倍体鲢的1.63倍，比三倍体的理论预期值1.50大；周墩等[9]研究泥鳅(*Misgurnus anguillicaudatus*)(天然四倍体)、泥鳅(♀)×大鳞副泥鳅(♂)(三倍体)和大鳞副泥鳅(二倍体)时发现，三种鱼红细胞核体积的比值为1.90∶1.47∶1。而本研究结果是：高背鲫鱼的红细胞核体积是普通鲫鱼的1.56倍，比三倍体的理论期望值略高。

3.2　DNA含量与倍性分析

鱼类的倍性检查是鱼类种质研究的重要指标。由于DNA是生物细胞核内的遗传物质，所以许多学者通过测量鱼类细胞的DNA含量来分析染色体的倍性[10,11]。Ojima等[11]在测定15种鲤科鱼类的DNA含量时发现，细胞核的DNA含量与倍性成正比关系：$DI = 1.0 \pm 0.1$为二倍体，$DI = 1.5 \pm 0.15$为三倍体，$DI = 2 \pm 0.2$为四倍体，$DI > 2.2$为多倍。本实验通过流式细胞仪对张家口坝上野生高背鲫鱼进行DNA含量的检测，并根据DI值来判定DNA倍性。根据图3中的数值经过计算，高背鲫鱼的$DI = 1.6$，所以张家口坝上高背鲫鱼为三倍体鲫鱼种类。

3.3 染色体数量

迄今为止，我国已经报道的染色体数约为156的鲫鱼有7种[12~19]（表3）。由于鲫鱼染色体数目多、个体小，而且具有明显的多态现象，加上各研究者所使用的制片方法和观察染色体的时相不同[12,13]，这样就给染色体计数与组型分析带来困难，从而影响其准确性。例如，单仕新等[13]报道的方正银鲫(*Carassius auratus* gibelio)染色体数为 $3n=162$，而沈俊宝等[12]报道的则为 $3n=156$。

表3 中国几种三倍体鲫鱼的染色体组型比较

鱼名	采集地	染色体众数	倍性	染色体核型公式	臂数 *NF*	作者
方正银鲫 *Carassius auratus* gibelio	黑龙江方正县双凤水库	156	2*n*	$42m+74sm+40t$	272	沈俊宝等[12]
方正银鲫 *C. auratus* gibelio	黑龙江方正县双凤水库	162	3*n*	$48m+56sm+18st+40t$	266	单仕新等[13]
淇河鲫 *C. auratus*	河南淇河	156	3*n*			楼允东等[14]
滇池鲫 *C. auratus* (blac high type)	云南滇池	162	3*n*	$33m+53sm+76t$	248	昝瑞光[15]
缩骨鲫 *C. auratus*	广东翁源县	156	2*n*	$36m+36sm+84t$	228	俞豪祥等[16]
普安鲫 *C. auratus*(A form)	贵州普安县	156	2*n*	$18m+28sm+18st+72t$	222	俞豪祥等[17]
彭泽鲫 *C. auratus*	江西彭泽县	166	2*n*	$32m+40sm+18st+76t$	238	陈敏荣等[18]
滁州鲫 *C. auratus*(A form)	安徽滁州城西水库	160	3*n*	$3lm+21sm+45st+63t$	212	张克俭等[19]
滁州鲫 *C. auratus*(B form)	安徽滁州城西水库	158	3*n*	$30m+26sm+42st+60t$	214	张克俭等[19]
张家口坝上高背鲫鱼 *C. auratus*(blac high type)	河北张家口沽源县	156	3*n*	$18m+24sm+48st+66t$	198	本文

本研究结果显示张家口坝上高背鲫鱼染色体数众数最多的为156条，其次为154条，这可能是染色体制作过程中由156条丢失而得到的结果；研究还发现，染色体没检测到157~159条的情况，并且由于最后几个染色体个体极小，染色体制作过程中极容易丢失，检测到162条的情况也只占7.2%，而160条的情况反而占到24.6%，从而得到高背鲫鱼最多染色体数为162的结果。还有一个有趣的现象，标本制作过程中染色体的丢失一般都是成对的，单个或3个的极少。

本研究发现高背鲫鱼156条染色体按相对长度和着丝点位置每3个可分成一组，间接证明该鱼为三倍体鲫鱼。但同时染色体标本又多是成对的丢失，到底在分裂中期染色体是如何排列的，还有待今后进一步研究。Ohno等人[20]根据核型和DNA含量分析，认为鲤鱼(*Carassius carpio*)和鲫鱼(*C. auratus*)对比鲤科大多数鱼类，应为四倍体类型的鱼类。按照这一理论，目前认为是三倍体的各种鲫鱼就是六倍体种类。一般认为天然雌核发育鱼类群体中往往缺少雄性个体，但近年来也发现三倍体鲫鱼中存在一定比例雄性鲫鱼，且可行两性生殖。沈俊宝、范兆廷等[21]在"方正银鲫与扎龙湖鲫体细胞、精子的DNA含量及倍性的比较研究"中证明方正银鲫和扎龙湖鲫鱼精子的DNA含量都为其红细胞的1/2，与正常二倍体生物在减数分裂中的染色体数由$2n$变为n一致。因此认为，在群体中拥有一定数量(5%～15%)的雄性方正银鲫的精子在发生过程中能够正常完成减数分裂，而且遗传物质的分配也是均匀的；从精子DNA含量确定方正银鲫的配子染色体数(n)是体细胞染色体数($2n$)的1/2，即$n=78$；扎龙湖鲫鱼的配子染色体数为$n=50$。通过以上分析，他们认为具156条染色体的方正银鲫不是三倍体种群，而是一个不同于普通鲫鱼的二倍体种群，$2n=156$。笔者则认为，如果目前证明为三倍体的鲫鱼实际上是已经三倍化了的老四倍体种群，这就不存在三倍体染色体不平衡的问题，这一理论如果成立，或许可以解释许多学者在方正银鲫存在两性生殖研究中的难题，即这些"六倍体鱼类"在表现三倍体雌核发育特性的同时，也一定程度表现其六倍体理论上可以进行两性生殖的本性。张家口坝上高背鲫鱼也存在一定数量的雄性个体[(6～10):1]，因此应为鲫鱼三倍体两性种群，与方正银鲫相似；但该种鲫鱼群体仅有三倍体，缺乏二倍体鲫鱼，其原因可能是三倍体对张家口坝上寒冷地区这一特殊环境具有更好的适应性。

本研究还发现此高背鲫鱼染色体数目的变异幅度较大，染色体标准数目156的众数所占的比率仅为33.4%，如表2所示。昝瑞光[15]确定的滇池高背鲫的标准染色体数为162，具此染色体数的细胞数(众数)占检测细胞数的45.9%。沈俊宝等[12]确定银鲫染色体数为156，众数百分率为40.6%。单仕新等[13]确定银鲫染色体数为162，众数百分率为47%～57.14%，都明显低于众数应占检测细胞数75%以上的常规标准。这种情况在其他鱼类核型资料中是很少见的。如昝瑞光等[22]在鲃亚科7种鱼的核型分析中，每种鱼的众数百分率都在82%～97%范围内。又如李康等[23]在鮈亚科10种鱼的核型分析中，8种鱼的众数百分率为76%～95%，仅银色颌须鮈和铜鱼的众数偏低，分别为74%和64%，但也仍明显高于高背鲫鱼。鉴于其染色体数目变异幅度大和众数百分率低这一特殊性状，因此推测该鱼可能也是一种嵌合的非整倍多倍体鱼类。

3.4 红细胞核大小、DNA含量及染色体数的关系

许多研究者在鱼类的多倍化现象、染色体数目和二者的关系及鱼类的进化等问题上均取得了不少突破性进展[24～28]。本实验通过血涂片观察比较了普通鲫鱼和高背鲫鱼的红细胞及其核的大小，同时用流式细胞仪对高背鲫鱼的DNA含量进行了测定，都证明该鱼为三倍体鲫鱼种类，与染色体组型分析结果一致，三者呈显著的正相关。

按照遗传理论，每种生物的体细胞染色体数目和DNA含量在很大程度上都是恒定不变的，这就保证了自然界中物种的相对稳定性；同时，生物的变异也使各种生物能适应外界环境的变化，不断地发展和进化，产生新的物种类型，而遗传物质就是这种进化变异的最原始材料。已有研究表明：物种在进化过程中所发生的遗传物质的变化经常表现为染色体数目、结构以及DNA含量的变化，这种变化无疑在物种进化过程中起着重要的作用。因此

鱼类染色体和DNA含量的研究不仅对于鱼类分类和系统演化的探讨可显示重要的作用，而且对于鱼类的遗传、变异和杂交育种等方面的研究也具有十分重要的意义。

参考文献

[1] 安进才. 坝上高背鲫[J]. 河北渔业，1996(3)：42.

[2] 王秀芳，高培宇. 坝上高背鲫池塘无公害高产技术[J]. 渔业致富指南，2007(13)：27.

[3] Levan Albert, et al. Nomencture forcentromeric position on chromosome. Hereditas, 1964, 52(2)：201 – 220.

[4] Bickham J W. A cytosyslematic study of turtles in the genera Clemays, Mauremys and Sacaha [J]. Ierpetoligica, 1975, 31(2)：198 – 204.

[5] Corman G C. The chromosomes of the Reptilia, a cytotaxonomic interpretation[A]. Chiarelli A B and Capanna E ed. Cytotaxonomy and Vertebrale Evolution[C]. New York：Academic Press Inc., 1973：5 – 30.

[6] Swanson, et al. 1981. Cytogenetics：The Chromosome in division, Inheritance, and Evolusion, 494 – 509, Pretics – Hall, Inc. Englewood Cliffs.

[7] Beck M L, Biggers C J. Erythrocyte measurements of diploid and triploid Ctenopharyngodon idella Hypophthalmichthys nobilis hybrids. J Fish B – iol, 1983, 22(4)：497 – 502.

[8] 朱兰菲，桂建芳，梁绍昌，等. 人工同源和异源三倍体鲢的红细胞观察[J]. 水生生物学报. 1992，16(1)：84 – 86.

[9] 周墩，卞小庄，焦硕，等. 一种确定鱼类多倍体的简易方法[J]. 淡水渔业，1983，(2)：41 – 43.

[10] Hinegarder R, et al. Cellular DNA content and the evolution of teleostean fishes. Am. Nat. 1972, 106(951)：621 – 644.

[11] Ojima Y, Hayashi M, Ueno K. Triploidy appeared in the backcross offspring from funa – carp crossing. Proc Jap Acad, 1975, 51(8)：702 – 706.

[12] 沈俊宝，范兆廷，王国瑞. 黑龙江一种银鲫(方正银鲫)群体三倍体雄鱼的核型研究[J]. 遗传学报，1983，10 (2)：133 – 136.

[13] 单仕新，蒋一珪. 银鲫染色体组型研究[J]. 水生生物学报，1988，12(4)：381 – 385.

[14] 楼允东，张英培，翁忠惠，等. 淇河鲫鱼细胞遗传学和同工酶的初步研究[J]. 水产学报，1989，9(3)：254 – 258.

[15] 昝瑞光. 滇池两种类型鲫鱼的性染色体和C一带核型研究[J]. 遗传学报，1982，9(1)：32 – 39.

[16] 俞豪祥，等. 广东雌核发育鲫鱼的生物学及养殖试验的初步研究[J]. 水生生物学报，1987，9(3)：287 – 288.

[17] 俞豪祥，等. 天然雌核发育贵州普安鲫(A型)染色体组型的初步研究[J]. 水生生物学报，1992，3(1)：87 – 89.

[18] 陈敏荣，等. 两性型天然雌核发育彭泽鲫染色体组型的研究[J]. 水生生物学报，1996，3(1)：25 – 31.

[19] 张克俭，等. 滁州鲫染色体组型的研究[J]. 中国水产科学，1995，12(4)：8 – 15.

[20] Ohno S, et al. Chromosoma, 1967, 23(1)：1 – 9.

[21] 沈俊宝，范兆廷，等. 方正银鲫与扎龙湖鲫体细胞、精子的DNA含量及倍性的比较研究[J]. 动物学报，1984，3(1)：7 – 13.

[22] 昝瑞光，等. 七种鲃亚科鱼类的染色体组型研究，兼论鱼类多倍体的判定问题[J]. 动物学研究，1984，2(1)：82 – 88.

[23] 李康，桂建芳，等. 中国鲤科鱼类染色体组型的研究V鉅亚科10种鱼的染色体组型[J]. 武汉大学学报，1984，3：113 – 122.

[24] 刘思阳，李素文．三倍体草鲂杂种及其双亲的红细胞(核)大小和DNA含量[J]．遗传学报，1987，14(2)：142－148.
[25] 闫学春，等．转基因鲤鲫杂交(F1)回交三倍体子代红细胞大小与DNA含量测定[J]．东北林业大学学报，2004，7(4)：50－52.
[26] 俞小牧，陈敏容，杨兴棋，等．人工诱导异源四倍体和倍间三倍体白鲫的红细胞观察及其相对DNA含量测定[J]．水生生物学报，1998，9(3)：291－294.
[27] 李渝成，李康，周曦．十四种淡水鱼的DNA含量[J]．遗传学报，1983，10(5)：384－389.
[28] 肖蘅，等．17种金线鲃核DNA含量及倍性的研究[J]．动物学研究，2002，23(3)：195－199.

张家口坝上高背鲫肌肉营养成分分析及营养价值评价

韩青动[1]　陈　力[2]　傅　仲[2]　郭　冉[1]
孟繁玥[2]　慕建东[2]

（1. 河北农业大学 海洋学院，河北 秦皇岛 066003；
2. 河北省海洋与水产科学研究院，河北 秦皇岛 066005）

摘要：对张家口坝上野生高背鲫鱼含肉率、肌肉营养成分及氨基酸组成进行测定分析。结果表明：该鱼含肉率为79.6%～86.6%，平均约83.46%；各组织含有率平均为：肌肉63.24%，性腺8.56%，内脏7.18%，骨14.18%，皮3.80%，鳞3.72%，鳃2.28%，鳍1.32%；其肌肉营养成分（鲜重百分比）为：水分80.0%，蛋白质16.8%，脂肪1.6%，灰分0.96%，粗纤维未检出，无氮浸出物计算得0.64%；比能值4.71 kJ/g及*E/P*值27.38 kJ/g；肌肉中含有18种氨基酸，其中8种人体必需氨基酸含量占氨基酸总量的40.06%；支/芳值达2.13，接近人体正常所需；5种鲜味氨基酸含量占氨基酸总量的45.51%，必需氨基酸与非必需氨基酸的比值为78.06%，其中赖氨酸含量较高（10.18%）。饱和脂肪酸含量占脂肪酸总量的58.47%；不饱和脂肪酸含量占41.52%，其中单不饱和脂肪酸占35.59%，多不饱和脂肪酸占5.93%（低于猪肉和鸡肉）。根据氨基酸评分（AAS）和化学评分（CS）标准，高背鲫鱼的第一限制氨基酸分别是缬氨酸和蛋氨酸加胱氨酸，第二限制氨基酸分别是异亮氨酸和缬氨酸；该鱼AAS为0.80±0.26，CS为0.61±0.21；氨基酸指数EAAI为74.51。即高背鲫鱼含肉率、肌肉营养成分、氨基酸组成及脂肪酸含量与其他鲫鱼存在差异。按照FAO/WHO标准（优质蛋白质AAS指标大于0.6，CS指标大于0.5），该鱼肌肉必需氨基酸组成相对平衡，是一种淡水养殖优良品种。

关键词：高背鲫鱼；含肉率；肌肉营养成分；氨基酸组成；营养价值评定

鲫鱼是我国重要的淡水经济鱼类，在一些湖泊、水库等天然水体中鲫鱼产量占总产量的20%～40%，有的水域甚至达到40%以上。在淡水池塘养殖中，鲫鱼产量也占有相当的比重[1]。鲫鱼的地理分布极为广泛，在长期的生态适应过程中出现了许多变异的地方性种群，已报道的地方性种群有：黑龙江方正银鲫（*Carassius auratus* gibelio）[2]、河南淇河鲫

基金项目：河北省水产局科研计划项目：张家口坝上高背鲫种质研究

作者简介：韩青动（1966—），男，硕士学历，副教授，海洋与渔业研究。E-mail：3150033@163.com

(*C. auratus* var. *qihe*)[3]、江西彭泽鲫(*C. auratus* var. pengze)[4]、安徽滁州鲫(*C. auratus* var. chuzhou)[5]、洞庭青鲫(*C. auratus* var. dongtingking)[6]及湖南红鲫(*C. auratus* *var*. red)[7]，此外还有从日本引种驯化的白鲫(*C. auratus* cuvieri)[8]等。鲫鱼长期以来是我国传统食用鱼类，特别是个体大的原种鲫鱼，生长快、肉质细嫩、味道鲜美、营养丰富，受到养殖者和消费者的青睐。

张家口坝上野生高背鲫鱼，俗称“高背鲫”，是名贵的土著鱼类品种，与普通鲫鱼相比，体高与体长比明显大，头小，尾柄短。该鲫鱼生长速度快、抗病力强、个体较大、肉质鲜美，且对生态条件适应性强，具有耐寒、耐低氧、食性广、繁殖力高等特点，能自然繁殖，群体数量补充快、可塑性强，主要分布在海拔1 400 m以上的河流、淖泊等天然水体及部分水库，品种性状稳定，是一种优质的增养殖品种。

鱼体组织构成和营养成分是评价其自身营养价值的重要指标，同时可为研究鱼类营养需求及配制人工配合饲料提供参考。本文以张家口坝上野生高背鲫鱼为研究对象，对其含肉率、肌肉营养成分及氨基酸组成等进行测定，着重比较了某些营养指标与其他鲫鱼的差别，为该鲫鱼的营养研究及种质评估提供理论依据。

1 材料与方法

1.1 材料

实验鱼于2011年10月11日采自张家口沽源县闪电河水库，渔获物共86尾，随机抽取10尾，体长12.3～19.7 cm，体重60.4～218.7 g。

1.2 方法

1.2.1 含肉率测定

按GB/T 18654.9—2008的方法进行样品的运输、储存及测定。样本带回实验室用0.6 mol/L NaCl洗涤干净，擦干体表按GB/T 18654.3—2008的方法称重、量长。全鱼解剖，去除鳞、内脏、鳃、表皮、卵巢、血液后称重即为净重(W_1)，并分别称量鳞、表皮、鳃、内脏、卵巢的重；再把鱼放入蒸锅内隔水蒸至骨肉分离后去其肉，洗净擦干后称其骨骼重；净重(W_1)减去骨骼重即为鱼肉重(W_2)。含肉率：

$$R = W_2/W_1 \times 100\%$$

式中：R为含肉率(%)；W_1为净重(g)；W_2为鱼肉重(g)。

1.2.2 营养成分测定

肌肉营养成分分析时，取其背部肌肉，挑去骨骼，将肌肉切碎，超低温(−86℃)保存。分别依据GB/T 5009.5—2010(第一法)、GB/T 5009.6—2003、GB/T 5009.3—2010(第一法)、GB/T 5009.4—2010和GB/T 5009.10—2003测定蛋白质、脂肪、水分、灰分和粗纤维。无氮浸出物按下述公式计算：无氮浸出物=100%−(水分+粗蛋白+粗脂肪+灰分)。

1.2.3 氨基酸含量测定

样品处理：①色氨酸以4.2 mol NaOH水解；②以过甲酸氧化法处理测定胱氨酸；

③其余氨基酸均以 6 mol HCl 水解测定。

检验方法：依据 GB/T 5009.124—2003 执行。

分析仪器：日立 L－8900 氨基酸分析仪。

1.2.4 脂肪酸的测定

采用方法：GB/T 22223—2008。

检测用主要仪器设备：日本岛津 GC－14C 气相色谱仪测定。

1.2.5 营养价值评价

按 Brett 法[9]以每克蛋白质能值为 23.64 kJ，每克脂质为 39.54 kJ 和每克糖类为 17.15 kJ 计算鱼的能值（蛋白质、脂质及糖类的含量与各自单位能量的乘积之和同鱼体重量之比值）和 E/P 比（能值与蛋白质含量的比值）。氨基酸的支/芳值按照（缬氨酸＋亮氨酸＋异亮氨酸）/（苯丙氨酸＋酪氨酸）来计算。营养价值的评价根据 FAO/WHO 1973 年建议的每克氮氨基酸评分标准模式[10]和中国预防医学科学院、营养与食品卫生研究所提出的鸡蛋蛋白模式[11]进行比较，氨基酸评分（amino acid score，AAS）、化学评分（chemical score，CS）及必需氨基酸指数（EAAI）[12]按以下公式求得：

AAS＝试验蛋白质氨基酸含量（mg/g N）/FAO/WHO 评分标准模式氨基酸含量（mg/g N）

CS＝试验蛋白质氨基酸含量（mg/g N）/鸡蛋蛋白质中同种氨基酸含量（mg/g N）

式中：mg/g N 表示每克氮中氨基酸的毫克数（＝肌肉中氨基酸含量×肌肉蛋白质的百分含量/6.25）。

$$EAAI = \left(\sqrt[n]{\frac{A}{AE} \times \frac{B}{BE} \times \frac{C}{CE} \times \cdots \frac{J}{JE}}\right) \times 100\%$$

式中：n 为比较的必需氨基酸数；A、B、C、…、J 为试验鱼肌肉蛋白质的某种氨基酸含量；AE、BE、CE、…、JE 为全鸡蛋蛋白质中对应的氨基酸含量。

2 结果

2.1 含肉率及组织分类指标比较

按 GB/T 18654.9—2008 的方法，高背鲫鱼含肉率测定结果为 79.6%～86.6%，平均（83.5±2.3）%（见表 1）。

表 1　高背鲫鱼含肉率测定结果

编号	体重/g	全长/cm	体长/cm	净重/g	骨重/g	鱼肉重/g	含肉率/%
1	230.0	24.1	20.1	165.3	24.2	141.1	85.4
2	218.7	23.2	19.7	153.0	27.6	125.4	82.0
3	191.2	22.5	18.2	136.2	18.6	117.6	86.3
4	140.8	20.3	16.6	88.8	14.5	74.3	83.7
5	133.4	19.8	16.5	93.2	19.0	74.2	79.6

(续表)

编号	体重/g	全长/cm	体长/cm	净重/g	骨重/g	鱼肉重/g	含肉率/%
6	106.7	18.5	15.2	72.3	9.7	62.6	86.6
7	98.0	18.3	14.6	73.8	13.0	60.8	82.4
8	95.5	17.7	14.2	74.2	12.2	62.0	83.6
9	87.8	16.7	13.4	63.4	12.3	51.1	80.6
10	60.4	15.2	12.3	44.6	16.9	37.7	84.5
平均	136.3	80.1	66.7	96.5	16.8	80.7	83.5

该鱼各组织含有率平均为：肌肉63.24%、卵巢8.56%、内脏7.18%、骨14.18%、皮3.80%、鳞3.72%、鳃2.28%、鳍1.32%。同彭泽鲫[6]、异育银鲫[6]、异育淇鲫[13]及洞庭青鲫[6]的各组织含有率比较见表2。

表2 鲫5个品种各组织含有率比较(%)

	本研究 (High－backed *Carassius auratus* Zhangjiakou)	彭泽鲫[6] (*C. a.* var. pengze)	异育银鲫[6] (*C. a.* var. allogynogeneticrp)	异育淇鲫[13] (Qihe *C. a.* allogynogeneticrp)	洞庭青鲫[6] (*C. a.* var. dongtingking)
肌肉 (Flesh)	58.11～71.90 (63.24±4.26)	50.66～54.58 (52.07±1.55)	48.18～54.19 (51.94±1.62)	66.28～67.62 (67.06±1.62)	50.46～54.18 (52.18±1.37)
性腺 (Sex gland)	6.03～11.17 (8.56±1.85)	6.78～9.92 (8.29±1.43)	8.61～11.15 (9.91±0.89)		8.16～11.46 (9.86±1.59)
内脏 (Viscera)	4.10～12.87 (7.18±2.85)	8.17～9.33 (8.77±0.71)	5.15～5.93 (5.50±0.28)	10.15～11.93 (11.15±0.69)	7.44～8.33 (8.05±0.29)
骨 (Skeleton)	11.58～18.16 (14.18±2.41)	13.02～13.98 (13.59±0.35)	14.52～16.25 (15.03±0.47)	11.52～13.25 (12.83±0.78)	13.18～14.11 (13.60±0.39)
皮 (Skin)	2.51～4.55 (3.80±0.61)	4.72～5.44 (5.12±0.32)	4.24～6.64 (5.16±0.81)	3.04～3.98 (3.46±0.75)	4.30～5.61 (4.97±0.56)
鳞 (Slice)	3.00～4.72 (3.72±0.60)	5.20～5.64 (5.40±0.22)	5.69～6.13 (5.95±0.12)	2.69～3.13 (3.17±0.42)	5.10～5.64 (5.33±0.24)
鳃 (Gill)	1.24～3.27 (2.28±0.62)	4.03～4.72 (4.38±0.29)	3.80～4.78 (4.18±0.31)	1.80～2.28 (2.05±0.31)	3.75～4.28 (4.03±0.19)
鳍 (Fin)	1.04～1.95 (1.32±0.29)	2.02～2.41 (2.20±0.17)	2.16～2.41 (2.33±0.08)	0.96～1.41 (1.28±0.09)	1.65～2.10 (1.94±0.17)

注：结果以平均数±SD表示($n=10$)。

2.2 肌肉营养成分测定与比较

高背鲫鱼每100 g肌肉中各成分含量为：蛋白质16.8%、脂肪1.6%、水分80.0%、灰分0.96%、粗纤维未检出，无氮浸出物计算得0.64%。

高背鲫鱼与其他8个品种鲫鱼的肌肉营养成分比较见表3。

表3 鲫9个品种肌肉营养成分比较(g/100g 鲜重)

成分	本研究(High-backed *Carassius auratus*)	方正银鲫[14](*C. a. gibelio*)	淇河鲫[15](*C. carp*)	彭泽鲫[16](*C. a.* var.)	鲫[17](*C. a.*)	红鲫[7](*C. carp*)	萍乡肉红鲫[18](*C. a.* var.)	洞庭青鲫[6](*C. a.* var.)	白鲫[17](*C. a. cuvieri*)
水/%	80.0	78.63	75.56	78.35	80.28	79.11	85.50	78.14	79.50
蛋白质/%	16.8	17.26	19.39	18.47	15.74	12.47	13.00	18.63	17.45
脂肪/%	1.6	1.00	2.96	1.46	1.58	6.95	0.68	1.51	1.83
灰分/%	0.96	1.10	1.17	1.27	1.64	1.01	0.73	1.22	1.07
无氮浸出物/%	0.64	2.01	0.92	0.45	0.76	0.47	0.09	0.50	0.15
比能值/kJ·g^{-1}	4.71	4.82	5.91	5.02	4.53	5.65	3.36	5.09	4.88
E/P/kJ·g^{-1}	27.38	25.93	29.68	27.18	28.78	45.32	25.85	27.32	27.96

2.3 氨基酸种类与含量

共测得常见氨基酸18种，其中天冬酰胺(Asn)及谷酰胺(Gln)分别被水解为天门冬氨酸(Asp)和谷氨酸(Glu)。高背鲫鱼的各氨基酸含量及百分比见表4，不同特征氨基酸含量及百分比见表5。由表5可知高背鲫鱼必需氨基酸含量占总氨基酸的40.06%，半必需氨基酸占8.62%，非必需氨基酸占51.32%，鲜味氨基酸含量为45.51%，支/芳值为2.13，必需氨基酸与非必需氨基酸的比值为78.06%。

表4 三种鲫鱼肌肉氨基酸含量比较(鲜重)

氨基酸	本研究(High-backed *Carassius auratus*)		方正银鲫[14](*C. a. gibelio*)		滁州鲫[19](*C. a.* var.)	
	含量/g·100g^{-1}	百分率/%	含量/g·100g^{-1}	百分率/%	含量/g·100g^{-1}	百分率/%
天冬氨酸(Asp)	1.88	11.26	1.88	11.26	1.58	9.35
苏氨酸(Thr)	0.79	4.73	0.79	4.73	0.68	4.03
丝氨酸(Ser)	0.74	4.43	0.74	4.43	0.63	3.73
谷氨酸(Glu)	2.81	16.83	2.81	16.83	2.65	15.69
甘氨酸(Gly)	0.85	5.09	0.85	5.09	0.66	3.91
丙氨酸(Ala)	1.04	6.23	1.04	6.23	0.84	4.97
缬氨酸(Val)	0.79	4.73	0.79	4.73	0.60	3.55
蛋氨酸(Met)	0.45	2.69	0.45	2.69	0.45	2.66

（续表）

氨基酸	本研究 (High－backed *Carassius auratus*)		方正银鲫[14] (*C. a. gibelio*)		滁州鲫[19] (*C. a.* var.)	
	含量 /g·100g⁻¹	百分率 /%	含量 /g·100g⁻¹	百分率 /%	含量 /g·100g⁻¹	百分率 /%
异亮氨酸(Ile)	0.68	4.07	0.68	4.07	0.57	3.37
亮氨酸(Leu)	1.43	8.56	1.43	8.56	1.15	6.81
酪氨酸(Tyr)	0.61	3.65	0.61	3.65	0.37	2.19
苯丙氨酸(Phe)	0.75	4.49	0.75	4.49	0.61	3.61
赖氨酸(Lys)	1.70	10.18	1.70	10.18	1.67	9.89
组氨酸(His)	0.42	2.51	0.42	2.51	0.70	4.14
精氨酸(Arg)	1.02	6.11	1.02	6.11	0.76	4.50
脯氨酸(Pro)	0.46	2.75	0.46	2.75	2.92	17.29
色氨酸(Trp)	0.10	0.60	0.10	0.60		0.00
胱氨酸(Cys)	0.20	1.20	0.20	1.20	0.05	0.30
总量	16.70	100.00	17.10	100.00	16.89	100.00

表5　三种鲫鱼肌肉不同特征氨基酸含量比较(鲜重)

氨基酸	本研究 (High－backed *Carassius auratus*)		方正银鲫[14] (*C. a. gibelio*)		滁州鲫[19] (*C. a.* var.)	
	含量 /g·100g⁻¹	百分率 /%	含量 /g·100g⁻¹	百分率 /%	含量 /g·100g⁻¹	百分率 /%
氨基酸总量(TAA)	16.70	100.00	17.01	100.00	16.89	100.00
必需氨基酸(EAA)	6.69	40.06	6.86	40.33	7.19	42.57
半必需氨基酸(HEAA)	1.44	8.62	1.59	9.35	1.46	8.64
非必需氨基酸(NEAA)	8.57	51.32	8.56	50.32	8.24	48.79
鲜味氨基酸*(Taste－AA)	7.60	45.51	7.68	45.15	5.73	33.92
支/芳值(EPTN)	2.13		2.90		2.37	
必需氨基酸/非必需氨基酸(EAA/NEAA)	78.06%		80.14%		87.25%	

注：*包括谷氨酸、甘氨酸、丙氨酸、精氨酸、天冬氨酸。

2.4　脂肪酸的种类与含量

高背鲫鱼肌肉脂肪酸组成成分测定结果(见表6)显示：饱和脂肪酸含量(每100 g鲜样)为0.69 g，占58.47%；不饱和脂肪酸含量(每100 g鲜样)为0.49 g，占41.52%，其中单不饱和脂肪酸占总脂肪酸的35.59%，多不饱和脂肪酸占总脂肪酸的5.93%。将该鱼的肌肉脂肪酸组成分别与其他6种淡水鱼及2种肉类相比(表7)有较大差别。

表6 高背鲫鱼肌肉主要脂肪酸组成及百分比(鲜重)

饱和脂肪酸(SFA)			单不饱和脂肪酸(MUFA)			多不饱和脂肪酸(PUFA)		
名称	含量/g·100g^{-1}	百分比/%	名称	含量/g·100g^{-1}	百分比/%	名称	含量/g·100g^{-1}	百分比/%
C14:0	0.06	5.08	C16:1n7	0.22	18.64	C18:2n6c	0.04	3.39
C16:0	0.52	44.07	C18:1n9c	0.20	16.95	C18:3n3	0.03	2.54
C18:0	0.11	9.32						
总计	0.69	58.47		0.42	35.59		0.07	5.93

表7 高背鲫鱼与其他6种淡水鱼类[20]及肉类[21]脂肪酸含量比较

种类	饱和脂肪酸/%	单不饱和脂肪酸/%	多不饱和脂肪酸/%
高背鲫鱼 (High - backed *Carassius auratus*)	58.47	35.59	5.93
鲫鱼 (*C. a.*)	20.7	42.7	36.2
鲤鱼 (Carp)	24.0	47.4	28.5
青鱼 (Piceus)	24.6	34.9	40.5
草鱼 (Ctenopharyngodon idellus)	20.2	30.3	49.6
鲢鱼 (Chub)	13.0	16.3	54.0
松江鲈鱼 (Trachidermus fasciatus)	22.9	24.5	52.2
6种淡水鱼平均 (six species limnetic fishes average value)	20.9	32.7	43.5
猪肉 (pork)	39.1	47.6	8.7
鸡肉 (chicken)	29.7	35.4	7.03

2.5 营养价值评价

分别将高背鲫鱼、方正银鲫等7种鲫鱼肌肉蛋白中氨基酸的含量换算成每克氮中所含氨基酸[18]的毫克数，再与FAO/WHO蛋白质评价的氨基酸标准模式[18,19]和鸡蛋蛋白质的氨基酸模式进行比较（表8），计算出7种鲫鱼的AAS和CS值（见表9和表10）。

表8 鲫7个品种肌肉氨基酸与FAO/WHO模式及鸡蛋蛋白氨基酸标准模式的比较（mg/g N）

氨基酸	高背鲫鱼 (High - backed *Carassius auratus*)	方正银鲫[14] (*C. a. gibelio*)	淇河鲫[15] (*C. a.* var.)	彭泽鲫[16] (*C. a.* var.)	滁州鲫[19] (*C. a.* var.)	萍乡肉红鲫[18] (*C. a.* var.)	洞庭青鲫[6] (*C. a.* var.)	FAO/WHO模式	全蛋蛋白
赖氨酸 (Lys)	531	485	489	435	534	453	439	340	441
异亮氨酸 (Ile)	212	234	239	251	182	293	252	250	331
亮氨酸 (Leu)	447	345	369	472	367	530	491	440	534

（续表）

氨基酸	高背鲫鱼（High-backed *Carassius auratus*）	方正银鲫[14]（*C. a. gibelio*）	淇河鲫[15]（*C. a.* var.）	彭泽鲫[16]（*C. a.* var.）	滁州鲫[19]（*C. a.* var.）	萍乡肉红鲫[18]（*C. a.* var.）	洞庭青鲫[6]（*C. a.* var.）	FAO/WHO模式	全蛋蛋白
缬氨酸（Val）	243	287	273	226	192	216	239	310	411
苯丙氨酸+酪氨酸（Phe+Tyr）	425	298	341	343	313	353	349	380	565
蛋氨酸+胱氨酸（Met+Cys）	203	228	123	171	160	254	149	220	386
苏氨酸（Thr）	247	205	220	263	217	274	251	250	292
合计	2 308	2 082	2 054	2 161	1 965	2 373	2 170	2 190	2 960
EAAI	74.51	69.29	65.77	70.67	62.31	78.46	70.08		

表9 鲫7个品种氨基酸评分（AAS）

氨基酸	高背鲫鱼（High-backed *Carassius auratus*）	方正银鲫[14]（*C. a. gibelio*）	淇河鲫[15]（*C. a.* var.）	彭泽鲫[16]（*C. a.* var.）	滁州鲫[19]（*C. a.* var.）	萍乡肉红鲫[18]（*C. a.* var.）	洞庭青鲫[6]（*C. a.* var.）
赖氨酸（Lys）	1.562	1.426	1.438	1.279	1.571	1.332	1.291
异亮氨酸（Ile）	0.848**	0.936	0.956	1.004	0.728	1.172	1.008
亮氨酸（Leu）	1.016	0.784*	0.839**	1.073	0.834	1.205	1.116
缬氨酸（Val）	0.784*	0.926	0.881	0.729*	0.619*	0.697*	0.771**
苯丙氨酸+酪氨酸（Phe+Tyr）	1.118	0.784**	0.897	0.903	0.824	0.929**	0.918
蛋氨酸+胱氨酸（Met+Cys）	0.923	1.036	0.559*	0.777**	0.727**	1.155	0.677*
苏氨酸（Thr）	0.988	0.820	0.880	1.052	0.868	1.096	1.004
（Mean ± SD）	0.80 ± 0.26	0.96 ± 0.23	0.92 ± 0.26	0.97 ± 0.19	0.88 ± 0.32	1.08 ± 0.21	0.97 ± 0.21

注：* 为第一限制氨基酸，** 为第二限制氨基酸。

表10 鲫7个品种氨基酸化学评分（CS）

氨基酸	高背鲫鱼（High-backed *Carassius auratus*）	方正银鲫[14]（*C. a. gibelio*）	淇河鲫[15]（*C. a.* var.）	彭泽鲫[16]（*C. a. var.*）	滁州鲫[19]（C. a. var.）	萍乡肉红鲫[18]（*C. a.* var.）	洞庭青鲫[6]（*C. a.* var.）
赖氨酸（Lys）	1.204	1.100	1.109	0.986	1.211	1.027	0.995
异亮氨酸（Ile）	0.64	0.707	0.722	0.758	0.550	0.885	0.761
亮氨酸（Leu）	0.837	0.646	0.691	0.884	0.687	0.993	0.919

（续表）

氨基酸	高背鲫鱼（High - backed *Carassius auratus*）	方正银鲫[14]（*C. a. gibelio*）	淇河鲫[15]（*C. a.* var.）	彭泽鲫[16]（*C. a. var.*）	滁州鲫[19]（C. a. var.）	萍乡肉红鲫[18]（*C. a.* var.）	洞庭青鲫[6]（*C. a.* var.）
缬氨酸（Val）	0.591**	0.698	0.664	0.550**	0.467**	0.526*	0.582**
苯丙氨酸+酪氨酸（Phe+Tyr）	0.752	0.527*	0.604**	0.607	0.554	0.625**	0.618
蛋氨酸+胱氨酸（Met+Cys）	0.526*	0.591**	0.319*	0.443*	0.415*	0.658	0.386*
苏氨酸（Thr）	0.846	0.702	0.753	0.901	0.743	0.938	0.860
Mean ± SD	0.61 ± 0.21	0.71 ± 0.18	0.69 ± 0.23	0.73 ± 0.20	0.66 ± 0.27	0.81 ± 0.20	0.73 ± 0.21

注：* 为第一限制氨基酸，** 为第二限制氨基酸。

3 分析与讨论

3.1 含肉率

含肉率是评价鱼类品质、经济性状和生产性能优劣的重要指标之一。它因鱼的种类、品种、生活环境、饵料状况的不同而异[22]，在一定程度上受营养条件、生理状况的影响。采集鱼的季节对含肉率的影响很大，因为鲫鱼性腺在发育成熟期间所占比重较大。该次测定是在繁殖旺季（5 月）性腺成熟时取样，性腺发育处于Ⅳ期向Ⅴ期过渡时，此时营养物质大量转化为性腺，因此该研究所得各项数据（除性腺外）偏低，其他季节取样，所得这些数据会有一定程度上升。

高背鲫鱼含肉率为（83.5 ± 2.3)%，相对较高。高背鲫鱼肌肉含有率［(63.24 ± 4.26)%］高于彭泽鲫、异育银鲫和洞庭青鲫，低于异育淇鲫；骨的含有率低于异育银鲫，高于其他三种鱼；皮、鳞、鳃、鳍的含有率略高于异育淇鲫，远低于其他三种鱼；内脏和性腺受取样时间、环境影响较大，不易比较。

3.2 肌肉营养成分

鱼类的主要营养部位是肌肉，肌肉中营养成分主要是蛋白质、脂肪、糖类、无机盐等，它们的种类和含量是鱼类营养价值的具体体现。影响鱼类肌肉营养成分含量的因素很多，除物种的差异外，尚有生理状况、水质环境、饵料的种类及组成、取样季节等许多因素，其中以饵料的影响最为明显[23]。饵料中的养分经消化、吸收后进入鱼体内，主要沉积在肌肉。鲜样能比较真实地反映鱼体肌肉营养成分状况[7]。

水产品中富含人类生长发育的主要营养物质，其蛋白质易被消化吸收，优于畜禽食品，是优质的食物蛋白源[21]。从表 3 可以看出，高背鲫鱼蛋白质含量（16.8%）高于普通鲫鱼、红鲫和萍乡肉红鲫，但低于洞庭青鲫、白鲫及同是三倍体的方正鲫、淇河鲫、彭泽鲫。张家口坝上高背鲫鱼生活环境中高蛋白饵料较养殖鱼类匮乏，提示若在养殖环境下适当提高饲料的蛋白质含量，应该可以提高其肌肉的蛋白质比例。

脂肪一般在鱼体内的含量为1% ~3%。Watanabe[24]曾指出鱼体脂肪一般会随着饲料脂肪含量的增加而升高，同时据Stansby[25]分析，脂肪是鱼类一般营养成分中变动最大的成分，种类间的变动为0.2% ~64.0%，含量最低的种类与含量最高的种类间实际差别达320倍之多，而且即使同一种鱼类，也因年龄、大小、生理状态、营养条件等有很大变动。本研究结果显示，高背鲫鱼脂肪含量（1.6%）高于萍乡肉红鲫及同是野生鱼的方正鲫、彭泽鲫、普通鲫鱼和洞庭青鲫，低于养殖的淇河鲫、红鲫及白鲫。脂肪是鱼类能量的主要来源，脂肪含量高的鱼抗寒力较强，更耐低氧[26]，是鱼类适应环境的结果。

粗灰分主要是无机盐类，参与鱼类的生理活动和骨骼形成，对动物的生长发育起着重要作用。鱼与大多数陆生动物不同，不仅从饵料中摄取矿物质，而且能通过鳃从体外水环境吸收矿物质，因而受生长环境的影响较大[7]。表3显示，高背鲫鱼灰分含量（0.96%）仅高于萍乡肉红鲫，表明高背鲫鱼饵料及水环境中的矿物质含量偏低。

无氮浸出物即糖类，动物肌肉中糖类含量一般较低。在鱼体中，碳水化合物的含量仅占0.5%左右[5]。高背鲫鱼的无氮浸出物含量（0.64%）高于彭泽鲫、红鲫、萍乡肉红鲫、洞庭青鲫和白鲫，低于方正鲫、淇河鲫和普通鲫鱼。

鱼体的能量来源于饵料的脂肪、糖类和蛋白质，通常蛋白质用于鱼体的生长发育，脂肪和糖类主要作为能量储存于体内[7]。本研究结果显示，高背鲫鱼能量高于萍乡肉红鲫，低于淇河鲫、彭泽鲫、红鲫、洞庭青鲫，与方正鲫、普通鲫鱼和白鲫相差不大。*E/P*值高于方正鲫、萍乡肉红鲫，低于淇河鲫、普通鲫鱼，与彭泽鲫、洞庭青鲫、白鲫相差不大。

3.3 氨基酸

氨基酸是组成蛋白质的基本单位，人和动物对蛋白质的需要本质上是对氨基酸的需要，因此，评价水产品的质量和营养价值，不单从蛋白质含量的多少，还应从其氨基酸组成及之间比值是否符合人类膳食理想蛋白质模式、氨基酸平衡情况和鲜味氨基酸的含量等指标进行考察[21]。

根据FAO/WHO建议的理想蛋白模式认为，质量较好的蛋白质其氨基酸组成EAA/TAA在40%左右，EAA/NEAA在60%以上[27]。本研究中，高背鲫鱼的EAA/TAA为40.06%、EAA/NEAA为78.06%，符合这一模式。此外，支链氨基酸有保护肝、抑制癌细胞、降低胆固醇等功效[28]。有报道表明，正常人体及哺乳动物的支/芳值为3.0 ~3.5，而当肝受损伤时，则降为1.0 ~1.5，所以高支、低芳氨基酸及其混合物具有保肝作用[29]。在本研究中，高背鲫鱼支/芳值为2.13，低于方正银鲫（2.90）和滁州鲫（2.37）。

从表5可知，高背鲫鱼必需氨基酸含量为40.06%，半必需氨基酸为8.62%，都低于方正银鲫和滁州鲫，而非必需氨基酸含量为51.32%，高于方正银鲫和滁州鲫，因此必需氨基酸与非必需氨基酸的比值（78.06%）低于方正银鲫（80.14%）和滁州鲫（87.25%）。

鱼肉的味道主要由鲜味氨基酸含量来决定，高背鲫鱼的鲜味氨基酸含量为45.51%，略高于方正银鲫（45.15%），远高于滁州鲫（33.92%）。

在长期实践中，人们发现动物机体组织的氨基酸组成与其对各种氨基酸的需要存在某种联系。在对一种动物的营养需求、自身生长特性尚处于探索阶段时，可以把动物不同阶段机体蛋白质的氨基酸组成作为动物理想蛋白模式氨基酸的最佳参考数值[30]。

3.4 脂肪酸

高背鲫鱼肌肉中主要含有7种脂肪酸，饱和脂肪酸（SFA）3种：肉豆蔻酸即十四酸，棕榈酸即十六酸，硬脂酸即十八酸；不饱和脂肪酸（UFA）有4种，其中一烯酸两种：棕榈油酸即十六烯酸和油酸即十八烯酸，高度不饱和脂肪酸（HUFA）有：亚油酸即十八碳二烯酸，亚麻酸即十八碳三烯酸，没有检测到EPA和DHA。

一般说来，水产品在脂肪酸上与畜禽产品的主要区别在于其饱和脂肪酸含量低、富含不饱和脂肪酸，而高背鲫鱼脂肪酸检测结果显示其饱和脂肪酸含量大大高于鸡肉和猪肉，是其1.5~2.0倍；更远远高于其他淡水鱼类，是其2~3倍。该鱼单不饱和脂肪酸含量略高于其他淡水鱼的平均值，与鸡肉持平，低于猪肉。多不饱和脂肪酸含量远远低于其他淡水鱼类的平均值，是其1/8~1/7，甚至低于鸡肉和猪肉。这一结果表明，高背鲫鱼脂肪酸含量与其他淡水鱼类有很大差别：饱和脂肪酸含量很高，单不饱和脂肪酸含量相近，多不饱和脂肪酸含量很低。

有研究表明，不饱和脂肪酸对人类健康有着重要的作用，特别是高度不饱和脂肪酸具有很强的生理活性，能促进血液循环、改善血清脂肪质量，促进脑细胞的形成、生长发育，增强记忆力等，是人类和动物生长发育所必需的物质[31]。高背鲫鱼多不饱和脂肪酸含量低，可能是由于环境饵料中多不饱和脂肪酸含量低，而自身又无法合成造成的，在人工养殖时可以从饵料里进行补充。

3.5 限制性氨基酸、氨基酸指数及营养价值评价

由表9、表10可知，高背鲫鱼在氨基酸评分中限制性氨基酸为缬氨酸和异亮氨酸，在氨基酸化学评分中限制性氨基酸为蛋氨酸、胱氨酸和缬氨酸。与方正银鲫、淇河鲫、彭泽鲫、滁州鲫、萍乡肉红鲫和洞庭青鲫相比，限制性氨基酸各有不同。

必需氨基酸指数（EAAI）是比较必需氨基酸与标准全蛋蛋白相接近的程度。高背鲫鱼EAAI（74.51）较高，高于方正银鲫、淇河鲫、彭泽鲫、滁州鲫和洞庭青鲫，低于萍乡肉红鲫。虽然EAAI没有考虑限制性氨基酸，当氨基酸组成差异很大时EAAI结果有接近或相同的可能存在，但用它可以粗略地预测氨基酸互补的总效应[26]。

用AAS和CS进行营养价值评价时一种食物蛋白质的氨基酸评分越接近1，则其越接近人体需要，营养价值也越高；同时AAS指标大于0.6、CS指标大于0.5即为优质蛋白。高背鲫鱼必需氨基酸的AAS平均为0.80±0.26，各项指标均大于0.6；CS平均为0.61±0.21，各项指标均大于0.5。虽然与全鸡蛋蛋白氨基酸模式相差较大，但与FAO/WHO模式较接近。其中，赖氨酸的AAS（1.562）和CS（1.204）都超过FAO/WHO模式和全蛋蛋白氨基酸模式，对于以谷物食品为主的膳食者，其可以弥补谷物食品中赖氨酸的不足，提高蛋白质的利用率[32]。按照FAO/WHO标准（优质蛋白质AAS指标大于0.6，CS指标大于0.5），表明该鱼肌肉氨基酸组成相对平衡，含量丰富，可以作为一种淡水养殖优良品种推广。

综上所述，高背鲫鱼肌肉营养成分氨基酸组成与其他种类的鲫鱼有所不同，这体现了该鱼对生存环境的适应性。其原因除生存环境不同外，主要是饵料的不同。在当前的鱼类营养研究和养殖实践中，一般是以鱼类肌肉的营养成分、氨基酸组成作为鱼类营养需要的参考模式，因而本研究结果可以为高背鲫鱼人工配合饲料的研制提供参考。

参考文献

[1] 郁桐炳，尤洋，殷季融．方正银鲫雌核发育后代肌肉营养成分与异源父本的比较［J］．大连水产学院学报，2004，9（3）：222－225.

[2] 刘海金，范兆廷，赵彩霞．双凤水库银鲫（方正银鲫）的年龄与生长研究［J］．大连水产学院学报，1990，9（2）：17－28.

[3] 孙兴旺．淇河鲫的生物学特征．淡水渔业，1986，16（2）：5－8.

[4] 杨兴棋，陈敏容，俞小牧，等．江西彭泽鲫生殖方式的初步研究［J］．水生生物学报，1992，16（3）：277－280.

[5] 尹永波，等．滁州鲫生物学特性及其苗种培育技术［J］．中国水产，2005（4）：43

[6] 杨品红，等．洞庭青鲫肌肉营养成分分析及营养价值评定［J］．动物学杂志，2008，43（1）：102－108.

[7] 谭翔文，等．红鲫实验动物含肉率及营养成分分析［J］．中国比较医学杂志，2008，1（1）：39－42.

[8] 陈玉林，朱传龙，宗琴仙，等．大阪鲫生物学的研究［J］．水产学报，1986，10（3）：229－247.

[9] Brett J R. Physiological Energetic. Fish Physiology. New York：Academic Press，1979，8.

[10] Pellett P L，Young V R. Nutritional Evaluation of Protein Foods. Japan：The United National University Press，1980，26－29.

[11] 中国预防医学科学院．食物成分表（全国代表值）．营养与食品卫生研究所编著．北京：人民卫生出版社，1991，28－37.

[12] 赵法仍，郭俊生，陈洪章，等．大豆平衡氨基酸营养价值的研究［J］．营养学报，1986，8（2）：153－159.

[13] 彭仁海，刘玉玲，异育淇鲫含肉率及其肌肉营养成分分析［J］．河南师范大学学报（自然科学版），2008，9（5）：127－130.

[14] 尹洪滨，石连玉，李丽坤．方正银鲫肌肉营养成分分析［J］．水产学杂志，1999，5（1）：53－56.

[15] 高春生，范光丽．淇河鲫肌肉营养成分分析及营养价值评定［J］．淡水渔业，2006，9（5）：33－36.

[16] 汪学杰，熊晓钧．彭泽鲫营养成分的测试报告［J］．江西水产科技，1993，（1）：8－10.

[17] 刘健康．东湖生态学研究（一）．北京：科学出版社，1990，307－311.

[18] 洪一江，胡成钰，张忠萍，等．萍乡肉红鲫肌肉营养成分分析［J］．水利渔业，2001，21（3）：20－21.

[19] 凌武海，任信林．天然滁州鲫氨基酸成分分析与营养价值评价［J］．水产养殖，2001，1（1）：50－52.

[20] 丁建英，黄晓琳，徐建荣，等．松江鲈肌肉营养成分测定及营养价值评价［J］．安徽农业科学，2010，38（35）：20118－20120.

[21] 邱金海，林星．美洲黑石斑鱼营养成分分析与营养价值评价［J］．水生态学杂志，2009，11（6）：107－112.

[22] 王佳喜，闵文强，胡少华，等．丁桂含肉率及肌肉营养成分分析［J］．淡水渔业，2003，33（4）：20－22.

[23] 刘世禄，王波，张锡烈，等．美国红鱼的营养成分分析与评价［J］．海洋水产研究，2002，23（2）：25－32.

[24] Watanabe T. Lipid nutrition in fish［J］. Comp Biochem Physiol，1982，73：3－151.

[25] Stansby M E. Fish in nutrition［M］. London：Fishing News（Books）Ltd. 1998：83－841.

[26] 张昌吉，刘哲，王世银．虹鳟含肉率及肌肉营养成分分析 [J]．水利渔业，2006（4）：83－85.
[27] 柳琪，滕葳，张炳春．中华鳖氨基酸和微量元素的分析与研究．氨基酸和生物资源，1995，17（1）：18－21.
[28] 于辉，李华，刘为民，等．梁子湖三种拍肉质分析 [J]．水生生物学报，2005，9（5）：502－506.
[29] 刘世禄，王波，张锡烈，等．美国红鱼的营养成分分析与评价 [J]．海洋水产研究，2002，6（2）：25－32.
[30] 伍喜林，杨凤，周安国．动物理想蛋白模式的研究方法及应用 [C]．南京：第四届全国饲料营养学术研讨会论文集，2002，130－142.
[31] 陆彤霞，王华飞．绿色食品基础培训教程——水产业 [M]．北京：化学工业出版社，2005，235－300.
[32] 严安生，熊传喜，周志军，等．异育银鲫的含肉率及营养评价 [J]．水利渔业，1998，97（3）：16－19.

张家口坝上高背鲫鱼 DNA 含量及细胞周期分析

韩青动[1]　陈　力[2]　穆淑梅[3]　马　鹏[3]

(1. 河北农业大学 海洋学院，河北 秦皇岛 066003；
2. 河北省海洋与水产科学研究院，河北 秦皇岛 066005；
3. 河北大学生命科学学院，河北 保定 071000)

摘要：通过流式细胞仪测量了张家口坝上高背鲫鱼(High - backed *Carassius auratus*)外周血红细胞 DNA 含量，结果为：与鸡红细胞 DNA 含量的比值为 1.6，以鸡红细胞 DNA 含量 2.3 pg/N 计算，该鱼的 DNA 含量为 3.68 pg/N。另外，外周血红细胞有 96.7% 的细胞处于 G_1 期(DNA 合成前期)，3.3% 的细胞处于合成后期(G_2)，DNA 合成期(S)和分裂期(M)的细胞为 0，这表明该鱼的外周血红细胞已经失去分裂能力，不再具有造血功能。

关键词：高背鲫鱼；DNA 含量；细胞周期

高背型鲫鱼，俗称“高背鲫”，是名贵的土著鱼类品种，与普通鲫鱼相比，体高与体长比明显大，头小，尾柄短。该鲫鱼生长速度快、抗病力强、个体较大、肉质鲜美，且对生态条件适应性强，具有耐寒、耐低氧、食性广、繁殖力高等特点，群体数量补充快、可塑性强，主要分布在海拔 1 400 m 以上的河流、淖泊等天然水体及部分水库，品种性状稳定，是一种优质的增养殖鲫鱼品种。目前国内外对张家口野生高背鲫鱼的相关研究报道较少，只有少量生物学测量及养殖方面的研究报道[1-3]，本研究通过流式细胞仪对张家口坝上高背鲫鱼的 DNA 含量进行测定，并对其细胞周期进行了分析，以期丰富该鱼的种质研究。

1　材料与方法

1.1　实验材料

实验鱼为张家口市沽源县水泉淖的高背鲫鱼，暂养于充气水族箱中(自然水温)。用于流式细胞仪内定标的小公鸡购自菜市场，年龄为 3 个月。

基金项目：河北省水产局科研专项基金项目：张家口坝上高背鲫鱼种质的初步研究
作者简介：韩青动(1966—)，男，硕士学历，副教授，海洋与渔业研究。E-mail：3150033@163.com

1.2 实验方法

1.2.1 样品制备

血样抽取：用装有肝素的注射器从高背鲫鱼的尾静脉采血 1 mL，另取小公鸡的腋下静脉血 2 mL 作为对照。

洗涤固定：将取好的血样立即注入装有 5 mL 磷酸缓冲液的离心管中，反复吹吸洗涤，使达到平衡状态，不易凝结。在常温下用 500 r/min 离心 5 min。血样分成三层，上层为血清，中层为白细胞（血小板），下层为红细胞。将上清液吸除。重复上述操作，对血样中的红细胞进行反复洗涤。然后加入 5 mL 现配的固定液，与血细胞混合均匀，用封口膜封好待用。

染色：取出固定后的血样（包括鱼血样和对照鸡血样），用 800 r/min 的转速离心 2 min，将多余的固定液及杂质吸除。然后在离心管中加入 5 mL 的磷酸缓冲液进行洗涤，在 5℃下静止 1 h 以上，备用。将静止后的样品，用 800 r/min 的转速再次离心 2 min，吸除上清液。在试样中加入 1.8 mL 胰酶溶液，消化单个细胞。15 min 后，加入 1.5 mL 核糖核酸酶（Rnase），消化试样里的 RNA，去除干扰成分，作用时间为 15 min。最后在每一试样中加入 1.5 mL 碘化丙啶（PI）溶液进行染色，每一试样都在避光、5℃条件下染色 15 min 以上。

1.2.2 DNA 含量测定

调节血细胞浓度：取出染色后的试样，用 300 目的过滤网进行过滤，过滤后的试样转入试管中，在倒置显微镜下用计数板将试样的细胞浓度调至 1×10^8 个/mL。利用流式细胞仪测定细胞中 DNA 含量。

1.2.3 实验设备

使用美国的 BD FACSCalibur 流式细胞仪进行样品分析，液流速度可随时调节，一般每秒通过的细胞数维持在 100～150 个。使用随机附带的 CellQuest 分析软件进行数据分析，测试结果以直方图表示。

1.2.4 对照血样及计算

鸡血红细胞是国际上公认的对照标准，本研究采用鸡血红细胞（2c = 2.3 pg/N）进行内定标，然后将制备好的样品和对照，以 3∶1 的比例进行混合，用流式细胞仪进行测定。

流式细胞仪在进行细胞 DNA 含量测定时，采用对 DNA 具有特异性的荧光染料只对细胞核进行染色，因荧光分子结合 DNA 的量与细胞核内 DNA 含量是成正比的，故通过检测被激发的荧光强度，即可得到被测细胞的 DNA 含量。实验用激光器的激光波长为 488 nm，用 PI 作染料，产生的荧光基团的吸收峰是 358 nm，而散射峰是 461 nm，正好 UV（紫外光）的激发波长是 356 nm。

$$P = E_2/E_1 \times 2.3$$

式中：P 为鱼血样中的 DNA 含量，单位为皮克（pg）；E_2 为鱼红细胞消光值；E_1 为鸡红细胞消光值。

DNA 含量及细胞周期各参数的测定结果采用 Pas 软件进行分析。

2　结果与讨论

2.1　DNA 含量

以鸡红细胞为对照，利用流式细胞仪对高背鲫鱼的红细胞进行 DNA 含量的测定，结果为：图 1 中的 A 峰为鸡血细胞核 DNA 含量，B 峰为高背鲫鱼红细胞核 DNA 含量，根据所检测的高背鲫鱼和鸡红细胞吸收 PI 荧光强度，以参数荧光面积消光值与对照样品鸡血的消光值之比计算高背鲫的 DNA 含量。依据直方图分析结果，高背鲫鱼的 *DI* 值为 1.6。DNA 含量用 DNA 指数(DNA index，*DI*)表示。$DI = G_0/G_1$期细胞的平均 DNA 含量与 G_0/G_1 标准二倍体细胞的 DNA 含量之比，即 *DI* 值表示相对 DNA 含量。

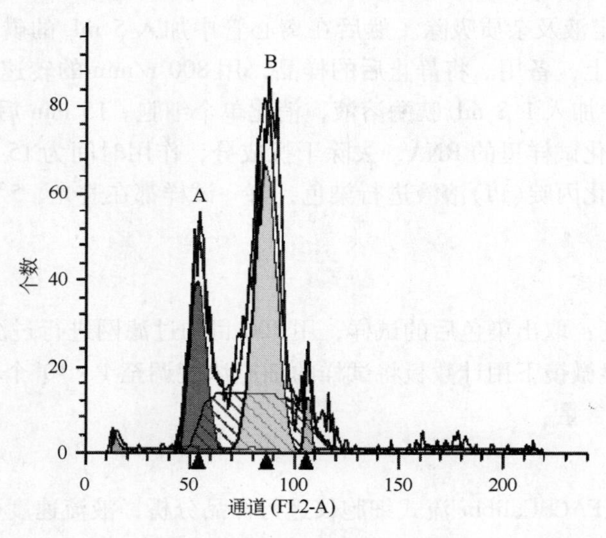

图 1　高背鲫的 DNA 含量

鸡红细胞的标准 DNA 含量 2.3 pg/N，高背鲫鱼红细胞 G_0/G_1期细胞的消光值与鸡血细胞对照比值为 1.6，根据 $P = E_2/E_1 \times 2.3$ 得出其 DNA 含量为3.68 pg/N。

流式细胞仪在鱼类的遗传生物学研究中的应用越来越广泛。在 DNA 测定过程中，经固定的 G_0G_1期、S 期和 G_2M 期的细胞核在形态上并无明显区别，因此通过显微分光光度法手工单个细胞测量含量时，无法将细胞分类而只测 G_0期和 G_1期的细胞。因包含了 S 期和 G_2期甚至 M 期细胞，这样测得的 DNA 含量就会偏高，所以过去用显微分光或生化测量方法测得的结果，DNA 含量较真实值普遍偏高；而流式细胞仪可将测定结果中不同时相的细胞分开统计，并且测定细胞的量也较大，一般可达到扫描法的数百倍。在去除 S 期和 $G_1 + M$ 期时相的误差后，用流式细胞仪测量的 DNA 含量相对较低，但更为接近真实值。因此，用流式细胞仪测量 DNA 含量比显微分光光度法更为准确可靠。

2.2　细胞周期

鸡红细胞的消光峰值只有 1 个 G_0/G_1峰，不表现细胞周期现象，高背鲫鱼的红细胞有

2个消光峰值，根据随BD FACSCalibur携带的CellQuest软件分析，第一个峰值约占96.7%，为G_0/G_1期细胞；G_0/G_1峰值后又有一峰值约为3.3%的小峰，为G_2期细胞；S期细胞和M期细胞消光峰值为0(见图1)。

在动物的外周血中有形成分主要为红细胞和白细胞等，高等哺乳动物的红细胞已进化为特化的细胞，不具有细胞核。在其他脊椎动物中，红细胞也是较为特化的分化细胞，不具有分裂能力，但有处于间期的细胞核。从理论上讲，这些红细胞核的DNA含量应当是一致的。所以，测量单个红细胞细胞核的DNA含量，就可以代表个体细胞核的DNA含量。然而，在用显微分光法测量某些鱼类红细胞的DNA含量时，细胞间表现出一定程度的含量差异[4,5]。Kendall等[6]通过流式细胞仪测量证明，某些鱼类红细胞DNA含量也是有变化的，即有不同比例的红细胞分别处于DNA合成期(S)、分裂期(M)和DNA合成后期(G_2)。这说明在这些鱼类中，红细胞并未成为彻底的分化细胞而失去细胞分裂能力，从而表现出或强或弱的细胞周期现象，这有可能是较低等动物，尤其是硬骨鱼类缺乏骨髓造血功能，而将部分造血功能转移到外周血中的缘故。

许多研究者报道了鱼类中存在着未成熟红细胞的现象[7~9]，这些未成熟红细胞体积小于成熟红细胞，在电镜下其电子密度也较低，这说明这些未成熟红细胞可能是红细胞分裂后尚未发育完全的个体，这间接证明了红细胞的细胞周期和细胞分裂现象。同时丁君等[10]报道了贝类(九孔鲍[10]、太平洋牡蛎[11])不同组织器官的DNA含量变化与细胞周期现象。

本研究发现高背鲫鱼血细胞停留在G_1期的比率超过95%，没有S期和M期细胞，只有少量G_2期细胞，这表明该鱼的外周血红细胞已经失去了分裂能力，不再具有造血功能。

3 小结

(1)张家口坝上高背鲫鱼外周血红细胞DNA含量与鸡红细胞的比值为1.6，即该鱼的DNA含量为3.68 pg/N。

(2)该鱼外周血红细胞有96.7%处于G_1期(DNA合成前期)，3.3%的细胞处于合成后期(G_2)，DNA合成期(S)和分裂期(M)的细胞为0，这表明该鱼的外周血红细胞已经失去分裂能力，不再具有造血功能。

参考文献

[1] 安进才. 坝上高背鲫[J]. 河北渔业，1996，(3)：42.

[2] 王秀芳，高培宇. 坝上高背鲫池塘无公害高产技术[J]. 渔业致富指南，2007，(13)：27.

[3] 王秀芳. 小体积网箱养殖高背鲫技术[J]. 渔业致富指南，2000，(9)：28.

[4] 沈俊宝，范兆廷，王国瑞. 黑龙江一种银鲫(方正银鲫)群体三倍体雄鱼的核型研究[J]. 遗传学报，1983，10 (2)：133 - 136.

[5] 范兆廷，尹洪宾，宋苏祥，等. 四种鱼类外周血红细胞细胞周期及DNA含量[J]. 动物学报，1995，41(4)：370 -374.

[6] Kendall C S，Valentino A B，Bodine，et al. Flow cytometric DNA analysis of nurse shark，Ginglymostoma cirratum(Bonaterre)and elearnose skate，Raja eglanteria(Bose)peripheral redbood cells. J. of Fish Biol.，1992，(1)：123 -129.

[7] Hyder S L，et al. Cell types inperipheral blood of the nurse shark：An approaeh to trueture and funetion. *Tis-*

sue and Cell，1983，15：437－455.

[8] 尾崎久雄．鱼类血液与循环生理．许学龙，等译．上海：上海科学技术出版社，1982，44－45，183－187.

[9] 范兆廷，刘海金．银脚和镜鲤血液学的比较分析．主要淡水养殖鱼类种质研究，北京：中国科学技术出版社，1991，117－121.

[10] 丁君，等．九孔鲍不同器官DNA相对含量与细胞周期的分析[J]．大连水产学院学报，2003，(9)：200－203.

[11] 丁君，等．太平洋牡蛎不同组织DNA相对含量及细胞周期分析[J]．大连水产学院学报，2003，(4)：203－208.

水产增养殖

盐度对点篮子鱼存活、生长和摄食的影响

王　妤　赵　峰　庄　平　章龙珍　刘鉴毅　邹　雄

（中国水产科学研究院 东海水产研究所，农业部东海与远洋渔业资源开发利用重点实验室，上海 200090）

摘要：分别用自然海水（对照组，盐度 30）、盐度 20、10、5 和淡水养殖（67.76 ± 26.12）g 点篮子鱼，研究盐度对其存活、生长和摄食的影响。结果显示：除淡水组外其余各盐度组均未出现异常现象，存活率 100%。淡水组点篮子鱼第 6 天开始摄食量明显降低，至第 27 天时存活率为 0%。盐度 10 组点篮子鱼的末体重和特定生长率显著高于对照组和其余盐度处理组，体长与对照组无显著性差异，均显著高于盐度 20 组和盐度 5 组。随着盐度的降低摄食率明显增加。盐度 10 组和对照组食物转化效率最高，均显著高于盐度 20 组和盐度 5 组。实验结果表明盐度 10 的水体更有利于点篮子鱼的生长，为点篮子鱼的咸淡水养殖提供理论依据。

关键词：点篮子鱼；盐度；生长

点篮子鱼（*Siganus guttatus*），隶属于鲈形目（Perciformes），篮子鱼科（Siganidae），篮子鱼属（*Siganus*），产于热带、亚热带的印度 - 西太平洋及我国南海海域。篮子鱼科鱼类为杂食性鱼类，广泛分布于近岸珊瑚礁、红树林、海湾、河口和潟湖区[1]。因繁殖能力较强且在食物链中处于较低营养级，被认为是水产养殖的优良品种[2,3]，符合我国当前健康养殖模式发展的需求。我国已经开展点篮子鱼的繁殖及养殖工作[3,4]，然而，关于其商业上的养成模式还需进一步研究。目前国内对点篮子鱼的养殖范围较少，没有形成科学系统的养殖模式，目前仅局限于南方部分地区海水和咸淡水养殖，且多被用做网箱清洁鱼类与其他种类混养。

鱼类用于生长的能量随用于离子和渗透压调节消耗的能量而改变。对广盐性鱼类而言，当盐度大幅度变化时，用于离子和渗透压调节的能量增加，用于生长的能量就会减少，从而对鱼类的生长产生影响，但影响程度具有种特异性，且在鱼类发育的不同阶段影响也存在差异[5]。目前关于盐度对篮子鱼存活和生长的研究较少，Young 等[6]研究了点篮子鱼受精卵和仔鱼的盐度耐受性，发现在盐度 14 ~ 37 的范围内，仔鱼存活率为 50%。金带篮子鱼在试验期间（3 周）在盐度 10 ~ 50 的水体中内能够存活，盐度 25 ~ 40 的水体对其

存活和生长无显著性差异[7]。盐度变化也能影响广盐性鱼类的摄食率。大西洋鳕鱼(*Gadus morhua*)在低盐度条件下生长率较快，Lambert 等[8]认为其在低盐度下的生长率高是由于在低盐度水体中对饲料的转化效率较高。

本实验研究了慢性盐度变化对点篮子鱼存活生长和摄食的影响，旨在为探讨点篮子鱼的最适生长盐度，以期在养殖上获得最大的经济效益。

1 材料和方法

1.1 实验材料与设计

本实验在中国水产科学研究院东海水产研究所海南琼海研究中心进行。实验用鱼为人工繁殖培育的点篮子鱼。将点篮子鱼在自然海水中暂养一周后，挑选游动正常、体色正常、平均体重为(67.76 ±26.12) g，平均体长为(12.59 ±1.48)cm 的鱼用于实验。实验开始前暂养1周。实验设置5个盐度梯度：自然海水对照(盐度30)、盐度20、盐度10、盐度5和淡水(地下水)。每个盐度梯度设置3个平行，每个平行随机放入30尾鱼。各实验组鱼驯化方法为：盐度20、盐度10直接放入，不经过驯化，盐度5从盐度10开始驯化，用时2 d，盐度0从盐度5开始驯化，用时5 d。养殖实验历时40 d。

实验用养殖容器为直径95 cm、高95 cm 容积500 L 的圆锥形塑料缸。实验用水由自然海水和地下水按比例配制而成，并用盐度计进行校正。每天投饵2次，投喂饵料为广东粤海牌草虾料，其粗蛋白含量约为39%，粗脂肪含量约为7%。实验期间不间断充气，2 d 换水一次，每次换水量约为2/3，保持水中溶解氧为(5.00 ±0.30)mg/L，pH 值为8.40 ±0.30，氨氮为(0.10 ±0.01)mg/L，实验期间水温为(20.5 ~25.0)℃。

分别在实验开始前和实验结束时测量每尾鱼的全长、体长和体重。计算存活率 SR (survival rate,%)、特定生长率 SGR (special growth rate,%)、摄食率 FR(feeding rate,%)、饲料转化效率 FCE(food conversion efficiency,%)。

$$SR(\%) = 100 \times N_t / N_0;$$

$$SGR(\%/\mathrm{d}) = 100 \times (\ln W_t - \ln W_0)/t;$$

$$FR(\%) = 100 \times W_f / \{t \times [(W_t + W_0)/2]\};$$

$$FCE(\%) = 100 \times (W_t - W_0)/W_f$$

式中：W_t为实验结束时鱼体重(g)；W_0为实验开始时鱼体重(g)；W_f为总摄食量(g)；t 为饲养周期(d)；N_t为实验结束鱼尾数；N_0为实验开始鱼尾数。

1.2 数据分析

实验数据采用平均值 ± 标准误差(Mean ± SE)表示。所有数据通过 SPSS 16.0 进行处理分析。利用协方差分析(covariance)检测不同盐度下点篮子鱼生长差异的显著性，利用单因素方差分析(One – Way ANOVA)和 Duncan 分析(Duncan's Multiple Range Test)检验不同盐度下差异的显著性，$P<0.05$ 为差异显著。

2 结果

2.1 盐度对点篮子鱼存活率的影响

养殖过程中除淡水组外其余各盐度组在整个实验过程中均未出现异常现象，存活率100%。淡水组点篮子鱼第6天开始摄食量明显降低，且部分鱼体色变黑，胸鳍基部充血；第7天开始停止摄食，第9天开始出现死亡，至第13天时死亡率为33%；第13天时存活的点篮子鱼恢复摄食，但摄食量明显降低，至第27天时死亡率达100%。

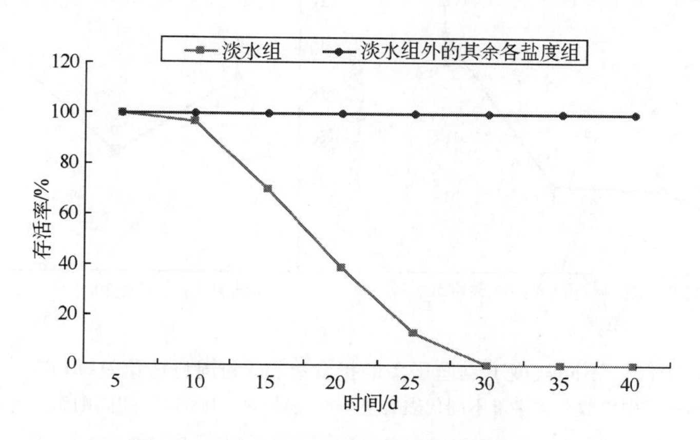

图1 不同盐度下点篮子鱼的存活率(%)

2.2 盐度对点篮子鱼生长的影响

点篮子鱼在急性盐度变化下的生长情况见表1。在不同盐度下驯化40 d后，盐度10组鱼体重和特定生长率(SGR)显著高于其余各盐度组($P<0.05$)，而盐度5组、盐度20组与对照组之间无显著性差异($P>0.05$)。盐度10组和对照组点篮子鱼体长显著高于盐度20组和盐度5组($P<0.05$)，而盐度10组与对照组、盐度5组与盐度20组之间无显著性差异($P>0.05$)。

表1 不同盐度下点篮子鱼生长指标

项目	盐度			
	对照	20	10	5
初重/g	67.76 ±0.77	66.55 ±0.68	68.26 ±0.61	67.16 ±0.54
末重/g	75.22 ±0.89[a]	74.08 ±0.87[a]	77.26 ±0.85[b]	73.85 ±0.80[a]
初体长/cm	12.57 ±0.48	12.27 ±0.54	12.67 ±0.44	12.47 ±0.35
末体长/cm	13.45 ±0.17[a]	13.10 ±0.10[b]	13.52 ±0.10[a]	12.78 ±0.09[c]
特定生长率/% · d^{-1}	0.26 ±0.03[a]	0.22 ±0.03[a]	0.33 ±0.03[b]	0.22 ±0.03[a]

注：同一行中参数上方字母不同代表有显著性差异($P<0.05$)；相同则无显著差异。

2.3 盐度对点篮子鱼摄食的影响

点篮子鱼在急性盐度变化下的摄食情况见图 2。点篮子鱼的摄食率(*FR*)随盐度的降低而显著升高($P<0.05$)。盐度 5 组水体中点篮子鱼的摄食率最高，自然海水中鱼的摄食率最低。盐度 10 组和盐度 20 组水体中点篮子鱼的摄食率无显著性影响($P>0.05$)。盐度 10 组和自然海水中点篮子鱼的饲料转化效率(*FCE*)最高，二者之间无显著性差异，均显著高于盐度 5 组和盐度 20 组($P<0.05$)，盐度 5 组水体中点篮子鱼的 *FCE* 最低。

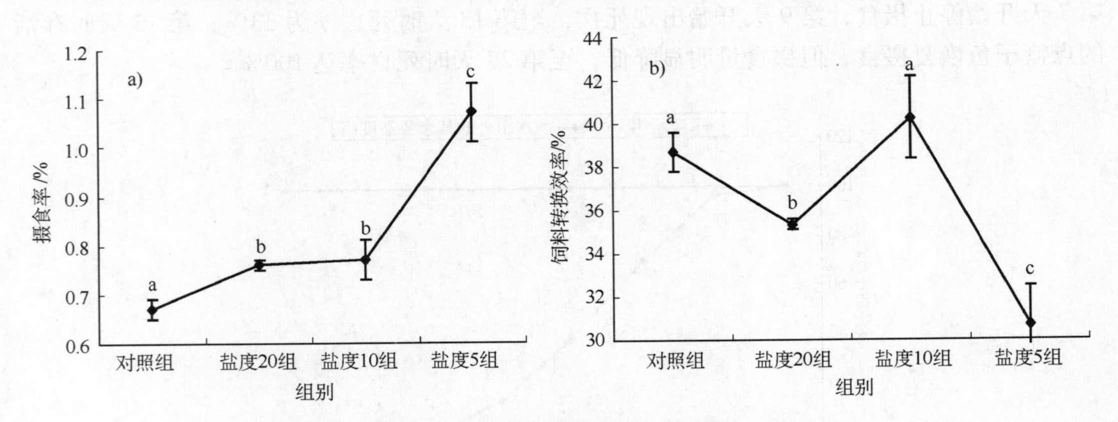

图 2 不同盐度下点篮子鱼的摄食率(a)和饲料转化效率(b)

注：同一行中参数上方字母不同代表有显著性差异($P<0.05$)；相同则无显著差异。

3 讨论

3.1 慢性盐度对点篮子鱼存活和生长的影响

本实验研究发现点篮子鱼在盐度 5、盐度 10、盐度 20 和自然海水中养殖 40 d 后存活率为 100% 足以说明其广盐性，且 Saoud 等[7] 发现金带篮子鱼在试验期间在盐度 10 ~ 35 的水体中存活率为 100%。说明点篮子鱼和金带篮子鱼都具有篮子鱼科的共同点，即广盐性，这与其栖息于珊瑚礁及河口地区相符合。虽然大部分海洋硬骨鱼类能耐受的盐度梯度较大，但部分鱼类在代谢调节过程中用于渗透压调节的能量消耗也很多[9]，即使代谢率较低的物种，其渗透调节中消耗的能量也占总能量消耗的 20% ~ 50%[10]。

本实验淡水组点篮子鱼在第 6 天时开始出现异常，游泳能力降低，部分鱼体色发黑，胸鳍充血，第 7 天停止摄食，第 9 天开始出现死亡，但是第 13 天剩余存活的鱼恢复摄食。推测原因可能是：鱼类在养殖过程中，当水环境因子(如温度、盐度等)发生较大变化时，会出现浮头、游动减少和摄食活动降低等适应性行为[11]。从行为变化及存活状况来看，淡水组点篮子鱼也表现出一定的适应性行为变化，具体表现为游泳能力降低，鳃动频率加快，摄食量降低甚至停止摄食。刚暴露在淡水中的前几天依靠行为适应可以勉强保证内环境的稳定，但随着暴露时间的延长，行为适应不能保证机体内环境稳定时，体内各组织系统开始出现生理性应激反应，渗透调节能力差的鱼开始出现异常，甚至死亡，调节能力强的鱼依靠自身的调节系统逐渐适应淡水环境而生存下来。Basu 等[5]在对虹鳟(*Oncorhynchus mykiss*)进行研究时也认为鱼类的应激反应首先表现为行为适应，行为适应一般发生在生理性应激反应之前，在行为适应不能保证机体内环境稳定时才进一步引发生理性应激反应。

与盐度 5 组，盐度 20 组和对照组相比，盐度 10 组点篮子鱼特定生长率均最高，且显著高于盐度 20 组和盐度 5 组，说明盐度 10 是点篮子鱼的适宜生长盐度。而盐度 10 的水体中生长的金带篮子鱼，其生长速度显著低于生长在盐度 15 ~ 40 的水体中的鱼[7]。即使生活在相似环境中的不同种鱼对盐度的耐受性可能也不同[12]。说明与金带篮子鱼相比，点篮子鱼能耐受的盐度范围更广，对低盐度的耐受强度更强。有研究表明，广盐性海水鱼类在中盐度(盐度 10 ~ 19)水体中生长速度比在高盐度(盐度 > 30)和低盐度(盐度 < 10)水体中快[13]。生活在盐度 8 和盐度 16 水体中的圆斑星鲽(*Verasper variegateus*)幼鱼生长率(以体重和体长为衡量指标)高于生活在盐度 32 和盐度 4 的水体中的幼鱼[14]。多数鱼类在等渗点附近的环境中可获得较高的生长率[15]，由于点篮子鱼的等渗点还未见报道，而多数广盐性硬骨鱼类等渗点相当于盐度 10 ~ 13[16][褐牙鲆(*Paralichthys olivaceus*)等渗点为 14.97[17]，军曹鱼(*Rachycentron canadum*)为 11.48[18]]，推测点篮子鱼等渗点为盐度 10 ~ 15。本实验结果也发现点篮子鱼在盐度 10 水体中生长最好，可能与其等渗点相关，但需要对其等渗点研究后才能证实。

3.2 慢性盐度对点篮子鱼摄食的影响

Lambert 等[8]研究盐度(7、14 和 28)对大西洋鳕鱼(*Gadus morhua*)摄食的影响发现，各组鱼的摄食量并没有显著差异，但是在中盐度水体中的生长率较高，因此推测可能是由于其饲料转化率较高。本实验中盐度 10 水体中点篮子鱼的饲料转化效率虽然与对照组无显著性差异，但摄食率显著高于对照组，说明盐度 10 水体中的点篮子鱼可以摄取更多的食物用于生长。Gaumet 等[19]在对大菱鲆(*Scophthalmus maximus*)的研究中也发现这一现象。本实验还发现随着盐度的降低，点篮子鱼的摄食率逐渐升高，推测其原因可能是由于随着盐度的降低，机体用于渗透调节和离子调节的代谢耗能越高，机体需要摄入更多的食物以补偿过多的代谢耗能。还可能是由于鱼的食欲与盐度变化有潜在的相关性[20,21]。

参考文献

[1] Woodland D J. Revision of the fish family Siganidae with descriptions of two new species and comments on distribution and biology[J]. Indo - Pacific Fishes, 1990, 19: 1 - 136.

[2] Juario J V, Duray M N, Duray V M, et al. Breeding and larval rearing of the rabbitfish, *Siganus guttatus* (Bloch)[J]. Aquaculture, 1985, 44: 91 - 101.

[3] 赵峰，庄平，章龙珍，等. 篮子鱼繁殖生物学研究进展[J]. 海洋渔业，2007，29(4)：365 - 370.

[4] Ernesto A, Daniel G, Giuseppe B, et al. Genetics of the early stages of invasion of the Lessepsian rabbitfish *Siganus luridus*[J]. Journal of Experimental Marine Biology and Ecology, 2006, 333: 190 - 201.

[5] Basu N, Kennedy C J, Iwama G K. The effects of stress on the association between hsp70 and the glucocorticoid receptor in rainbow trout [J]. Comparative Biochemistry and Physiology Part A, 2003, 134: 655 - 663.

[6] Young P S, Dueñas C E. Salinity tolerance of fertilized eggs and yolk - sac larvae of the rabbitfish *Siganus*

guttatus (Bloch)[J]. Aquaculture, 1993, 112 (4): 363-337.
[7] Saoud P I, Kreydiyyeh S, Chalfoun A, et al. Influence of salinity on survival, growth, plasma osmolality and gill $Na^+ - K^+$ -ATPase activity in the rabbitfish *Siganus rivulatus*[J]. Journal of Experimental Marine Biology and Ecology, 2007, 348: 183-190.
[8] Lambert Y, Dutil J D, Munro J. Effect of intermediate and low salinity conditions on growth rate and food conversion of Atlantic cod(*Gadus morhua*)[J]. Canadian Journal of Fisheries and Aquatic Sciences, 1994, 51: 1569-1576.
[9] Moser M L, Miller J M. Effects of salinity fluctuation on routine spot, *Leistomus xanthurus*[J]. Journal of Fish Biology, 1994, 45: 335-340.
[10] Boeuf G, Payan P. How should salinity influence fish growth[J]. Comparative Biochemistry and Physiology Part C, 2001, 130: 411-423.
[11] 周显青，孙儒泳，牛翠娟．应激对水生动物生长、行为和生理活动的影响[J]．动物学研究，2001，22(2)：154-158.
[12] Laiz-Carrión R, Sangiao-Alvarellos S, Guzmán J M, et al. Growth performance of gilthead sea bream Sparus aurata in different osmotic conditions: Implications for osmoregulation and energy metabolism[J]. Aquaculture, 2005, 250: 849-861.
[13] Tsuzuki M Y, Sugai J K, Maciel J C, et al. Survival, growth and digestive enzyme activity of juveniles of the fat snook (*Centropomus parallelus*) reared at different salinities [J]. Aquaculture, 2007, 271: 319-325.
[14] Wada T, Aritaki M, Tanaka M. Effects of low salinity on the growth and development of spotted halibut *Verasper variegatus* in the larae-juvenile, transformation period with reference to pituitary prolactin and chloride cells response[J]. Journal of Experimental Marine Biology and Ecology, 2004, 308: 113-126.
[15] Evans D H, Piermarini P M, Choe K. The Multifunctional fish gill: Dominant site of gas exchange, osmoregulation, acid-base regulation, and excretion of nitrogenous waste[J]. Physiological Reviews, 2005, 85: 97-177.
[16] Sakamoto T, Uchida K, Yokota S. Regulation of the ion-transporting mitochondrion-rich cell during adaptation of teleosts fishes to different salinities[J]. Zoological Science, 2001, 18: 1163-1174.
[17] 潘鲁青，唐贤明，刘洪宇，等．盐度对褐牙鲆(*Paralichthys olibvaceus*)幼鱼血浆渗透压和鳃丝 $Na^+ - K^+$ -ATPase 活力的影响[J]．海洋与湖沼，2006，37(1)：1-6.
[18] 徐力文，刘广峰，王瑞旋，等．急性盐度胁迫对军曹鱼稚鱼渗透压调节的影响[J]．应用生态学报，2007，18(7)：1596-1600.
[19] Gaumet F, Boeuf G, Severe A, et al. Effects of salinity on the ionic balance and growth of juvenile turbot [J]. Journal of Fish Biology, 1995, 47: 865-876.
[20] McKay L R, Gjerde B. The effect of salinity on growth of rainbow trout[J]. Aquaculture, 1985, 49: 325-331.
[21] Wang J Q, Lui H, Po H, et al. Influence of salinity on food consumption, growth and energy conversion efficiency of common carp (*Cyprius carpio*) fingerlings[J]. Aquaculture, 1997, 148: 115-124.

吉丽罗非鱼和南美白对虾混养技术

佟延南[1,2]　王德强[1,2]　李芳远[1,2]

（1. 海南省水产研究所，海南 海口 570100；
2. 国家罗非鱼产业技术体系海口综合试验站，海南 海口 570100）

摘要：吉丽罗非鱼是上海海洋大学李思发教授研发的海水罗非鱼新品种，具有理想的耐盐性和生长速度，适合盐度10～25水体养殖，可以充分利用我国咸水和海水养殖资源。

2010年4月至2011年12月在海南省海口市三江农场对虾养殖场进行2年两造吉丽罗非鱼和南美白对虾（*Penaeus vannamei* Boone）混养试验。试验结果：吉丽罗非鱼平均亩*产764.0 kg，南美白对虾平均亩产103.0 kg；该养殖模式利用生物与生物之间的关系，改善养殖水体环境，减少养殖病害的发生，增产增收，促进海南低位池塘单纯养虾模式向鱼虾混养模式过渡和转型，更有效地利用资源。

关键词：吉丽罗非鱼；南美白对虾；混养

随着南美白对虾产业的快速发展，病害的频发及养殖环境的污染问题日益凸显，亦导致海南省大部分养殖对虾的低位池塘利用率逐渐降低；而吉丽罗非鱼是一种耐盐能力较强的广盐性鱼类，适应力强、生长速度快，口感也优于淡水养殖品种。利用低位池养殖吉丽罗非鱼，并适当混养南美白对虾，不仅提高对虾低位池利用率，而且利用生物与生物之间关系，减少池中残饵、腐屑、细菌等有害物质的产生，降低病害发生，提高鱼、虾生长速度和成活率都具有积极的意义。现将试养情况介绍如下。

1　材料和方法

1.1　池塘条件

试验地点选择在海南省海口市三江湾，养殖面积为15亩，其中，7.5亩为试验面积，共3口塘，每口池塘面积为2.5亩，池塘深度为2.5 m；5亩为标粗塘，共2口塘，池塘深

作者简介：佟延南，男(1984—)，辽宁人，硕士研究生，从事水产动物增养殖研究

通信作者：王德强，男(1957—)，海南人，高级工程师，从事水产动物增养殖、病害防控等技术研究。E-mail：wdq77@ sohu. com

* 亩为非法定计量单位。1亩≈666.7平方米，1公顷=15亩，下同。

度为2.5 m；2.5亩为蓄水池，共1口塘，主要用于蓄积海水。每口试验池塘和标粗塘配备叶轮式增氧机2台，自动投饵机1台；养殖海水直接从海区处抽取，先进入蓄水池，经沉淀、消毒后注入养殖池；养殖淡水直接抽取地下水注入池塘。池塘海水主要指标：盐度12～18；水温25～33℃；pH值7.0～8.0。

1.2 苗种来源

吉丽罗非鱼鱼苗购于河北省沧州中捷罗非鱼良种场，规格为1.0～2.0 cm。

南美白对虾虾苗购于海南本地对虾育苗场，规格为0.7～1.0 cm。

1.3 试验方法

1.3.1 池塘清整

使用前彻底清塘，挖除淤泥，曝晒。修整堤坝和进、排水口。投苗前，每亩用生石灰75 kg全池泼洒消毒，曝晒7天后蓄水备用。

1.3.2 放养前准备

在放养前7天，向池中施氮、磷肥和投放光合细菌等有益微生物，进行肥水和饵料生物培养，实际用量根据具体情况而定。

1.3.3 吉丽罗非鱼标粗

1.3.3.1 吉丽罗非鱼投苗养殖

选择两口池塘作为罗非鱼鱼苗的标粗塘，采购的吉丽罗非鱼鱼苗(体长约1～2 cm)放入池塘中标粗，放养时注意原产地海水盐度、温度与养殖池塘的一致，放养密度根据池塘的面积和养殖条件而定，一般放养密度为10 000～30 000尾/亩。

养殖1～2个月后，吉丽罗非鱼苗种体长平均可达到11.3 cm，体重平均达到23.8 g。

1.3.3.2 搭设饲料台

用4寸PVC管制作200 cm×400 cm的框，让其浮在池塘水面上并固定好，用作饲料台，3亩面积标粗池塘搭设饲料台2个。

1.3.3.3 饵料投喂

吉丽罗非鱼放苗后第一周饵料选择鳗鲡白仔料，一周后改用粉碎的罗非鱼配合浮性料，在投喂时，使用棍棒在饵料台敲打，锻炼与诱食。幼苗养殖投喂原则以少投多次，每天投喂4～5次。

1.3.4 吉丽罗非鱼和南美白对虾混养

1.3.4.1 南美白对虾放养

在罗非鱼放养前一个月将南美白对虾虾苗投放于试验池塘中养殖，放养密度为每亩10 000尾。混养前，每天投喂幼虾料两次；鱼虾混养后，停止投喂对虾料，仅投喂罗非鱼饲料。

1.3.4.2 吉丽罗非鱼放养

将标粗养殖2个月的吉丽罗非鱼以1 600～2 000尾/亩的密度放养于已放养南美白对虾的池塘中进行混养。放养时注意避免池塘间水体盐度差异过大。

1.3.4.3 饵料选择

目前还没有海水罗非鱼的专用饲料，混养过程中使用淡水罗非鱼全价浮性饲料。由于吉丽罗非鱼头部小，口裂也小，同一规格的鱼，要比淡水罗非鱼选择小一型号的饲料，满足吉丽罗非鱼适口摄食。

1.3.4.4 饵料投喂

采用投饵机定点投喂，每天投喂2次(早晚各一次)。饲料投喂量根据天气情况和鱼苗摄食情况增减。一般投喂至八分饱为宜，阴雨天停止投喂，避免因天气原因造成鱼吃过饱后吐饵。

1.3.5 日常管理

每日巡塘3次(早、中、晚)，仔细观察池塘水质、鱼摄食和生长情况，尤其是恶劣天气更要注意池鱼活动情况，及时开启增氧机及排换水。认真做好养殖记录，收集养殖池塘的水质、投饵、死亡等相关的养殖资料。

1.3.6 水质控制

放苗前，根据水色适时泼洒水质改良剂和底质改良剂以及使用增氧机进行水质调节，保持水质的“肥”、“活”、“嫩”、“爽”。放苗后，可适时使用生石灰、生物制剂调节水质，将池水透明度控制在30~40 cm。同时，使用生石灰、二氧化氯等药物定期对池塘水体进行消毒，保持水质清新。每个月定期对水体水质进行检测。

1.3.7 病害防控

链球菌病是罗非鱼常见疾病，该病主要在高温期水质不好时容易发生，为防止该病爆发，不但要对水质进行调控，还要对水温进行控制，夏天若水温有一段时间都在33℃以上时，应及时加注新水，提高水位，便于降低水温。如有发现链球菌病，应立即用含氯药物对池水进行消毒，减少或者停止饲料投喂，开足增氧机增氧，加强水质调控可有效防止病害的蔓延。

2 收获

南美白对虾经过100天的养殖，平均体重达到50 g以上，最大个体有达80 g，用定置网进行捕捞，抓大留小。吉丽罗非鱼经6个月养到平均体重500 g时，用拖网一次性起捕。

3 结果

经过6个月的养殖，吉丽罗非鱼养殖成活率89.5%，单位面积产量764.0 kg/亩，平均全长26.0 cm；南美白对虾单位面积产量103.0 kg/亩。

4 讨论

(1)吉丽罗非鱼与南美白对虾混养可降低鱼、虾患病和死亡率。在罗非鱼链球菌发病高峰期，淡水单养的罗非鱼发病率较高，最高死亡率可达40%~50%，而与南美白对虾混养的吉丽罗非鱼发病较少，个别池塘出现过链球菌病，但通过增氧、停止投饵和消毒水体就可以得到有效的控制，发病死亡率比较低；在试验池塘周边单养南美白对虾的养殖场相继出现了严重虾病时，与吉丽罗非鱼混养的南美白对虾并未有虾病发生，对比非常明显。其主要原因是吉丽罗非鱼能够将池塘里的死虾、病虾吃掉，防止其尸体腐烂与污染。罗非鱼习性贪吃，遇上天气变化与水质不好时，有吃过饱后吐饵的现象，混养的南美白对虾能够及时的把其残饵吃掉，避免水质污染。吉丽罗非鱼与南美白对虾生物间这种互相利用关系，有效地减少了病害的发生。

(2)吉丽罗非鱼是新的海水养殖品种，目前还没有专门的配合饲料，使用的淡水罗非鱼全价饲料的营养成分是否能完全满足要求，还要做进一步的研究，但从目前养殖生长情况和饵料系数看，淡水罗非鱼全价饲料用于吉丽罗非鱼养殖是可以满足营养要求的。

(3)吉丽罗非鱼和南美白对虾混养能够充分利用饵料，提高饵料利用率，而淡水单养的罗非鱼饵料系数一般为1.2，吉丽罗非鱼和南美白对虾混养其饵料系数为1.34，但混养时间要比单养时间多一个月。南美白对虾在混养时，只是前期投一点虾料，后期主要以藻类和罗非鱼残饵为食，不需要另外投饵，大大节省了饲料成本。

(4)吉丽罗非鱼和南美白对虾混养对提高养殖水体的自净能力有一定效应。水体中溶解氧含量稳定，不会因天气恶劣等原因造成鱼体缺氧而出现死亡；氨氮、硝酸盐、亚硝酸盐等水质指标都控制在较低的水平，其中对鱼虾危害较大的氨氮含量全程控制在1.0 mg/L以下，而普通淡水罗非鱼养殖水体中氨氮可达2 mg/L，甚至更高。

(5)吉丽罗非鱼可耐的海水盐度为25，养殖水体盐度的不同其生长速度也不同，在养殖过程中盐度越低其生长速度越快。

(6)吉丽罗非鱼和南美白对虾混养养殖的罗非鱼，较淡水养殖的罗非鱼，味道更为鲜美，肉质更为细嫩，甚至可以与石斑鱼相媲美；目前吉丽罗非鱼市场零售价是淡水罗非鱼零售价的一倍以上。同时，混养的南美白对虾在同样养殖周期里要比高密度单养的个体大，售价更高。混养的南美白对虾抓大留小，捕捞供应比较灵活，随行上市，可获得更好的经济效益。吉丽罗非鱼和南美白对虾混养经济效益显著。

利用网箱开展加州鲈鱼无公害高产养殖技术研究

魏明伟　何军功　杨　起

（河南省安阳市永明路南段农业大厦安阳市农业局水产站 0817 房 455000）

摘要：近几年，在安阳市水产站的帮扶下，安阳市彰武特种水产养殖公司依靠彰武水库丰富的水资源，利用网箱开展名特优水产品的养殖试验，先后引进了淇河鲫鱼、加州鲈鱼等产品，养殖技术日趋成熟，特别是加州鲈鱼已取得了良好的经济效益和社会效益，为在安阳市开展网箱养殖名特优水产品积累了经验，是帮助渔民致富的一条好路。本文主要针对加州鲈鱼无公害高产养殖的技术进行总结。

加州鲈鱼原名大口黑鲈，分类学上属鲈形目，太阳鱼科。原产美国加利福尼亚州密西西比河水系，是一种温水性鱼类。其肉质鲜美，肉质坚实，肉味清香，抗病力强，生长快，易起捕，可获得较高的经济效益，在 2 ~ 34℃水温范围内均能生存，10℃以上开始摄食，最适生长温度为 20 ~ 25℃。安阳市地处半湿润温带大陆季风气候，适宜加州鲈的饲养，可在室外自然越冬。

1　保障无公害养殖加州鲈鱼的条件

1.1　水质

彰武水库是安阳市的一座大型水库，位于安阳市西 20 km 的北彰武村，控制流域面积 970 km^2，总库容 0.7 亿 m^3，因上游有南海泉，无论旱涝都能保证可靠水源。南海泉周边为山区，无任何企业，因此，汇入彰武水库的泉水水质有保障，好的水质是开展无公害水产养殖的基础。同时，由于彰武水库主要用于发电、保障钢厂、电厂用水，水时刻保持流动状态，增加了水中氧的含量，利于网箱高密度养殖，可提高产量和产值。

1.2　饲料

加州鲈鱼为肉食性鱼类，天然水域的加州鲈鱼食物主要是小虾、鱼及鱼卵和部分水生昆虫、水生植物等。在彰武水库周边，有许多常年靠打鱼为生的渔民，每天打下的小鱼小虾成为网箱养殖加州鲈鱼的主要饲料来源，这些纯天然水域生长的小鱼、小虾质量有保

作者简介：魏明伟（1969—），男，河南省安阳市水产站，农艺师

通信作者：何军功（1973—），男，40 岁，河南省安阳市水产站站长，高级畜牧师。河南省安阳市永明路南段农业大厦安阳市农业局水产站 0817 房

障，同时价位也较低，降低了成本。

1.3 帮扶

从2009年起，安阳市彰武特种水产养殖公司被安阳市水产站列为帮扶对象，从苗种引进、饲料与药物的使用、网箱设置等各项工作都在安阳市水产站技术人员的具体指导下进行。另外，由安阳市水产站投资在该区域建立了水产病害远程诊疗系统，就是利用高性能计算机、电子显微镜及网络视频技术等现代科技手段建立起水产养殖病害诊断系统，并充分利用水产养殖病害远程诊断技术，及时解决水产养殖过程中出现的病害，减少渔业经济损失。

1.4 监管

安阳市渔政部门加强渔政执法，采取普查与抽查相结合、抽查经常化的方法，主要检查在养殖过程中有无使用孔雀石绿、硝基呋喃等违禁药品现象，养殖记录、用药记录、销售记录。通过检查，有力地保障了加州鲈鱼的质量安全。

1.5 抽检

每年农业部、河南省水产站都要对其产品取样抽检，产品合格率达到了100%。

1.6 培训

每年河南省、安阳市举办的各种水产健康养殖培训班，安阳市彰武特种水产养殖公司都积极参加，通过培训，提高渔民素质，增强水产养殖的科技含量。

2 开展无公害养殖加州鲈鱼的技术规范

2.1 网箱设置

2.1.1 网箱结构

网箱采用聚乙烯网片缝制而成，内层网箱规格为5 m×5 m×2 m，外层网箱规格为6 m×6 m×2.5 m，面积不宜过大，以便于管理。网目大小可视养殖规格而定，一般内层网目为0.5~3.5 cm，根据养殖鱼体的大小自行选择，要随着鱼类的不断生长及时更换。外层网目大小为3~5 cm。

2.1.2 地点设置

地点的设置要考虑到对鱼生长有利和管理方便之处，水深至少2.5~3 m，水质中氧气状况要好，无污染，要避开污染区域和水草茂密、腐泥过多的地方；在水交换方面要选择有一定的微流水、回流水的地方；在管理方面，最要注意的是避开风力特别强和漂浮物多的地方，其次是离岸较近且交通方便。

2.1.3 设置方式

采用固定式网箱：网箱入水深2 m左右，水上高度30~40 cm，四周用桩支撑框架，使箱体固定于一定水层，用绳固定箱体四角，使其张开成型。这种网箱的优点在于成本低、管理操作方便、抗风力强；缺点是设置场所不能任意迁移，难在深水处设置。一般设置在水位稳定、水流平稳、水面狭窄的浅水水域，该水域正好适合这种设置方式。

2.1.4 网箱布局

网箱的排列在保证溶解氧量高、水质清新、管理方便的条件下，以浮桥为依托，在其两侧排列，或成一字形平行排列，架框管理操作，网箱设置深度不宜超过3米。

2.2 鱼种放养

2.2.1 放养规格

采用网箱分级养殖法，即第一级夏花到1.2～3.3 cm鱼种；第二级为10 cm以上的成鱼培育。

2.2.2 放养密度

放养密度主要根据水体中天然饵料基础和网箱中水的交换量及饲养管理的技术水平而定；本次实验根据实际情况每箱放养3 cm夏花鱼种6 000尾，放养10 cm以上苗种每箱3 000尾。

2.2.3 放养时间及注意事项

培育鱼种的网箱，夏花入箱时间应提早在5月份，以延长生长期。苗种必须使用正规的苗种场生产的加州鲈鱼种，要求规格整齐，色泽鲜艳，体表无伤，体格健壮，游动活泼。最好使用人工繁殖的鱼种，这种鱼种成活率高，易驯化。

2.3 生产管理

2.3.1 分箱和更换网箱

鲈鱼属凶猛的肉食性鱼类，如果管理不善很容易发生自残现象，在小苗期尤为明显，因此要加强管理及时分箱，及时投饵防止出现过多的自残。另外随着鱼体的不断增长，个体越来越大也要求及时更换网箱。

2.3.2 勤洗箱

养鱼网箱容易附生藻类或其他附生物，堵塞网眼，影响水体交换，引起鱼类缺氧窒息，故要常洗刷，保证水流畅通，一般每10天洗箱1次。

2.3.3 随时监控

要依靠网络与巡查相结合的办法对每个网箱做到随时监控，发现异常及时处理，尤其在夏季雨水多的时候，容易造成缺氧，增氧机要保障随时可用。

2.3.4 饵料配制

加州鲈鱼为肉食性鱼类，天然水域的加州鲈鱼食物主要是小虾、鱼及鱼卵和部分水生昆虫、水生植物等，因此，每天早晨由专人在库区收购渔民打上来的小鱼、小虾，在喂夏花时，将鲜鱼虾打成浆再拌粉状饲料投喂。成鱼饲养时，根据个体大小，直接投入活体，每天将剩余的小鱼小虾放入坑塘或冷库保管，以备禁渔期时使用。同时，自制配合饵料进行补充喂养，饵料采用进口鱼粉、肉骨粉、血粉、豆粕、菜粕、麦麸等与饲料添加剂进行配合制料，前期蛋白含量36%～40%，脂肪4%；后期蛋白含量32%～35%，脂肪6%即可。

2.3.5 饵料投喂

投喂采取“四定”投饲法。定位，饲料要投喂在网箱中间，不要投到网箱四边或角上，以防抢食时伤鱼体。定量，每次按每 100 尾鱼 40 g 的投饵量投喂，随着鱼体的增加而不断增加投饵量。定时，夏天水温高时投喂 2 ~ 3 次，8 时、14 时、18 时各 1 次；春秋季水温在 10℃以上时，下午 5 时左右投喂 1 次。冬季水温在 10℃以下时，基本不喂，只有鱼吃食时才投。定质，投喂的饲料鱼必须是新鲜或冰鲜的，不投变质腐败的饲料鱼，以免引起鱼病。投喂方法可采用人工与机械投饵两种方式。

2.4 鱼病防治

加州鲈鱼对疾病抵抗力较强，养殖时较少患病。但有时管养不当，也有鱼病发生，在养殖过程中，坚持以预防为主，主要采取定时投喂药饵的方法，不投喂含脂量过高、腐败变质的饵料，在鱼苗的运输、倒箱的操作过程中一定要小心避免划伤鱼体。坚持“无病先防，有病早治”的原则。

2.4.1 针虫病

由于针虫寄生而引起。寄生部位主要是背鳍或腹鳍基部尾端，患部常伴有淤血，病鱼食欲稍差。治疗方法是将病鱼捕起，把针虫拔去，用药消毒伤口。加速换水，可以防止此病蔓延。

2.4.2 水霉病

一般是在鱼体的受伤部位出现棉絮状的菌丝，并表现为食欲减退消瘦衰竭直至死亡。发现此病后，应立即将病鱼捞起，单独进行治疗。可以用 1/1 000 高锰酸钾药浴 5 ~ 10 分钟，每天一次，连续三天。

2.4.3 肠炎病

多发生在高温季节，病鱼腹部膨大，肛门外突红肿，有黄色黏液流出。用漂白粉水浸泡网箱及用具，以杀灭病原菌；用盐度为 3 ~ 5 的食盐水浸浴鱼体 10 ~ 15 分钟，防治效果很好。

2.4.4 皮肤溃烂病

症状：鳞片脱落部位皮肤充血红肿继而糜烂，病鱼离群独游，食欲不振，直至死亡。治疗方法尽量减少机械损伤，可用 10×10^{-6} 的氯霉素药浴 5 小时。

3 成鱼上市

加州鲈鱼价格较贵，一般长到 800 g 左右即可上市。由于市场供不应求，不受时间限制，常年都可卖上好价钱。

4 效益分析

从 2009 年起，每年引进 5 万尾鲈鱼，一年多开始上市，网箱循环利用，鱼种成活率在 90% 以上，每年可出网成鱼 4 500 条左右，每条鱼可净赚 10 元左右，年利润约 45 万。

南极磷虾甲壳质晶体结构和热学性质研究

王彦超　薛长湖　常耀光

（中国海洋大学食品科学与工程学院，山东 青岛 266003）

摘要：近年来，南极磷虾(*Euphausia superba*)备受关注和研究，并且已经被作为商业性捕捞的目标之一。南极磷虾壳作为不可食用部分，一般被作为废弃物丢掉。甲壳质广泛存在于甲壳类动物的甲壳中，是一种具有潜在价值的高聚物材料和生物活性成分。南极磷虾甲壳质物理化学性质的阐明将有助于磷虾和甲壳的综合利用，然而这种研究目前尚未见报道。本研究采用脱脂南极磷虾壳为原料，依次经过1.7 M HCl和2.5 M NaOH处理提取甲壳质，1%高锰酸钾溶液脱色。同时，我们采用紫外光谱一阶求导法测定脱乙酰度；并采用傅里叶红外光谱法、X衍射法、扫描电镜法、热重分析法和差示热扫描法对甲壳质的晶体结构和热学性质进行了研究。结果表明，南极磷虾甲壳质是由晶粒细小、稳定性好且排列整齐的微晶组成的α-型甲壳质，其脱乙酰度为(11.28±0.86)%。它在(020)和(110)晶面上的晶体层间距分别为9.78Å和4.63Å，晶粒直径分别为6.07 nm和5.16 nm。南极磷虾甲壳质多糖链热分解的活化能为123.35 kJ/mol。它在加热过程中的玻璃化转变温度为164.96℃。

关键词：南极磷虾；甲壳质；晶体结构；热学性质

1　前言

近年来，南极磷虾(*Euphausia superba*)被广泛研究，并且已经被列为南极海域主要的渔业捕捞种类。南极磷虾不仅在食品领域中发挥着重要作用[1~5]，而且作为商业捕捞的目

基金项目：南极磷虾快速分离与深加工关键技术(2011AA090801)国家863计划长江学者和创新团队发展计划

作者简介：王彦超(1989—)，水产品加工与贮藏工程在读硕士

通信作者：薛长湖。E-mail：xuech@ouc.edu.cn

标之一逐渐备受关注[6~8]。现今估计，南极磷虾的生物量为34 200~53 600万t[9]。而且，南极磷虾被认为是海洋蛋白和脂质的巨大的贮存宝库[10]，它的有效利用将有助于食品危机的减缓。

近年来，关于南极磷虾蛋白和脂质的利用已经有所报道[11,12]，并且南极磷虾被欧盟委员会[13]批准为新型的食品原料。作为磷虾的不可食用部分，磷虾壳通常被丢弃。研究者通过对磷虾壳废弃物的化学成分分析，得出结论：南极磷虾壳可以作为甲壳质的有效来源之一[14]。

甲壳质主要存在于甲壳类动物的甲壳中，是部分脱乙酰的(1-4)-2-乙酰氨基-2-脱氧-β-D-葡聚糖。甲壳质已经被证明是一种可以利用的生物活性成分和聚合物材料[15]。鉴于甲壳质良好的生物相容性、生物可降解性和生物活性[16,17]，它已经被广泛应用于功能食品、化妆品、农业、医药、造纸、产品固定化和废水处理等多种领域[18~21]。此外，甲壳质衍生物由于其特殊性质也受到了广泛关注[22]。鉴于此，南极磷虾甲壳质的开发利用将为南极磷虾壳废弃物的利用提供有效途径。

甲壳质的潜在应用价值与其晶体结构和热学性质密切相关[23,24]。由于其结构中分子内和分子间氢键的多样性，自然界中的甲壳质存在三种晶体构型：α-型、β-型和γ-型[25,26]。α-型和β-型甲壳质的分子链分别为反平行排列和平行排列[27~29]，而γ-型甲壳质为前两种甲壳质的混合构型[30]。不同种类的甲壳质因其应用的差异被应用于不同的领域中。因此，对南极磷虾甲壳质的晶体结构和热学性质的阐明将为其合理应用提供理论基础。

本实验中，我们将对南极磷虾甲壳质的晶体结构和热学性质进行分析和探究。

2 实验部分

2.1 材料

冷冻南极磷虾块(*Euphausia superba*)由日本水产公司提供，冷冻磷虾冻干后，分离出磷虾壳备用。

两种商业型α-甲壳质样品[由虾壳(*Metapenaeus affinis*)和蟹壳(*Chionoecetes opilio*)提取制备]购自海力生物有限公司(莱州，中国)。

阿根廷鱿鱼(*Illex argentinus*)购自南山水产市场(青岛，中国)。鱿鱼骨经过分离、水洗、冻干。鱿鱼甲壳质的提取制备参照文献资料进行[31]，用做β-甲壳质的参照样品[32]。

2.2 南极磷虾甲壳质的提取制备

南极磷虾壳经机械粉碎、过筛后，按照Bligh等[33]的方法脱脂。甲壳质的提取参照Liang等[34]的方法。即脱脂虾壳分别经过1.7 M HCl室温处理6 h和2.5 M NaOH 75℃处理1 h。然后，采用1%高锰酸钾对甲壳质产品进行脱色，冻干即得南极磷虾甲壳质。

2.3 化学组成分析

南极磷虾甲壳质的灰分和残留钙离子含量参照AOAC[35]方法测定。脂质含量参照

Bligh 等[33]的方法测定。蛋白含量通过氨基酸分析法间接测定：300 mg 样品经 6M HCl 110℃ 水解 24 h，水解物溶解后经过 Biochrom 30 Ltd 氨基酸自动分析仪（Biochrom Ltd.，Cambridge，UK）测定，蛋白质含量由氨基酸总量换算得出。氟含量参照 Adelung 等[36]的方法采用负离子选择电极法测定。同时，脱脂虾壳的成分作为对照进行分析。

所有成分的含量测定结果均以干重计。

2.4 扫描电镜分析

样品经过喷溅式涂布机（EIKO IB－3）镀金后，通过 SM－840 扫描电镜（EOL Ltd.，Tokyo，Japan）对其表面进行分析。

2.5 脱乙酰度测定

磷虾壳、蟹壳、虾壳、鱿鱼骨甲壳质样品的脱乙酰度采用改良的紫外光谱一阶求导法进行测定[37]。即 100 mg 样品被溶解在 20 mL 85% H_3PO_4 中，60℃下持续搅拌 40 min。取 1 mL 清液稀释至 100 mL，60℃保温 2 h 后进行紫外光谱扫描。

乙酰氨基己葡萄糖和氨基葡萄糖的标准溶液由 0.85% H_3PO_4 依次配置成 0 μg/mL、10 μg/mL、20 μg/mL、30 μg/mL、40 μg/mL 和 50 μg/mL 溶液。

采用 Shimadzu 2550 紫外－可见双光束分光光度计（Shimadzu，Columbia，US）对样品在 220～190 nm 范围内进行紫外光谱扫描，求取光谱图在 203 nm 处的一阶导数（H_{203}），通过标准曲线查出乙酰氨基葡萄糖和氨基葡萄糖的含量。

脱乙酰度采用如下公式进行计算：

$$DD(\%) = 1 - (m_1/203.21 \times 100)/(m_1/203.21 + m_2/161.17) \qquad (1)$$

式中：m_1 指 1 mL 甲壳质溶液中乙酰氨基葡萄糖的质量，由 H_{203} 计算得到；m_2 指 1 mL 甲壳质溶液中氨基葡萄糖的质量，$m_2 = M - m_1$；1 mL 甲壳质溶液中甲壳质的质量（M）：$M = (M_1 \times M_3)/(M_1 + M_2)$；$M_1$ 为溶解固体甲壳质的质量；M_2 为 20 mL 85% H_3PO_4 的质量；M_3 为 85% 磷酸中 1 mL 甲壳质溶液的质量。

2.6 傅里叶红外光谱分析

傅里叶红外光谱采用 VERTEX70 光谱仪（Bruker Corporation，Karlsruhe，Germany）对样品在 4 000～400 cm^{-1} 波数范围内进行扫描，扫描数为 32，分辨率为 4 cm^{-1}[38]。所有样品分别和 KBr 粉末混合压片（0.25 mm）后，至于恒定湿度的环境下稳定后测定。红外光谱曲线采用 OMNIC 软件对基线进行校正，其中的部分波长图谱采用 OriginPro 8.5（Originlab Corporation，Northampton，USA）中的高斯函数峰拟合功能分离重叠峰。

蟹壳甲壳质、虾壳甲壳质和鱿鱼骨甲壳质作为参照样品在同样条件下进行测试。

2.7 X 衍射分析

采用 D8 Advance X－射线光谱仪（Bruker Corporation，Karlsruhe，Germany）对样品的 X 衍射测定条件如下：CuKα 射线（$\lambda = 1.5406$Å）；电压 50 kV；电流 40 mA；连续式扫描，其中间隔角度为 0.015°，间隔时间为 0.2 s。测试数据由 MDI jade 软件（Jade 5.0，Materials Data Inc.，Japan）获得[39]。晶体相关指标按照如下公式进行计算：

$$D_{\perp hkl} = K\lambda/\beta_0 \cos\theta \tag{2}$$

其中：K 为常数(按照 $K=1$ 计算)；λ(Å)为射线波长；β_0(rad)为半高峰宽值；θ(°)为晶体衍射峰对应的衍射角。

$$n\lambda = 2d\sin\theta \tag{3}$$

其中：n 为整数。

晶体中垂直于 hkl 晶面的晶粒直径($D_{\perp hkl}$)依据谢乐公式[40]，采用半高峰宽法计算式(2)；不同晶面之间的层间距依据布拉格方程[41]由衍射角 2θ 计算式(3)。

同时，蟹壳和虾壳甲壳质作为参照样品在同样条件下进行测试。

2.8 热失重分析和差示热扫描分析

采用 NETZSCH TG 209F1 分析仪(NETZSCH，Selb，Germany)对样品的热失重分析操作条件为：起止温度 20～800℃，升温速率 10℃/min，空气流速 30 mL/min。

甲壳质的热分解活化能参照文献[42]的方法计算：

$$\ln[\ln(W_O/W_T)] = E_a\theta/R(T_{max})^2 \tag{4}$$

式中：W_O指甲壳质的初始重量；W_T指在温度 T 时甲壳质的残留质量；T_{max}指反应速率最大时的温度；R 指气体常数，$\theta = T - T_{max}$。以 $\ln[\ln(W_O/W_T)]$对 θ 作图，斜率即为 $E_aQ/R(T_{max})^2$，通过公式计算得反应活化能 E_a值。

采用 NETZSCH DSC 200PC 分析仪(NETZSCH，Selb，Germany)对样品的差示热扫描分析条件如下[43]：5 mg 样品至于密闭的坩埚中，空坩埚作为参照。一次升温过程，从 0～200℃以 10℃/min 速率持续升温，恒温 5 min，液氮迅速冷却后；二次升温过程，从 20～600℃以 10℃/min 速率持续升温。采用 Proteus 软件进行数据的采集和处理。

蟹壳和虾壳甲壳质的热重分析和差示热扫描分析作为参照在相同条件下进行。测试前所有样品稳定在恒定湿度环境中[3]。

2.9 数据统计

所有试验均重复进行 3 次。运用 PASW 18.0(IBM SPSS Inc.，New York，US)统计分析软件的单因素方差分析算法对数据进行方差分析。多重比较分析采用 Tukey's test 算法确定显著性差异($P < 0.05$)。

3 结果和讨论

3.1 甲壳质的制备和化学组成分析

本研究经过脱除矿物质、蛋白质和色素制备得到白色片层状南极磷虾甲壳质产品。产物得率为(27.80±1.48)%(以脱脂虾壳为原料计)。前期研究结果表明，不同水产原料中甲壳质的得率分别为：蟹壳(*Portunus pelagicus*)得率 20%；虾壳(*Parapenaeopsis stylifera*)得率 20%；鱿鱼(*lllex argentinus*)骨得率 31%[44]。

南极磷虾虾壳和甲壳质的化学组成分析测定结果(以干重计)如下。与虾壳成分比较，甲壳质中残留钙含量由4.97%降低为0.03%和残留蛋白质的含量由47.61%降低至1.19%。甲壳质总灰分含量为0.12%，且无任何脂质残留。

南极磷虾壳中的氟含量为3.058 g/kg。南极磷虾(*Euphausia superba*)特殊的生活环境和饮食习惯导致其虾壳中氟含量水平较高。据文献[45]规定，成年人的每日安全摄入量为3.1~3.8 mg，超过10 mg的每日摄入量会对人体产生危害。摄入过量的氟会导致氟中毒，主要症状表现为：骨骼结构的变化和酶抑制[46]。然而，本研究制备的南极磷虾甲壳质中并未检测到氟，表明本实验中甲壳质产品可以安全用于食品加工生产过程中。

3.2 扫描电镜结果分析

如图1(a)所示，磷虾壳中存在整齐排列的纤维和无规则扦插的柔性大分子成分。据Lavall等[31]的研究表明，甲壳质是组成甲壳类动物网状骨架的主要成分之一，柔性的蛋白质大分子无规则地穿插在甲壳质骨架中，无机成分堆叠在甲壳质纤维的间隙中。如图1(b)所示，脱除磷虾壳中的蛋白质和无机成分后，甲壳质纤维之间的间距相对变小。同时，甲壳质纤维的排列形态保持了处理前的原始状态，表明在提取的过程中甲壳质的天然状态得以保持。

本实验中，磷虾甲壳质的排列结构域以虾壳(*Metapenaeus affinis*)、蟹壳(*Chionoecetes opilio*)和龙虾壳(*Thenus orientalis*)为原料分离制备的甲壳质的排列形态相一致[44,47]。

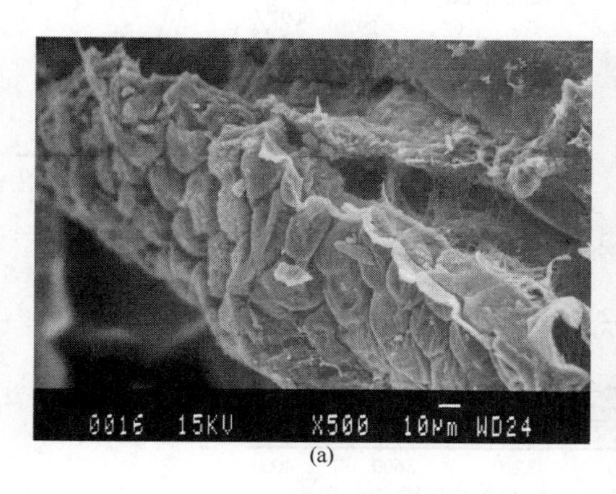

(a)

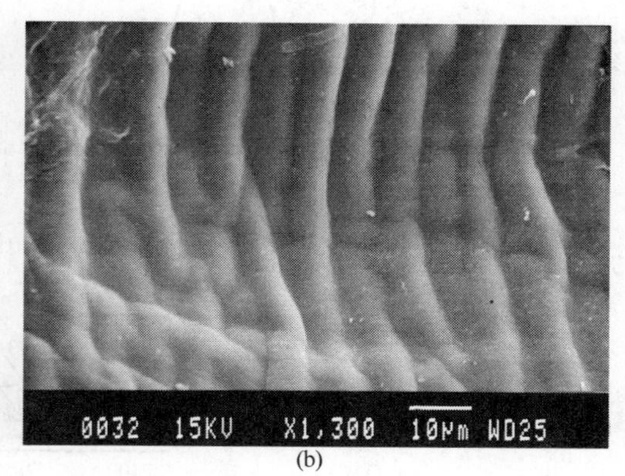

(b)

图1 南极磷虾壳(a)和磷虾甲壳质(b)的扫描电镜图谱

3.3 脱乙酰度测定结果分析

采用紫外光谱一阶求导法测定脱乙酰度具有简便、快速、准确性和精确性良好的优点[37,48]。因此，本实验中选用紫外光谱一阶求导法进行脱乙酰度的测定。

结果表明，南极磷虾壳甲壳质、虾壳甲壳质、蟹壳甲壳质和鱿鱼骨甲壳质的脱乙酰度分别为(11.28±0.86)%、(19.86±1.69)%、(16.87±0.72)%和(10.83±0.67)%。

3.4 傅里叶红外光谱结果分析

南极磷虾甲壳质的红外光谱图如图2(a)所示，甲壳质所有典型的振动谱带均在图中标出。波数在3 442 cm^{-1}和3 267 cm^{-1}的谱带分别对应于O－H和N－H的伸缩振动[39,49]。波数在3 105 cm^{-1}的谱带分辨率高且振动强度大，它是α－型甲壳质特征性的二级酰胺谱带振动峰，由氨基Ⅰ谱带的泛频或氨基Ⅱ谱带和NH伸缩振动谱带之间的费米共振产生[30]。磷虾甲壳质图谱中在1 660 cm^{-1}和1 625 cm^{-1}谱带的裂分是由C＝O基团和氨基葡萄糖单元中O_6－H基团之间的氢键所引起的[50]。以上所提到的谱带均为α－型甲壳质的特征谱带[51]。如图2(a)所示，磷虾甲壳质的红外光谱图与虾壳和蟹壳来源的甲壳质的光谱图相一致，但是与鱿鱼骨来源的β－型甲壳质存在显著差异。因此，得出结论，南极磷虾甲壳质为α－型。

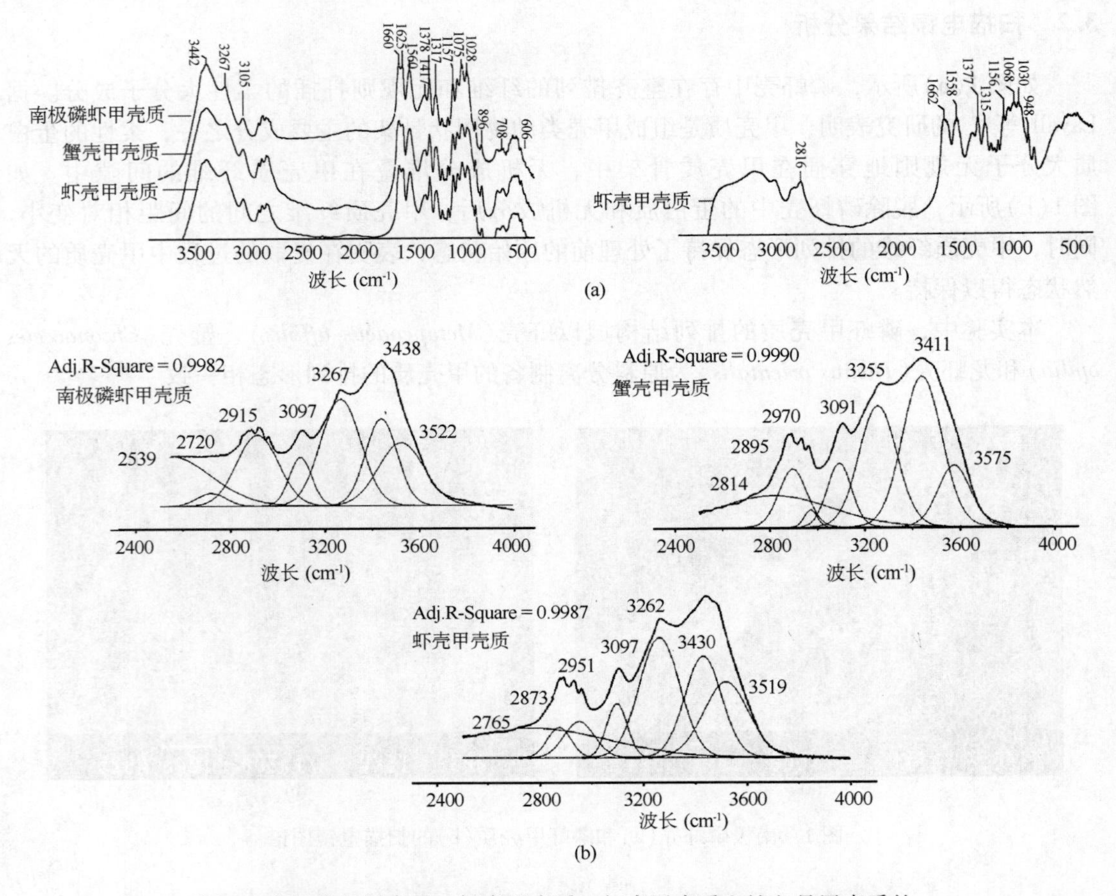

图2　南极磷虾甲壳质、蟹壳甲壳质、虾壳甲壳质和鱿鱼骨甲壳质的原始红外图谱(a)和分峰拟合后的图谱(b)

此外，位于如下波数的红外振动峰均可在图2(a)中观察到：1 560 cm^{-1}(NH在CONH平面变形引发的氨基Ⅱ谱带)、1 417 cm^{-1}(CH变形)、1 378 cm^{-1}(C－CH_3氨基伸缩振动)、1 317 cm^{-1}(氨基Ⅲ谱带和大于CH_2的摇摆振动)、1 157 cm^{-1}(COC连接伸缩振动)、1 075 cm^{-1}(COC在环上的伸缩振动)、1 028 cm^{-1}(CO伸缩振动)、896 cm^{-1}(β连接)[52]。

由于甲壳质结构中OH和NH参与形成多种复杂的氢键，甲壳质的原始红外图谱中部分谱带存在重叠现象。因此，本研究将图谱进行归一化处理后，采用高斯函数对图谱中的部分区域进行分峰拟合处理，拟合系数 $r^2 > 0.99$（如图 2 所示）。参考前人的研究结论[50,53]，我们得出图 2(b)中，南极磷虾甲壳质红外光谱中 3 438 cm^{-1}和 3 522 cm^{-1}谱带分别是由分子链内 OH 和结构水中自由 OH 伸缩振动引起。同时，蟹壳中由分子链内 OH 和结构水中自由 OH 伸缩振动引起的谱带分别位于 3 441 cm^{-1}和 3 575 cm^{-1}。经过比较可以得出，磷虾甲壳质中自由 OH 和链内 OH 的吸收峰强度比例较蟹壳甲壳质中的比例高。据此推测，南极磷虾甲壳质结构中的水自由 OH 较蟹壳甲壳质含量多。

3.5 晶体结构分析

南极磷虾甲壳质和参照甲壳质的 X 衍射图谱如图 3 所示。前人对 X 衍射图谱的研究表明，α－型甲壳质晶体由 2 条链组成的正交晶胞组成，其空间构型为 $P2_12_12_1$ 型，反平行链排列[50,54]。南极磷虾甲壳质 X 衍射图谱中在 9.03° 和 19.17°处的衍射峰分别对应于正交晶体中的(020)和(110)衍射平面。南极磷虾甲壳质的衍射图谱与参照 α－甲壳质的图谱在以上两个衍射峰的位置几乎重叠，证实南极磷虾甲壳质为 α－型，与红外光谱分析结果一致。

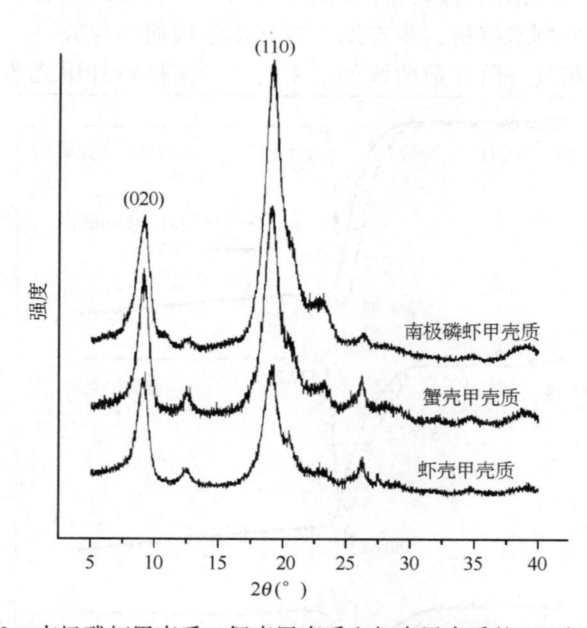

图 3 南极磷虾甲壳质、蟹壳甲壳质和虾壳甲壳质的 X－衍射图谱

磷虾甲壳质、蟹壳甲壳质和虾壳甲壳质的晶体直径和晶体层间距如表 1 所示。结果表明，不同来源的 α－型甲壳质的晶体层间距几乎一致，但是磷虾甲壳质的晶体直径显著低于其他两种甲壳质($P<0.05$)。磷虾甲壳质与其他 α－型甲壳质之间晶体的差异可能来自于：甲壳质微纤维中分子链缠绕组成的面和角的差异；晶格中链内和链间氢键的多样性[55]。

表 1　由 X 衍射图谱计算得到的南极磷虾甲壳质、蟹壳甲壳质和虾壳甲壳质晶体的层间距和垂直于 hkl 晶面的晶粒直径数值

样品	2θ/°		层间距/Å		D_{hkl}/nm	
	020	110	020	110	020	110
南极磷虾甲壳质	9.03 ±0.02	19.17 ±0.09	9.78 ±0.01[a]	4.63 ±0.02[a]	6.07 ±0.02[a]	5.16 ±0.02[a]
蟹壳甲壳质	9.11 ±0.05	19.09 ±0.08	9.70 ±0.06[a]	4.65 ±0.02[a]	7.67 ±0.08[c]	6.04 ±0.06[c]
虾壳甲壳质	9.09 ±0.05	19.08 ±0.07	9.73 ±0.06[a]	4.65 ±0.02[a]	8.94 ±0.06[b]	6.58 ±0.02[b]

注：所有数据均经过三次重复测定。多重比较采用单因素方差分析和 Tukey's 分析方法。表中的不同上标小写字母代表不同组间的显著性差异（$P<0.05$）。

3.6　热学性质结果分析

甲壳质及其衍生物的热稳定性是影响其潜在应用价值的关键因素之一，可以通过差示热扫描分析和热重分析结果评估[24]。甲壳质高聚物晶体结构的分解需要较高的热能[56]。固体状态的多糖通常具有无定型态结构，较易被水合。Kittura 等[43]的研究表明，多糖大分子的水合性质可以反映多糖的分解特性和晶体结构。甲壳质的水合性质可以通过热重分析和差示热扫描分析两种技术解析，将有助于对其热学性质的探究。

甲壳质的热重分析和其一阶导数曲线如图 4 所示。南极磷虾甲壳质的一阶导数图谱中

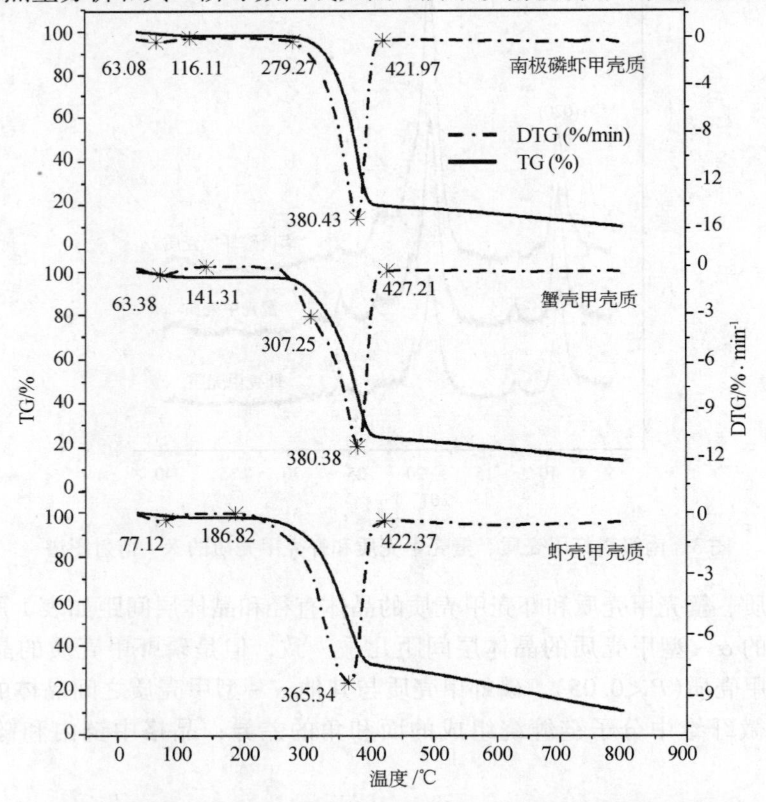

图 4　南极磷虾甲壳质、蟹壳甲壳质和虾壳甲壳质的热重分析图谱

存在两个主要的峰，代表甲壳质两个独立的分解阶段。第一个峰起止于40～140℃，归因于晶体中水的蒸发；第二个峰起止于260～400℃，可能归因于多糖分子链的降解，包括多糖环的脱水、乙酰化和脱乙酰化单元的聚合与分解[57]。400～800℃存在一个较小幅度的失重过程，据Iqbal等[58]的研究结果，笔者推测本实验中的小幅度失重可能归因于CO、CO_2、H_2O气体分子的形成和挥发。

甲壳质在第二个失重阶段的温度变化范围、失重和反应活化能列于表2。结果表明，南极磷虾甲壳质的热分解活化能显著高于蟹壳和虾壳甲壳质($P<0.05$)。得出结论，与蟹壳和蟹壳甲壳质比较，南极磷虾甲壳质具有较好的热稳定性[58]。

表2　热重分析曲线中南极磷虾甲壳质、蟹壳甲壳质和虾壳甲壳质在主要分解失重峰的温度变化、失重情况和分解活化能的数值

样品	温度变化/℃	T_{max}/℃	失重/%	E_a/kJ·mol^{-1}
南极磷虾甲壳质	260～400	369.8	70.74	123.35±1.20[a]
蟹壳甲壳质	260～400	380.8	63.47	99.66±0.47[b]
虾壳甲壳质	260～400	365.4	71.14	90.68±1.10[c]

注：所有数据均经过三次重复测定。多重比较采用单因素方差分析和Tukey's分析方法。表中的不同上标小写字母代表不同组间的显著性差异($P<0.05$)。温度变化，分解峰的起止温度；T_{max}为分解速率最大时的加热温度；E_a为热分解活化能。

如图5(a)所示，第一次加热过程中，南极磷虾甲壳质的差示热扫描曲线在52.30～112.38℃之间存在一个尖锐且较宽的吸热峰。根据Kacurakova等[59]的研究结果，笔者推测这个吸热峰归因于多糖结构中吸附水和氢键键合水的丢失。吸热峰的温度变化和相应的

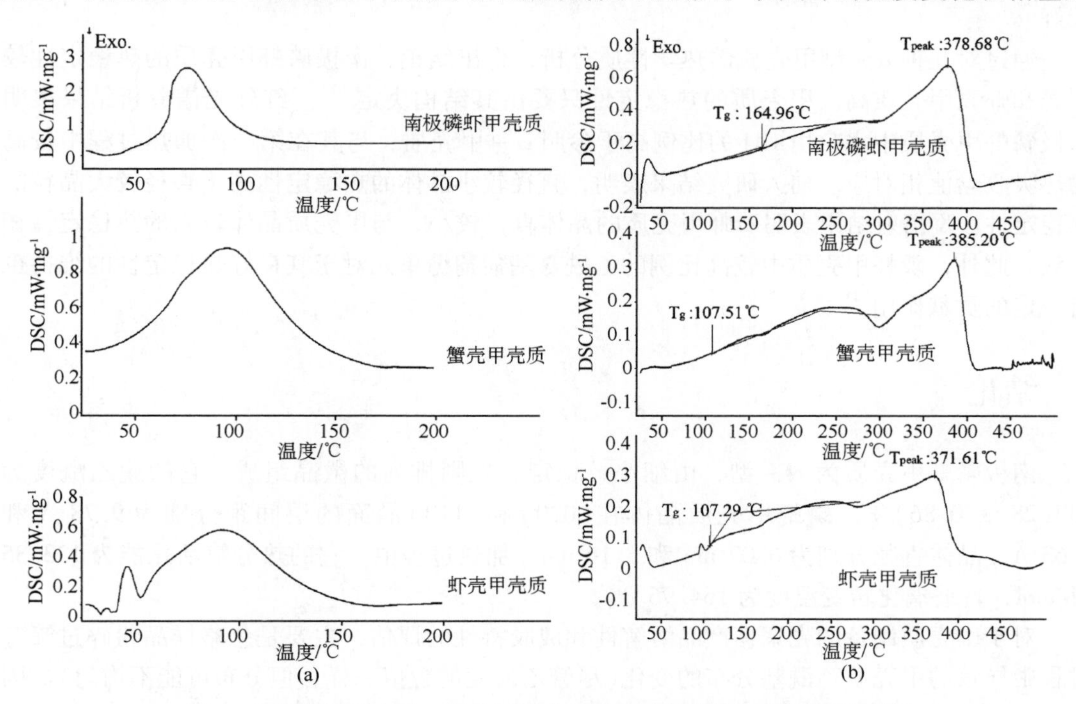

图5　南极磷虾甲壳质、蟹壳甲壳质和虾壳甲壳质的差示热扫描图谱

吸热焓值列于表3中。

表3　差示热扫描分析图谱中第一个加热过程(0～200℃)中南极磷虾甲壳质、蟹壳甲壳质和虾壳甲壳质的吸热峰的起止温度和吸热焓值

样品	吸热			
	T_o/℃	T_p/℃	T_c/℃	ΔH/J·g^{-1}
南极磷虾甲壳质	52.30	73.93	112.38	341.20±2.68[a]
蟹壳甲壳质	53.08	95.87	139.01	219.40±2.29[c]
虾壳甲壳质	52.57	92.46	137.15	116.55±2.74[b]

注：所有数据均经过三次重复测定。多重比较采用单因素方差分析和Tukey's分析方法。表中的不同上标小写字母代表不同组间的显著性差异($P<0.05$)。T_o为起始温度；T_p为峰值温度；T_c为终止温度；ΔH（J/g干重），峰焓值。

第二次加热过程中[图5(b)]，南极磷虾甲壳质在164.96℃的基线漂移归因于玻璃化转变的发生。玻璃化转变是由甲壳质多糖分子链的松弛引起的[60]。图5(b)中磷虾甲壳质发生于378.68℃处的吸热峰归因于甲壳质中乙酰氨基葡萄糖单元的分解[61]。图中400℃后出现的放热峰归因于聚合物解聚过程中小分子物质的挥发[58]。

第一次加热过程中，甲壳质吸收峰温度和焓值的差异主要源于甲壳质晶体水合能力和水分子于聚合物主链之间相互作用强度的差异。比较得出，三种甲壳质中磷虾甲壳质的吸热焓值最高。根据文献[58]的研究，我们得出结论，南极磷虾甲壳质晶体中，结合水与多糖主链之间形成的氢键较强，且结合水不容易挥发。第二次加热过程中，磷虾甲壳质的玻璃化转变温度显著高于参照α-型甲壳质的玻璃化转变温度，说明磷虾甲壳质的热稳定性较好。

通过对几种α-型甲壳质的热学性质分析，得出结论，南极磷虾甲壳质的热稳定性较蟹壳和虾壳甲壳质高。甲壳质的热稳定性只要由其结构决定[62]。红外光谱分析结果表明南极磷虾甲壳质中水自由OH的比例高于参照α-甲壳质，与其在第一次加热过程中较高的热吸收焓值相对应。前人研究结果表明，直径较小晶体的热稳定性高于直径较大晶粒的热稳定性。X衍射结果表明磷虾甲壳质的晶体直径较小，与甲壳质晶体较高的热稳定性相一致。此外，磷虾甲壳质中较高比例的乙酰氨基葡萄糖单元对于其良好热稳定性的维持也有一定的贡献作用[43]。

4　结论

南极磷虾甲壳质为α-型，由细小、稳定、规则排列的微晶组成。它的脱乙酰度为(11.28 ± 0.86)%。磷虾甲壳质晶体在(020)和(110)晶面的层间距分别为9.78 Å和4.63 Å，晶体直径分别为6.07 nm和5.16 nm。加热过程中，它的热分解活化能为123.35 kJ/mol，且玻璃化转变温度为164.96℃。

对于甲壳质制备的壳聚糖产品溶解性和成胶特性的评估，主要是忽略样品粉碎过筛等过程中导致的甲壳质乙酰基分布的变化(尽管乙酰度的数值一样，但分布可能不均匀)。因此，对于甲壳质或壳聚糖产品的质量评估，产品中乙酰基分布的均一性作为一个重要指标，可以通过酶解分析[63]或化学分析[64]进行分析和确定。对于本研究中南极磷虾甲壳质乙酰基分布的均一性将在后续实验中进一步分析和探究。

致谢：本论文由南极磷虾快速分离与深加工关键技术(2011AA090801)国家863计划长江学者和创新团队发展计划资助完成。

参考文献

[1] Alonzo S H, Switzer P V Mangel M. An ecosystem – based approach to management: using individual behavior to predict the indirect effects of Antarctic krill fisheries on penguin forging [J]. Journal of Applied Ecology, 2003, 40: 692 – 702.

[2] Everson I. Biological observations. In: Everson, I. (Ed.), Krill: Biology, Ecology and Fisheries, Blackwell Science, London 2000: 33 – 39.

[3] Mangel M, Nicol S. Krill and the unity of biology [J]. Canadian Journal of Fisheries and Aquatic Science, 2000, 57: 1 – 5.

[4] Mauchline J, Fisher L R. The biology of *Euphausiids* [J]. Advanced Marine Biology, 1969, 7: 1 – 454.

[5] Miller D G M, Hampton I. Biology and ecology of the Antarctic krill (*Euphausia superba* Dana): are view. Biomass Handbook, 1989, 9: 1 – 166.

[6] Everson I, Goss C. Krill fishing activity in the Southwest Atlantic [J]. Antarctic Science, 1991, 3: 351 – 358.

[7] Kawaguchi S, Nicol S. Learning about Antarctic krill from the fishery [J]. Antarctic Science, 2007, 19: 19 – 230.

[8] Nicol S, Endo, Y. Krill fisheries: development, management and ecosystem implications [J]. Aquatic Living Resources, 1999, 12: 105 – 120.

[9] Atkinson A, Siegel V, Pakhomov E A, et al. A re – appraisal of the total biomass and annual production of Antarctic krill [J]. Deep – Sea Research part I, 2009, 56: 727 – 740.

[10] Mayzaud P, Albessard E, Cuzin – Roudy J. Changes in lipid composition of the Antarctic krill *Euphausia superba* in the Indian sector of the Antarctic Ocean: influence of geographical location, sexual maturity stage and distribution among organs [J]. Marine Ecology Progress Series, 1998, 173: 149 – 162.

[11] Gigliotti J C, Davenport M P, Beamer S K, et al. Extraction and characterisation of lipids from Antarctic krill (*Euphausia superba*) [J]. Food Chemistry, 2011, 125: 1028 – 1036.

[12] Wang L Z, Xue C H, Wang Y M, et al. Extraction of proteins with low fluoride level from Antarctic krill (*Euphausia superba*) and their composition analysis [J]. Journal of Agricultural and Food Chemistry, 2011, 59: 6108 – 6112.

[13] European Commission. Standing committee on the food chain and animal health section general food law [J]. Health & Consumers directorate – general, 2009.

[14] Naczk M, Synowiecki J, Sikorski Z E. The gross chemical composition of Antarctic krill shell waste [J]. Food Chemistry, 1981, 7: 175 – 179.

[15] Muzzarelli R A A, Boudrant J, Meyer D, et al. Current views on fungal chitin/chitosan, human chitinases, food preservation, glucans, pectins and inulin: A tribute to Henri Braconnot, precursor of thecarbohydrate polymers science, on the chitin bicentennial[J]. Carbohydrate Polymers, 2012, 87: 995 – 1012.

[16] Farkas V. Fungal cell walls: Their structure, biosynthesis and biotechnological aspects [J]. Acta Biotechno-

logica, 1990, 10: 225 – 238.

[17] Fleet G H, Phaff H J. Fungal glucans – structure and metabolism [J]. Encyclopedia of Plant Physiology, 1981, 13B: 416 – 440.

[18] Bautista – Baños S, Hernández – Lauzardo A N, Velázquez – del Valle M G, et al. Chitosan as a potential natural compound to control pre and postharvest diseases of horticultural commodities [J]. Crop Protection, 2006, 25: 108 – 118.

[19] Rashidova S S, Milusheva R Yu, et al. Isolation of chitin from a variety of raw materials, modification of the material, and interaction its derivatives with metal ions [J]. Chromatographia, 2004, 59: 783 – 786.

[20] Sashiwa H, Aiba S. Chemistry modified chitin and chitosan as biomaterials [J]. Progress in Polymer Science, 2004, 29: 887 – 898.

[21] Synowiecki J, Sikorski Z, Naczk M. Immobilisation of amylases on krill chitin [J]. Food Chemistry, 1982, 8: 239 – 246.

[22] Muzzarelli R A A. Carboxymethylated chitins and chitosans [J]. Carbohydrate Polymers, 1988, 8: 1 – 21.

[23] Rinaudo M. Chitin and chitosan: Properties and applications [J]. Progress in Polymer Science, 2006, 31: 603 – 632.

[24] Villetti M A, Crespo J S, Soldi M S, et al. Thermal degradation of natural polymers [J]. Journal of Thermal Analysis and Calorimetry, 2002, 67: 295 – 303.

[25] Cabib E. Chitin: structure, metabolism and regulation of biosynthesis [J]. Encyclopedia of Plant Physiology, 1981, 13B: 395 – 415.

[26] Cabib E, Bowers B, Sburlati A, et al. Fungal cell wall synthesis: The construction of a biological structure [J]. Microbiological Science, 1988, 5: 370 – 375.

[27] Blackwell J. Structure of β – chitin or parallel chain systems of poly – β – (1 – 4) – N – acetyl – D – glucosamine [J]. Biopolymer, 1969, 7: 281 – 298.

[28] Minke R, Blackwell J. The structure of α – chitin [J]. Journal of Molecular Biology, 1978, 120: 429 – 433.

[29] Rudall K M. The chitin/protein complexes of insect cuticles [J]. Advance in Insect Physiology, 1963, 1: 257 – 313.

[30] Rudall K M, Kenchington W. The chitin system [J]. Biology Review, 1973, 49: 597 – 602.

[31] Lavall R L, Assis O B G, Campana – Filho S P. β – Chitin from the pens of *Loligo* sp. : Extraction and characterization [J]. Bioresource Technology, 2007, 98: 2465 – 2472.

[32] Cortizo M S, Berghoff C F, Alessandrini J L. Characterization of chitin from Illex argentines squid pen [J]. Carbohydrate Polymers, 2008, 74: 10 – 15.

[33] Bligh E G, Dyer W J. A rapid method of total lipid extraction and purification [J]. Canadian Journal of Biochemistry and Physiology, 1959, 37: 911 – 917.

[34] Liang K, Chang B, Tsai G, et al. Heterogeneous N – deacetylation of chitin in alkaline solution [J]. Carbohydrate Research, 1997, 303: 327 – 332.

[35] AOAC. Association of Official Analytical Chemists. Official Methods of Analysis (18th Ed.). Washington, DC, 2005.

[36] Adelung D, Buchholz F, Culik B, et al. Fluoride in tissues of krill *Euphausia superba* Dana and Meganyctiphanes norvegica M. Sars in relation to the moult cycle [J]. Polar Biology, 1987, 7: 43 – 51.

[37] Wu T, Zivanovic S. Determination of the degree of acetylation (DA) of chitin and chitosan by an improved first derivative UV method [J]. Carbohydrate Polymers, 2008, 73: 248 – 253.

[38] Liu T G, Li B, Huang W, et al. Effects and kinetics of a novel temperature cycling treatment on the

N - deacetylation of chitin in alkaline solution [J]. Carbohydrate Polymers, 2009, 77: 110 - 117.

[39] Hu X W, Du Y M, Tang Y F, et al. Solubility and property of chitin in NaOH/urea aqueous solution [J]. Carbohydrate Polymers, 2007, 70: 451 - 458.

[40] Scherrer P. Bestimmung der Grosse und inneren Struktur von Kolloidteilchen mittels Rontgenstrahlen [J]. Nachrichten Gesellschaft der Wissenschaften zu Göttingen, 1918, 26: 98 - 100.

[41] Morton W E, Hearle J W S. Physical properties of textile fibers (2nd Ed.). London: The Textile Institute/Heinemann, 1975.

[42] Horowitz H H, Metzger G. A new analysis of thermogravimetric traces [J]. Analytical Chemistry, 1963, 35: 1464 - 1471.

[43] Kittura F S, Harish Prashantha K V, Udaya Sankarb K, et al. Characterization of chitin, chitosan and their carboxymethyl derivatives by differential scanning calorimetry [J]. Carbohydrate Polymers, 2002, 49: 185 - 193.

[44] Al Sagheer F A, Al Sughayer M A, Muslim, et al. Extraction and characterization of chitin and chitosan from marine sources in Arabian Gulf [J]. Carbohydrate Polymers, 2009, 77: 410 - 419.

[45] Allowances. Recommended Dietary Allowances (10 Ed.). Food and Nutrition Board, National Research Council. Washington, 1989: 235 - 240.

[46] Eagers R Y. Toxic properties of inorganic fluoride compounds [J]. Elsevier, Amsterdam London New York, 1969, 152.

[47] Yen M T, Yang J H, Mau J L. Physicochemical characterization of chitin and chitosan from crab shells [J]. Carbohydrate Polymers, 2009, 75: 15 - 21.

[48] Muzzarelli R A A, Rocchetti R. Determination of the degreeof acetylation of chitosans by first derivative ultraviolet spectrophotometry [J]. Carbohydrate Polymers, 1985, 5: 461 - 472.

[49] Cho Y W, Jang J, Park C R, et al. Preparation and solubility in acid and water of partially deacetylated chitins [J]. Biomacromolecules, 2000, 1: 609 - 614.

[50] Sikorski P, Hori R, Wada M. Revisit of α - Chitin crystal structure using high resolution X - ray diffraction data [J]. Biomacromolecules, 2009, 10: 1100 - 1105.

[51] Mikkelsen A, Engelsena B, Hansenb H C B, et al. Calcium carbonate crystallization in the α - chitin matrix of the shell of pink shrimp, *Pandalus borealis*, during frozen storage) [J]. Journal of Crystal Growth, 1997, 177: 125 - 134.

[52] Muzzarelli R A A, Morganti P, Morganti G, et al. Chitin nanofibrils/chitosan glycolate composites as wound medicaments [J]. Carbohydrate Polymers, 2007, 70: 274 - 284.

[53] Liu T G, Li B, Zheng X D, et al. Effects of freezing on the condensed state structure of chitin in alkaline solution [J]. Carbohydrate Polymers, 2010, 82: 753 - 760.

[54] Saito Y, Okano T, Chanzy H, et al. Structural study of a chitin from the grasping spines of the arrow worm (*Sagitta* spp.) [J]. Journal of Structural Biology, 1995, 114: 218 - 228.

[55] Yu O, Satoshi K, Masahisa W, et al. Crystal analysis and high - resolution imaging of microfibrillar a - chitin from *Phaeocystis* [J]. Journal of Structural Biology, 2010, 171: 111 - 116.

[56] Bershtein V A, Egorov V M, Egorova L M, et al. The role of thermal analysis in revealing the common molecular nature of transitions in polymers [J]. Thermochimica Acta, 1994, 238: 41 - 73.

[57] Paulino A T, Simionato J I, Garcia J C, et al. Characterization of chitosan and chitin produced from silkworm chrysalides [J]. Carbohydrate Polymers, 2006, 64: 98 - 103.

[58] Iqbal M S, Akbar, J, Saghir S, et al. Thermal studies of plant carbohydrate polymer hydrogels [J]. Carbohydrate Polymers, 2011, 86: 1775 - 1783.

[59] Kacurakova M, Belton P S, Hirsch J, et al. Ebringerova, A. Hydration properties of xylan – type structures: an FTIR study of xylooligosaccharides [J]. Journal of the Science of Food and Agricultural, 1998, 77: 38 – 44.

[60] Pizzoli M, Ceccorulli G, Scandola M. Molecular motions of chitosan in the solid state [J]. Carbohydrate Research, 1991, 222: 205 – 213.

[61] Nam Y S, Park W H, Ihm D, et al. Hudson, S. M. Effect of the degree of deacetylation on the thermal decomposition of chitin and chitosan nanofibers [J]. Carbohydrate Polymers, 2010, 80: 291 – 295.

[62] Johannsen M, Schulze U, Jehnichen D, et al. Thermal properties and crystalline structure of poly (10 – undecene – 1 – ol) [J]. European Polymer Journal, 2011, 47: 1124 – 1134.

[63] Terbojevich M, Cosani A, Muzzarelli R A A. Molecular parameters of chitosans depolymerized with the aid of papain [J]. Carbohydrate Polymers, 1996, 29: 63 – 68.

[64] Yang B Y, Ding Q, Montgomery R. Heterogeneous components of chitosans [J]. Biomacromolecules, 2010, 11: 3167 – 3171.

低盐鱼糕新工艺：鱼糜 pH－shifting 工艺及微波加热胶凝

付湘晋[1,2,3]　李忠海[1,2]　林亲录[1,2]

（1. 中南林业科技大学食品学院，长沙 410004

2. 稻谷及副产物深加工国家工程实验室，中南林业科技大学，长沙 410004）

摘要：随着现代消费者更加注重健康，低盐食品有很好的市场前景。但在低盐鱼糜中，肌球蛋白不能从束丝状聚集态转变成游离态，肌球蛋白之间不能充分相互作用，从而形成的凝胶三维网状结构不明显、凝胶强度低、保水性差。本文开发了一种低盐鱼糕（1% NaCl，w/w）加工的新工艺：先采用 pH－shifting 法获得鱼糜，使肌球蛋白束解聚，再采用微波加热使鱼糜胶凝。结果表明，这一新工艺能显著提高低盐鱼糕的质量，破裂强度从（424.6±20.1）g 提高到（654.4±18.6）g，破裂时凹陷深度从（0.96±0.03）cm 提高到（1.15±0.02）cm。与传统水洗鱼糜－水浴加热低盐鱼糕相比，新工艺低盐鱼糕中蛋白质分子发生了更多交联，微波加热抑制了鱼糕蛋白降解，pH－shifting 工艺有助于低盐鱼糕形成三维网状超微结构，微波加热使凝胶网状结构的孔壁变厚。

关键词：白鲢鱼；pH－shifting；微波加热；低盐鱼糕；凝胶强度

1 引言

胶凝性是鱼糜最重要的功能特性。肌球蛋白是鱼糜中最主要的热致胶凝蛋白，肌球蛋白盐促溶出是鱼糜形成高质量凝胶的前提条件[1]。肌球蛋白（myosin）形如豆芽，分为头和杆两部分；在肌肉中，上千个肌球蛋白平行排列形成肌球蛋白束（即粗肌丝）[见图 1（a）]。肌球蛋白是盐溶性蛋白，加盐（一般需要添加 3%，w/w）斩拌时，肌球蛋白在高离子强度下因为静电斥力解聚，从图 1（a）的丝束状转变成[图 1（b）]中所示的游离态，然后在加热过程中胶凝。肌球蛋白在 40℃左右开始变性聚集，首先是头部相互作用形成聚集体[图 1（c）]；然后在 50～60℃时，尾部变性互相连接，并使聚集体变大[图 1（d）]；继续加热，聚集体之间通过疏水相互作用和静电作用进一步交联成三维网状结构[图 1（e）][2]，形成鱼糕。

作者简介：付湘晋（1980—），男，讲师，博士，主要从事水产品加工研究。Email：yangtzfu@yahoo.com.cn

通信作者：付湘晋，湖南长沙韶山南路 498 号，中南林业科技大学食品学院。E-mail：yangtzfu@yahoo.com.cn

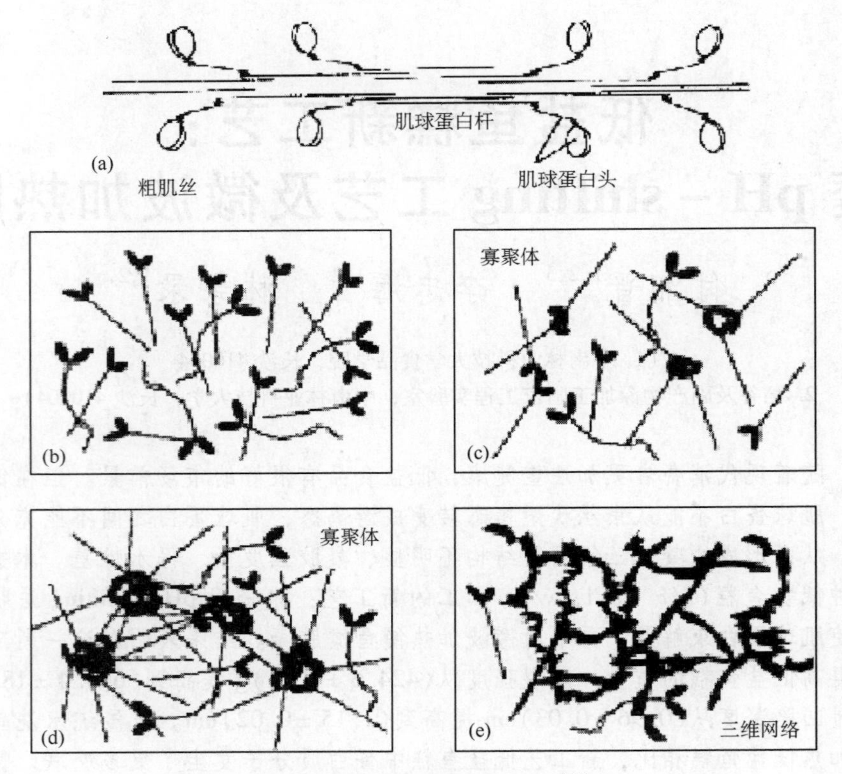

图1 肌球蛋白热致胶凝过程[2]

随着现代消费者更加注重健康，低盐食品有更好的市场前景，因为降低盐的摄入量能预防及控制高血压[3]。但在低盐鱼糜中，肌球蛋白不能从丝状结合态转变成游离态，肌球蛋白之间不能充分相互作用，从而形成的凝胶三维网状结构不明显、凝胶强度低、持水性差。如果能采用其他方法使肌球蛋白解聚溶出，就能改善低盐鱼糜的凝胶特性。有报道称超高压可以解聚肌球蛋白束并且提高其溶解性[4]，也有报道称高压处理可以改善低盐鱼糜的凝胶特性[5]。

我们在前期研究中发现[6~8]，pH－shifting 处理以及微波加热也能达到使肌球蛋白束解聚，所以，本文开发了一种低盐鱼糕加工的新工艺：先采用 pH－shifting 法获得鱼糜，再采用微波加热使鱼糜胶凝。采用微波加热还具有加热速度快的优点，可以使组织蛋白酶快速失活，避免凝胶劣化，进一步提高鱼糕质量。

2 实验材料与方法

2.1 实验材料、主要试剂

白鲢鱼：当地农贸市场购买。试剂为国产分析纯，购自国药试剂。

2.2 主要仪器

4K－15 冷冻离心机，德国 SIGMA 公司；Mini PROTEAN II 电泳仪，美国 Bio－Rad 公

司；JP－P WSC－5 自动测色色差计，上海申光有限公司；微波炉，格兰仕 G80W23ESL－V9；TA－XT2 质构仪，Stable Micro Systems，UK；AR－1000 流变仪，美国 TA 仪器公司；Quanta－200 扫描电镜，日本日立。

2.3 水洗鱼糜制备

采集鲢鱼白肉，去刺，绞碎（1 cm 左右），加 3 倍体积（v/w）冷水（4℃），用玻棒轻轻搅拌 5 min，用滤布过滤、挤去水分，共洗 3 次。即得水洗鱼糜（water washing surimi，WS），鱼糜存于冰箱冷藏（4℃），2 天内使用[6]。

2.4 鱼糜 pH－shifting 工艺

鲢鱼白肉加 9 倍体积（v/w）蒸馏水（4℃），用匀浆机匀浆（10 000 r/min，30 s），鱼浆缓慢搅拌，同时滴加 2 N NaOH 调整 pH 值，pH 值调到 11.8 后再搅拌 15 min（4℃）；离心（4℃，10 000 g，20 min），去掉沉淀。调上清液 pH 值到 5.5，离心（4℃，10 000 g，20 min）；下层沉淀即为 pH－shifting 工艺鱼糜（pH－shifting surimi，PS）[7]。

2.5 鱼糕加工工艺

鱼糜 WS、PS 添加 1%（w/w）NaCl、0.3%（w/w）多聚磷酸盐、2%（w/w）蔗糖、2%（w/w）山梨醇，调节水分含量至 80%（w/w），斩拌 6 min，其中 PS 鱼糜需要缓慢滴加 1 N NaOH 调整 pH 值到 7.0。20 g 鱼糜填充入小烧杯（$d=25$ mm）中，高度约 30 mm；真空脱气 10 min；杯口封上保鲜膜；加热胶凝[6]。

2.6 水浴加热胶凝

水浴加热胶凝采用 85℃ 水浴加热 30 min。加热结束后，马上用自来水冷却至室温（25℃），4℃静置 24 h，室温平衡 2 h，测定其凝胶性质[6]。

2.7 微波加热胶凝

微波炉的功率中档（15 W/g 鱼糜）。在加热时，样品放置在微波炉转盘（5 r/min）的 1/2 半径处；为防止遽然形成大量水蒸气，破坏凝胶结构，采用间隔加热模式，每次加热 20 s 后停 20 s，凝胶总受热时间 60 s。加热结束后，马上用自来水冷却至室温（25℃），4℃静置 24 h，室温平衡 2 h，测定其性质[6,8]。

2.8 低盐鱼糕性质的测定

鱼糕的凝胶强度、保水性、超微结构的测定按照参考文献进行[6,8]。

TCA－溶解肽含量、蛋白溶解度、总－SH 数目的测定按照参考文献进行[6,8]。

3 结果与讨论

3.1 低盐鱼糕凝胶强度

微波功率和微波时间对凝胶强度的影响见表 1。微波加热低盐鱼糜凝胶的强度都显著高于水浴加热胶凝的凝胶。从表1中可以看出，微波加热胶凝的低盐鱼糕的保水性好于水浴加热胶凝的凝胶(WH)。白鲢鱼鱼糜凝胶的强度随鱼糜配方和胶凝工艺条件不同而有显著差异，如Luo等[9]报道含盐量为3%（w/w)的白鲢鱼鱼糜85℃水浴加热30 min，凝胶强度为828 g·cm，胡永金[10]报道含盐量为3%（w/w)的白鲢鱼鱼糜添加乳酸菌发酵，其凝胶强度为1 192.8 g·cm，但采用微波加热胶凝的低盐凝胶尚未见报道。由表2可知，微波加热低盐鱼糜凝胶的强度显著高于已报道的白鲢鱼鱼糜凝胶，达到海鱼大眼鲷(bigeye)的凝胶强度(2 175 g·cm)[11]。表1的数据表明，凝胶强度、保水性之间呈正相关，这与Uresti的研究结果一致[3]。

表1 低盐鱼糕(1% NaCl, w/w)凝胶强度及保水性

鱼糕	破裂强度/g	凹陷深度/cm	保水性/%
WS－WH	424.6 ± 20.1^{c}	0.96 ± 0.03^{c}	62.3 ± 1.7^{d}
WS－MW	562.2 ± 28.3^{b}	1.11 ± 0.02^{a}	$67.1 \pm 2.1^{b,c}$
PS－WH	515.0 ± 24.2^{b}	1.02 ± 0.02^{b}	66.4 ± 2.0^{c}
PS－MW	654.4 ± 18.6^{a}	1.15 ± 0.02^{a}	$69.5 \pm 1.8^{a,b}$

注：a～c Means ± S. D. 同列中数据的上标不同字母代表有显著差异($P<0.05$)($n=5$)。
WS：水洗鱼糜；PS：pH－shifting鱼糜；WH：水浴加热胶凝；MW：微波加热胶凝。

表2 鱼糜及低盐鱼糕TCA－溶解肽含量、蛋白溶解度、总－SH数目(TSH)

样品	TCA－溶解肽/mg·g^{-1}	蛋白溶解度/g·100 g^{-1}	TSH/mol·10^{-7}g
WS	39.55 ± 0.42^{b}	78.8 ± 2.15^{a}	13.01 ± 0.20^{a}
PS	37.84 ± 0.39^{c}	82.7 ± 2.02^{a}	11.04 ± 0.15^{b}
WS－WH	47.68 ± 1.39^{a}	37.9 ± 1.12^{b}	7.00 ± 0.19^{c}
WS－MW	28.15 ± 0.74^{d}	33.7 ± 0.62^{c}	6.09 ± 0.28^{e}
PS－WH	41.98 ± 0.62^{b}	22.3 ± 1.54^{d}	6.48 ± 0.26^{d}
PS－MW	23.78 ± 0.55^{e}	17.7 ± 0.39^{e}	5.97 ± 0.21^{e}

注：a～e Means ± S. D. 同列中数据的上标不同字母代表有显著差异($P<0.05$)($n=5$)。
WS：水洗鱼糜；PS：pH－shifting鱼糜；WH：水浴加热胶凝；MW：微波加热胶凝。

3.2 鱼糜及低盐鱼糕TCA－溶解肽含量、蛋白溶解度、总－SH数目

水洗鱼糜(WS)与pH－shifting鱼糜(PS)相比，TCA溶解肽的含量和总巯基数目(TSH)均较高，说明鱼糜蛋白在pH－shifting工艺过程中发生了交联，形成了S－S键。TCA溶解肽的含量反映蛋白降解程度[12]。表2表明，水浴加热胶凝的凝胶(WH)其TCA溶解肽含量最高，所以鱼糜蛋白在水浴加热胶凝过程中发生严重降解；微波加热胶凝的凝胶(MW)的TCA溶解肽的含量显著低于水浴加热胶凝的凝胶(WH)；这表明微波加热有效抑制了鱼糜蛋白在胶凝过程中的降解，这可能是因为微波加热时，凝胶升温速度非常快，组织蛋白酶快速失活。据文献报道，微波加热胶凝时，凝胶中心温度在30 s即上升到85℃，40 s以后维持在95℃以上；而水浴加热胶凝时，凝胶中心温度需要720 s，即12 min

才能达到85℃[6, 13]。白鲢鱼属于凝胶质量较差的鱼种[9,14]，主要原因是热稳定组织蛋白酶在热致胶凝过程中使肌原纤维降解，特别是在50～65℃时肌原纤维蛋白的降解非常严重，这也是凝胶劣化(modori)的主要原因。所以，内源的热稳定组织蛋白酶在水浴加热胶凝过程中将严重降解白鲢鱼鱼糜蛋白；而微波加热速度快，温度能迅速越过凝胶劣化区，从而防止蛋白降解造成的凝胶劣化，显著提高凝胶强度。

胶凝后，凝胶的蛋白溶解度显著降低，表明蛋白质分子之间发生了交联，形成了不溶解的大分子。微波加热胶凝的凝胶(MW)的蛋白溶解度显著低于水浴加热胶凝的凝胶(WH)；所以，微波加热胶凝的凝胶中蛋白交联更多，这有利于提高其凝胶强度[8,15]。总－SH数目的变化证明了鱼糜蛋白在胶凝过程中发生了S－S交联，并且微波加热的凝胶(MW)的总－SH数目低于水浴加热凝胶(WH)，说明微波加热使凝胶中生成了更多的S－S键。车永真等也发现，微波加热能增加蛋清蛋白的S－S键，并提高蛋清蛋白凝胶的强度[16]。PS鱼糕(PS－WH、PS－MW)的蛋白溶解度比WS鱼糕(WS－WH、WS－MW)的蛋白溶解度低，说明PS鱼糕凝胶中蛋白交联更多，这可能与内源转谷氨酰氨酶(TGase)有关[11]，因为TGase为水溶性蛋白，在传统水洗工艺中基本被洗去，而在pH－shifting工艺中大多被回收，所以PS中TGase含量要高于WS，TGase在鱼糕加工过程中催化蛋白质中谷氨酰胺残基的γ－酰胺基和赖氨酸的ε－氨基之间进行酰胺基转移反应，形成ε－(γ－谷酰胺)－赖氨酸的异型肽键，使蛋白质分子之间交联增多。

3.3 低盐鱼糕超微结构

低盐鱼糕凝胶超微结构见图2。四种鱼糕的超微结构差异非常明显。水洗鱼糜－水浴加热形成的凝胶(WS－WH)主要是蛋白聚集体以纤维状结构平行排列，pH－shifting鱼糜－水浴加热形成的凝胶(PS－WH)主要是由纤维状蛋白互相缠绕形成网状结构，说明pH－shifting工艺使蛋白聚集体展开，蛋白质分子相互作用形成具有弹性的网状结构。低盐鱼糜凝胶中清晰可见的纤维状蛋白可能是肌球蛋白聚集体，因为肌球蛋白是盐溶性蛋白，在低盐浓度下肌球蛋白质分子互相聚集。造成低盐鱼糜凝胶质量较差的主要原因是肌球蛋白在低盐环境中溶解度很低，形成聚集体，蛋白质分子不能充分展开和相互作用[17]。pH－shifting工艺过程中，蛋白质分子先在极端pH值环境中，由于静电斥力展开，再在中性pH环境中聚集，这种新的聚集状态完全不同于肌原纤维蛋白的束状，而是互相缠绕交叉的三维网状结构，加热胶凝使这种结构固定下来，即形成具有良好性能的凝胶。

微波加热使蛋白质聚集体进一步展开、相互作用，使凝胶网状结构的孔壁变厚，从而进一步改善了低盐鱼糜的凝胶性能。Suvendu[18]在研究大豆蛋白微波加热胶凝时也发现，大豆蛋白质分子在微波高强度加热后展开，体积变大。这可能是因为微波加热比水浴加热强度高很多。

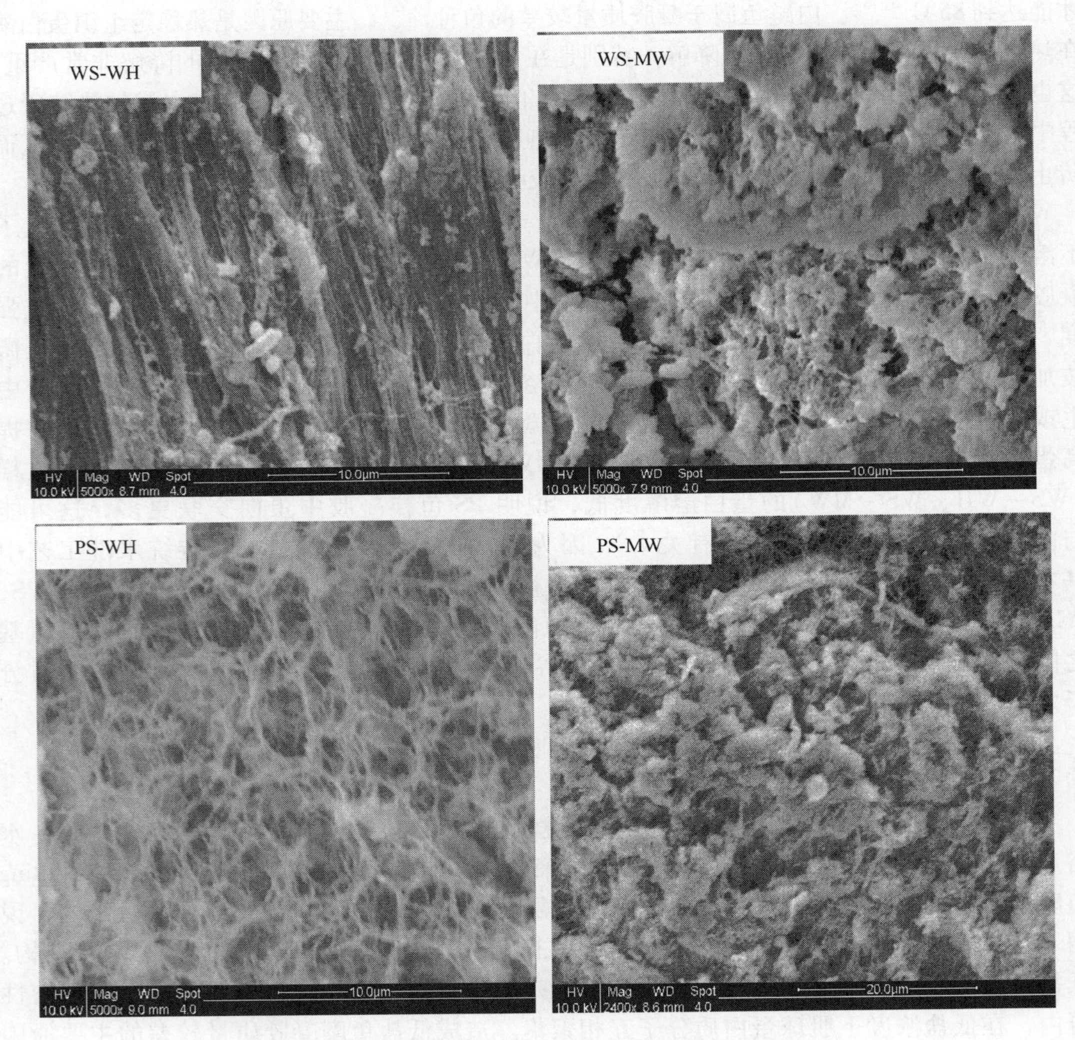

图2　低盐鱼糕(1% NaCl，w/w)超微结构（×5 000）

（WS：水洗鱼糜；PS：pH - shifting 鱼糜；WH：水浴加热胶凝；MW：微波加热胶凝）

4　主要结论

微波加热及 pH - shifting 工艺均能显著改善白鲢鱼低盐鱼糕的凝胶强度，白鲢鱼低盐 pH - shifting(碱法)鱼糜采用微波功率中档(15 W/g 鱼糜)，加热 60 s，所得低盐鱼糕(1% NaCl，w/w)破裂强度达(654.4 ± 18.6)g，破裂时凹陷深度达(1.15 ± 0.02)cm。新工艺低盐鱼糕中蛋白质分子发生了更多的交联，微波加热抑制了鱼糕蛋白降解，水洗鱼糜 - 水浴加热鱼糕主要是蛋白聚集体以纤维状结构平行排列，pH - shifting 鱼糜鱼糕主要是由纤维状蛋白互相缠绕形成网状结构，微波加热使蛋白质聚集体进一步展开、相互作用，使凝胶网状结构的孔壁变厚，从而进一步改善了低盐鱼糜的凝胶性能。

参考文献

[1] Luo Y, Kuwahara R, Kaneniwa M, et al. Comparison of gel properties of surimi from Alaska pollock and three freshwater fish species: effects of thermal processing and protein concentration [J]. Journal of Food Science, 2001, 66(4): 548 - 554.

[2] 徐幸莲. 兔骨骼肌肌球蛋白热诱导凝胶特性及成胶机制研究 [D]. 博士学位论文. 南京：南京农业大学, 2003: 133.

[3] Uresti R M, Tellez - Luis Simon J, Ramirez Jose A, et al. Use of dairy proteins and microbial transglutaminase to obtain low - salt fish products from filleting waste from silver carp (*Hypophthalmichthys molitrix*) [J]. Food chemistry, 2004, 86: 257 - 262.

[4] Angsupanich K, Edde M, Ledward D A. Effect of high pressure on the myofibrillar proteins of cod and turkey-muscle [J]. J. Agric. Food Chem., 1999, 47(1): 92 - 99.

[5] 王苑，朱学伸，周光宏，等. 高压处理对肌原纤维和大豆分离蛋白混合凝胶特性的影响 [J]. 江西农业学报, 2007, 19 (5): 105 - 108.

[6] Xiangjin Fu, Khizar Hayat, Zhonghai Li, et al. Effect of microwave heating on the low - salt gel from silver carp (*Hypophthalmichthys molitrix*) surimi [J]. Food hydrocolloid, 2012, 27(2): 301 - 308.

[7] Xiangjin Fu, Zhonghai Li, Qinlu Lin, et al. Effect of pH - shifting treatment on the Biochemical and thermal properties of myofibril protein [J]. Advanced Materials Research, 2011, 236 - 238, 2231 - 2235.

[8] 付湘晋，许时婴，王璋. 微波加热法制备白鲢鱼低盐鱼糜凝胶 [J]. 中国食品学报, 2010, 10(3): 52 - 57.

[9] Luo Y, Shen H, Pan D, et al. Gel properties of surimi from silver carp (*Hypophthalmichthys molitrix*) as affected by heat treatment and soy protein isolates [J]. Food Hydrocolloids, 2008, 22: 1513 - 1519.

[10] 胡永金. 淡水鱼糜发酵及其凝胶形成机理研究 [D]. 江南大学博士学位论文. 江苏：江南大学, 2007: 77 - 78.

[11] Soottawat Benjakula, Wonnop Visessanguanb, Chakkawat Chantarasuwana. Effect of porcine plasma protein and setting on gel properties of surimi produced from fish caught in Thailand [J]. Lebensm. - Wiss. u. - Technol, 2004, 37: 177 - 185.

[12] Kristinsson H G, Liang Y. Effect of pH - shift processing and surimi processing on Atlantic croaker (*Micropogonias undulates*) muscle proteins. Journal of Food Science, 2006, 71 (5): C304 - C312.

[13] Mao Weijie, Manabu Watanabe, Noboru Sakai. Analysis of temperature distributions in Kamaboko during microwave heating [J]. Journal of Food Engineering, 2005, 71: 187 - 192.

[14] 刘海梅，熊善柏，谢笔钧. 钙离子对白鲢鱼糜热诱导凝胶化的影响 [J]. 食品科学, 2006, 27 (8): 87 - 90.

[15] 孔保华，耿欣，郑冬梅. 加热对鲢鱼糜凝胶特性及二硫键的影响 [J]. 食品工业科技, 2004, 25 (6): 71 - 73.

[16] 车永真，范大明，陆建安，等. 微波法快速提高蛋清粉凝胶强度及其机理的研究 [J]. 食品工业科技, 2008, 29(8): 79 - 81.

[17] Tein M Lim, Jae W Park. Solubility of salmon myosin as affected by conformational changes at various ionic strengths and pH [J]. J. of Food Sci., 1998, 63(2): 215 - 218.

[18] Suvendu Bhattacharya, Rashmi Jena. Gelling behavior of defatted soybean flour dispersions due to microwave treatment: Textural, oscillatory, microstructural and sensory properties [J]. Journal of food engineering, 2007, 78: 1305 - 1314.

生物防腐剂在水产品保鲜中的研究进展

朱丹实　励建荣　冯叙桥　徐永霞

(渤海大学化学化工与食品安全学院，辽宁省食品安全重点实验室，
辽宁省食品贮藏加工及质量安全控制工程技术研究中心，辽宁锦州 121013)

摘要： 本文主要阐述了茶多酚、壳聚糖、乳酸链球菌素、溶菌酶这几种水产中常用的生物保鲜剂的特性及抑菌机理，系统介绍了这些保鲜剂在水产保鲜方面的研究进展和保鲜效果，阐明了复合生物防腐剂的优势及发展前景。

关键词： 生物保鲜剂；水产品；保鲜；研究进展

水产品味道鲜美，营养丰富，深受广大消费者喜爱。我国是水产品进出口大国，2008年我国水产品进出口总量达684.8万t，同比增长4.9%[1]。然而水产品在贮运、销售期间容易氧化、受细菌污染导致腐败变质。随着水产品的国际化流通和人们对其高鲜度、安全性需求的增长，对水产品的保鲜提出了更高的要求。生物防腐剂具有优良的保鲜效果和显著的安全性和专一性，是近年来水产品保鲜领域研究的热点。

1　茶多酚

茶多酚(Tea polyphenols)是茶叶中主要的生理活性物质，是一种多羟基酚类物质，约占茶叶干重的20%～30%。研究表明，茶多酚具有清除自由基、防止脂类过氧化的作用，是一种天然食品抗氧化剂[2]。茶多酚之所以具有抗氧化性，是由于茶多酚中含有60%～80%的儿茶素类物质，它们都含有两个以上互为邻位的羟基，具有捕获过氧基团的能力，从而显示出抗氧化性。刘焱等研究了天然茶多酚对淡水鱼脂类及蛋白质的影响，结果表明，在鱼糜中添加茶多酚可以明显降低冷藏鱼糜的酸价、过氧化值和TVB－N值，能显著地延缓鱼糜凝胶强度的降低[3]。廖丹等进一步将天然抗氧化剂茶多酚添加到鱼糜中并提取鱼油，通过对鱼油的酸价、过氧化值、丙二醛含量等因素变化的研究，表明茶多酚对冷藏鱼糜具有保鲜效果，可将0.05%茶多酚定为最佳添加量[4]。蓝蔚青等主要研究了冷藏条

基金项目："十二五"国家科技支撑计划(课题编号：2012BAD29B06)；辽宁省教育厅项目"以果胶为基质的生物涂膜保鲜剂的研制及机理研究"(L2010008)

作者简介：朱丹实(1978—)，女，汉族，吉林辽源人，硕士。主要从事果蔬、水产品贮藏加工与质量安全控制方面的研究。E-mail：tjzds@ sina. com

通信作者：励建荣(1964—)，男，博士，教授，博士生导师。主要从事果蔬、水产品贮藏加工与安全控制，食品生物技术等方面的研究。E-mail：lijr6491@ yahoo. com. cn

件下不同浓度的茶多酚保鲜液对带鱼段的保鲜效果，表明茶多酚具有较强的抗氧化作用，采用6 g/L 茶多酚保鲜液浸渍处理带鱼，在第10天其感官品质无显著变化，比对照组延长了至少3天的二级鲜度货架期[5]。范文教等为研究茶多酚对鲢鱼微冻冷藏过程中品质变化的影响，将鲢鱼在0.1%茶多酚溶液中4℃条件下浸泡90 min，沥干后装入塑料托盘用保鲜膜密封，然后立即置于-3℃温度下进行微冻冷藏研究表明，茶多酚在鲢鱼微冻冷藏保鲜过程中能有效地抑制细菌繁殖，减缓脂肪氧化，延缓腐败变质，从而延长鲢鱼保鲜期[6]。励建荣等研究茶多酚在0℃条件下对梅鱼鱼丸的保鲜效果，表明茶多酚具有良好的抗菌作用和抗氧化活性，能有效抑制微生物的生长及延缓脂肪氧化，提高鱼丸的凝胶性能，延长梅鱼鱼丸的货架期，在其添加量为200~300 mg/kg 时保鲜梅鱼丸效果显著[7]。

2 壳聚糖

壳聚糖(Chitosan)是以虾、蟹壳为原料，经稀酸浸泡脱钙，稀碱脱除蛋白质和浓碱脱乙酰化后得到的一种天然高分子化合物[8]。它具有无毒、价廉、高效等优点，是一种极好的天然食品保鲜剂。

宋献周等就几种不同平均分子量的α-壳聚糖对水产品中的几种常见菌(大肠杆菌，金黄色葡萄球菌，枯草杆菌，产气夹膜杆菌)及鱼体表杂菌的抑制作用进行研究，结果表明，供试的各种分子量的α-壳聚糖对这些菌的生长都起到了抑制作用，并且低分子量的α-壳聚糖的抑菌效果优于高分子量的α-壳聚糖，即分子量为1.56×10^4的抑菌作用最强，分子量为7.2×10^5的抑菌作用最弱[9]。吴涛等将壳聚糖应用于白鲢鱼糜制品的保鲜，研究了壳聚糖对鱼丸货架期品质的影响，研究表明鱼丸中添加1%的壳聚糖成分即可有效抑制其脂质氧化与微生物的生长。壳聚糖对鱼丸的保鲜功能取决于其分子量大小，与高分子量的壳聚糖相比，低分子量的壳聚糖具有更强的抗氧化能力，且30万分子量与1万分子量壳聚糖的混合物具有更强的抗菌能力[10]。林毅等以梅鱼鱼丸为材料，通过色差分析、TPA质构分析和环境扫描电镜扫描观察梅鱼鱼丸凝胶的微观结构，评价了在0℃贮藏条件下水溶性壳聚糖对梅鱼鱼丸凝胶特性的影响。实验结果表明：一定添加浓度范围内(添加量0.5%~1.5%)水溶性壳聚糖不会影响鱼丸的色泽，同时可显著提高梅鱼鱼丸的凝胶能力，提高硬度、弹力和咀嚼性，保持弹性、黏着性和凝聚性，并且在此范围内随着水溶性壳聚糖浓度的增加，凝胶强度也随之增加。环境扫描电镜观察结果显示，水溶性壳聚糖能使鱼丸的凝胶更加致密，减少鱼丸凝胶的孔洞和空隙，从而提高梅鱼鱼丸的感官品质[11]。仪淑敏等进一步研究添加不同浓度壳聚糖的梅鱼鱼丸在真空包装条件下0℃贮藏过程中微生物菌相和品质变化，结果表明，添加0.5%壳聚糖可以使梅鱼鱼丸的货架期明显延长，在使其pH值和总挥发性盐基氮明显降低的同时，壳聚糖能显著抑制梅鱼鱼丸中微生物的生长，对其中的优势微生物肠杆菌、假单胞菌、微球菌、葡萄球菌等均能有效抑制($P<0.05$)[12]。谢晶等为了延长带鱼冷藏货架期，以空气包装组为对照，在(4±1)℃冷藏条件下，采用复合生物保鲜剂涂膜及保鲜剂结合气调包装对带鱼进行保鲜试验，可将冷藏带鱼货架期延长至20天，是对照组的5倍，且能较好地维持新鲜带鱼感官品质[13]。

3　乳酸链球菌素

乳酸链球菌素(Nisin)又称乳酸链球菌肽，是以蛋白质原料经过发酵提制的一种多肽抗生素类物质[14]。乳酸链球菌素对大范围的革兰氏阳性($Gram^+$)细菌具有较强的抑制作用，可抑制葡萄球菌、链球菌、微球菌、乳杆菌中的某些菌株及大多数产芽孢梭菌、杆菌以及它们的芽孢[15]。随着研究的深入，人们已经发现Nisin的6种类型，分别为A、B、C、D、E和Z，其中对Nisin A、Nisin Z 2种类型的研究最活跃。Nisin A的一级结构由34个氨基酸组成的多肽，相对分子质量为3 510，活性分子常为二聚体和四聚体[16]。Nisin Z和Nisin A仅在27位氨基酸残基有差别，A为His而Z为Asp。两者的抗菌特性几乎无差别。许多研究表明，Nisin的作用位点主要是细胞膜[17~19]。Palmeri等人对Nisin存在下双层脂膜电流和电势测量后，结果证实了Nisin形成膜通道的能力[17]，细胞质内的小分子和离子通过管道流失，更严重则导致细胞溶解而达到杀菌防腐的目的。

蓝蔚青等研究了冷藏(4±1)℃条件下，不同浓度的Nisin保鲜液对带鱼的保鲜效果。实验结果表明：经Nisin保鲜液处理后的带鱼，在相同的贮藏期内，其pH值、TVB－N值及菌落总数明显低于冷藏对照组，感官值也显著优于未经处理的对照组，可见Nisin可适当延长冷藏带鱼的货架期，其最适浓度为0.5 g/L[20]。焦云鹏对乳酸链球菌素在鱼丸中的应用进行研究，表明乳酸链球菌素在鱼丸中的添加量为0.15 g/kg及0.2 g/kg时防腐保鲜效果较好，鱼丸的滋味、气味、色泽的总体可接受性好[21]。

4　溶菌酶

溶菌酶(Lysozme)又称胞壁质酶或N－乙酸胞壁质聚糖水解酶，具有较强的溶菌作用，广泛存在于鸟类与家禽的蛋清中，对革兰氏阳性菌、好气性孢子形成菌、枯草杆菌、地衣型芽孢杆菌等均有良好的抗菌效果，尤其对溶壁微球菌的溶菌能力最强[22]。溶菌酶的作用机理是专一地作用于肽聚糖分子中N－乙酰胞壁酸与N－乙酰氨基葡萄糖之间的β－1，4糖苷键，从而破坏细菌的细胞壁，使细菌溶解死亡[23]。由于对没有细胞壁的人体细胞不会产生不利影响，因此溶菌酶作为无毒无害的蛋白质，是一种安全性很高的食品杀菌剂。溶菌酶化学性质非常稳定，最适pH值为6~7，温度50℃。在酸性条件下很稳定，pH值为3时能耐100℃加热45 min。利用溶菌酶对水产品进行保鲜，只要把一定浓度的溶菌酶溶液喷洒在水产品上，即可起到防腐保鲜效果。蓝蔚青等研究了冷藏(4±1)℃条件下，不同浓度的溶菌酶对带鱼的保鲜，得到了比较好的抑菌效果。采用0.5 g/L溶菌酶保鲜液浸渍处理带鱼，在第8天其感官品质无显著变化，且比对照组延长了3~4天的二级鲜度货架期[22]。陈舜胜等以对虾、带鱼段、扇贝柱和柔鱼条为试样，采用溶菌酶复合保鲜液在不同条件下进行保鲜处理，在其他条件相同的情况下，可延长这些水产品保鲜期约一倍时间[24]。水产养殖学方面，学者对鱼类血清溶菌酶也有了比较深入的研究。Fernandez的研究表明鱼类溶菌酶的杀菌活性远强于高等脊椎动物溶菌酶[25]，它们的活力还会随着病原的感染或其他胁迫的影响而增强[26]，此外，鱼类溶菌酶还可以作用于革兰阴性菌[27]。目前鱼类溶菌酶多应用在鱼类疾病防御中[28]，由于鱼类溶菌酶的多种优势，可以考虑将鱼类溶菌酶提取并进一步应用于鱼类防腐保鲜方面。

5 复合生物保鲜剂

各种生物防腐剂的抑菌机理及特性均不同，需要针对不同体系选择相应生物防腐剂。孟晓华等在罗非鱼上比较了生姜、大蒜、溶菌酶、Nisin、茶多酚、ε-聚赖氨酸、鱼精蛋白、壳聚糖8种天然生物防腐剂的防腐效果[29]，虽然得出了各防腐剂的较佳防腐浓度，但各种防腐剂对罗非鱼的防腐效果相差较大。根据栅栏技术的原理，将不同种类的防腐剂综合运用，发挥其协同效应，不仅可以增强其抑菌效果，而且可以降低单一防腐剂的使用量，从而减少其对食品品质的影响，提高其应用的安全性[30]。谢晶等为解决南美白对虾易腐易黑变问题，利用植酸、壳聚糖和ε-聚赖氨酸进行复配，得到最佳保鲜剂配比，并在利用该保鲜剂使南美白对虾在(4±1)℃的货架期由原来的3~4天延长至7~8天，细菌总数在第10天才达到5.7 lg(CFU/g)。蓝蔚青等将壳聚糖、溶菌酶和茶多酚进行复配成复合生物保鲜剂，应用于带鱼的冷藏保鲜，能有效抑制带鱼冷藏过程中的脂肪氧化，延缓细菌总数和TVB-N含量的升高，冷藏货架期由2~3天延长至13~15天，保鲜效果和产品质量大大优于使用单一的生物保鲜剂[31]。

由于目前还没有任何一种食品防腐剂能够单独有效地抑制和杀灭所有微生物而能安全地使用于所有食品中，因此复合生物保鲜剂将继续成为研究的热点。

参考文献

[1] 赵海鹏，谢晶．生物保鲜剂在水产品保鲜中的应用[J]．吉林农业科学，2009，34(4)：60-64.

[2] 蒋兰宏，周友亚．茶多酚作为抗氧化剂在鱼肉中的应用[J]．河北师范大学学报(自然科学版)，2003，27(6)：606-607.

[3] 刘焱，娄爱华，丁玉珍，等．茶多酚对淡水鱼糜脂类及蛋白质的影响[J]．食品工业科技，2009，30(7)：291-293.

[4] 廖丹，朱旗，刘焱，等．茶多酚对淡水鱼肉保鲜作用的研究[J]．茶叶通讯，2009，36(3)：3-5.

[5] 蓝蔚青，谢晶，赵海鹏，等．茶多酚对冷藏带鱼保鲜效果的比较研究[J]．湖北农业科学，2010，49(1)：159-161.

[6] 范文教，孙俊秀，陈云川，等．茶多酚对鲢鱼微冻冷藏保鲜的影响[J]．农业工程学报，2009，25(2)：294-297.

[7] 励建荣，林毅，朱军莉，等．茶多酚对梅鱼鱼丸保鲜效果的研究[J]．中国食品学报，2009，9(6)：128-132.

[8] 汪秋安．天然食品保鲜剂及其应用[J]．江苏食品与发酵，2000，9(102)：36-38.

[9] 宋献周，沈月新．不同平均分子量的α-壳聚糖的抑菌作用[J]．上海水产大学学报，2000，9(2)：138-141.

[10] 吴涛，冯武，茅林春．不同分子量壳聚糖对白鲢鱼丸货架期品质的影响[J]．湖北农业科学，2009，48(11)：2811-2815.

[11] 林毅，仪淑敏，励建荣，等．水溶性壳聚糖对梅鱼鱼丸贮藏过程中凝胶特性的影响[J]．食品工业科技，2010，31(1)：333-339.

[12] 仪淑敏，朱军莉，励建荣，等．壳聚糖对梅鱼鱼丸微生物菌群和品质的影响[J]．食品科学，2011，32(5)：128-131.

[13] 谢晶，杨胜平．生物保鲜剂结合气调包装对带鱼冷藏货架期的影响[J]．农业工程学报，2011，27(1)：376－382.
[14] 田文利，吴琼，吕红线．乳酸链球菌素(Nisin)的研究进展[J]．食品工业科技，2000(3)：28－30.
[15] 李红缨，杨辉荣，欧国勇．安全高效的新型食品保存剂的研究进展[J]．江苏化工，2001，29(4)：18－22.
[16] Harry S R, Jorg W M. Structure and Biological Activity of Chemically Modified Nisin A Species[J]. Eur. J. Biochem, 1996, 241：716－722.
[17] Palmeri A, Pepe I M. Channel－formation activity of the lantibiotic nisin on bilayer lipid membranes[J]. Thin Solid Films, 1996, 284：822－824.
[18] Chan W C, Dodd H M, Horn N. Structure－activity relationships in the peptide antibiotic nisin：role of dehydroalanine 5[J]. Applied and Environmental Microbiology, 1996, 62(8)：2966－2969.
[19] Cindy V K, Eefjan B. Influence of Charge Differences in the C－Terminal Part of Nisin on Antimicrobial Activity and Signaling Capacity[J]. Eur. J. Biochem, 1997, 247：114－120.
[20] 蓝蔚青，谢晶，杨胜平，等．Nisin生物保鲜剂对冷藏带鱼的保鲜效果研究[J]．天然产物研究与开发，2010，22：683－686.
[21] 焦云鹏．乳酸链球菌素在鱼丸中的应用研究[J]．中国调味品，2009，34(11)：67－69.
[22] 蓝蔚青，谢晶．溶菌酶对带鱼冷藏保鲜效果的影响[J]．湖南农业科学，2010(17)：114－117.
[23] 杨华，娄永江，莫意平．酶在水产品保鲜中的应用[J]．齐鲁渔业，2004，21(10)：48－49.
[24] 陈舜胜，彭云生，严伯奋．溶菌酶复合保鲜剂对水产品的保鲜作用[J]．水产学报，2001，25(3)：254－259.
[25] Fernandez－Trujillom A, Bejar J, Gallardo J B. Molecular cloning and characterization of C－type lysozyme from Senegalese sole (Solea senegalensis)[J]. Aquaculture, 2007, 272(Suppl1)：255.
[26] Nakayama A, Kurokaw a Y, Harino H, et al. Effects of tributyltin on the immune system of Japanese flounder(Paralichthys olivaceus)[J]. A quat Toxicol, 2007, 83：126－133.
[27] Grinde B A. lysozyme isolated from rainbow troutacts onmastitis pathogens[J]. FEM S Microbiol Let, 1989, 60：179－182.
[28] 唐啸尘，丁燏．美国红鱼血清溶菌酶性质及其应用[J]．渔业现代化，2008，35(4)：51－54.
[29] 孟晓华，胡楚婷，许琪琦，等．几种天然生物防腐剂对生鲜罗非鱼片防腐效果研究[J]．农产品加工·学刊，2012(3)：51－54.
[30] 杨胜平，谢晶．冰温结合生物保鲜剂技术在水产品保鲜中的应用[J]．安徽农业科学，2009，37(22)：10664－10666.
[31] 蓝蔚青，谢晶．壳聚糖复合生物保鲜剂对冷藏带鱼保鲜效果的优化配比[J]．福建农林大学学报(自然科学版)，2011，40(3)：311－317.

冷冻处理对
风干蒙古红鲌腌制和干燥特性的影响

李慧兰[1,2]　杨杰静[1,2]　刘友明[2]　熊善柏[1,2]

（1. 华中农业大学 食品科技学院，湖北 武汉 430070；
2. 国家大宗淡水鱼加工技术研发分中心，湖北 武汉 430070）

摘要：以蒙古红鲌为材料，研究了冷冻处理对风干蒙古红鲌微观结构、腌制和干燥特性的影响。结果表明：冷冻处理使鱼肉肌纤维束之间形成空隙及部分肌纤维束断裂。在6%盐浓度，15℃下腌制，在腌制过程中冷冻处理鱼肉的氯化钠渗入量比未冷冻处理肌肉高0.58%，冷冻处理盐卤中氨基态氮和可溶性蛋白渗出量比未冷冻处理低。在温度15℃，相对湿度30%，风速2.5 m/s条件下干燥，含水量从76%干燥到45%时，冷冻处理组与未冷冻处理组相比，干燥时间缩短8 h，干燥能耗降低16%。冷冻处理减小了鱼肉腌制和干燥过程中盐分和水分迁移的阻力，冷冻处理可用于风干蒙古红鲌的加工。

关键词：蒙古红鲌；冷冻处理；微观结构；腌制；干燥

蒙古红鲌（*Erythroculter mongolicus*）俗称红梢子，红尾鱼，隶属鲤科、鳊亚科、红鲌属[1]，蒙古红鲌含有丰富的蛋白质、氨基酸、不饱和脂肪酸，是一种高蛋白低脂肪的鱼类[2]，该鱼肉细嫩，味道鲜美，是湖北省梁子湖地区的特色鱼类。风干蒙古红鲌是家庭、宴席、野炊和馈赠之佳品。

蒙古红鲌有很强的季节性，将旺季捕获的蒙古红鲌先冷冻处理，再进行腌制、干燥等工序，制成风干鱼制品，可以解决旺季供应过剩、淡季供应不足的问题。冷冻处理是水产品重要的贮藏方式之一，虽然冷冻处理会使鱼类鲜度下降，降低商品价值，但可以调节水产品生产季节的影响，是鱼类生产销售中用来调节市场供求的常用方法。冷冻处理后的水产品经进一步腌制、干燥加工制作成风干鱼，不仅可以提高其贮藏期，还可以提高其附加值。目前对冻藏的研究很多，大多集中在冷冻速率[3,4]、冷冻温度[5]、新的冷冻方式[6]及冻藏与畜肉持水性的关系等[7,8]。本文以蒙古红鲌为原料，主要研究了冷冻处理对其微观组织结构、腌制和干燥特性的影响，为调节蒙古红鲌的不同季节供应提供理论指导。

基金项目：湖北省研究与开发项目（2009BBB011）；湖北省自然科学基金重点项目（2009CDA113）

作者简介：李慧兰（1988—），女，硕士研究生，研究方向为水产品加工与贮藏。E-mail：huilanli123@163.com

通信作者：刘友明，博士，研究员，主要从事淡水产品加工。E-mail：lym@mail.hzau.edu.cn

1　材料与方法

1.1　试验材料

蒙古红鲌(*Erythroculter mongolicus*)：由湖北省鄂州市梁子湖绿色水产品开发贸易中心提供(于3月份捕获)，尾重500 g左右；长31~33 cm；宽7.5~8.5 cm；厚2.0~3.0 cm。

考马斯亮蓝G-250，AR，Sanland Chemical Co. LTD；氯化钠，硝酸银，铬酸钾，茚三酮，苏木素，伊红，戊二醛，俄酸，乙醇，均为国产分析纯。

全自动热风干燥试验箱，QYH-1500A型，东莞市企业设备制造厂；可见分光光度计，722S型，上海精密科学仪器有限公司；显微成像系统，LEICA DME型，上海徕卡显微系统有限公司；超薄切片机，LeicaUC6/FC6，德国Leica仪器有限公司；显微镜，TZ-E型，江南光电集团控股有限公司；扫描电子显微镜，JSM-6390 PLV型，日本JEOL公司。

1.2　试验方法

1.2.1　原料处理方法

将蒙古红鲌宰杀，从背部剖开，去内脏，清洗沥干。

1.2.2　冷冻处理蒙古红鲌的腌制

将宰杀并清洗血水的蒙古红鲌在-18℃冰箱中冷冻处理30 d，接着在4℃冰箱进行完全解冻，然后将整条鱼腌制，将冷冻处理和未冷冻处理蒙古红鲌分别置于6%的氯化钠溶液里，15℃下腌制5 h[9]，间隔1h取样，测定鱼肉中氯化钠含量和盐卤中的可溶蛋白含量、氨基态氮含量，均取3次平行。

1.2.3　冷冻处理蒙古红鲌的干燥

将冷冻处理和未冷冻处理对照组约3 kg左右蒙古红鲌经过完全相同的腌制工艺后放置于相同的条件下：温度15℃，相对湿度30%，风速2.5 m/s干燥[10]，比较两组的干燥速率及消耗电能多少。两者的能耗情况由记录热风干燥箱上电功率表得出，电功率表所测定为整个干燥箱运行时各个部件所消耗电能的总和。

1.2.4　微观结构的测定方法

取蒙古红鲌大小相同且部位相同的鱼肉，对未冷冻处理蒙古红鲌及-18℃冷冻处理30 d的蒙古红鲌做HE染色切片，然后在放大40倍的显微镜下观察其组织切片，使用相差显微镜拍照观察其变化。具体参考翁秀琴[11]的方法。

1.3　理化成分的检测

水分含量测定：采用105℃常压烘干法[12]；

氯化钠含量测定：硝酸银滴定法[12]；

可溶性蛋白质含量测定：考马斯亮蓝G-250比色法[12]；

氨基态氮含量测定：水合茚三酮比色法[12]。

1.4 数据分析方法

采用 SAS 8.1 和 Excel 2003 软件进行数据处理及统计分析[13]。

2 结果与分析

2.1 冷冻处理对蒙古红鲌肌肉微观结构的影响

图 1 中(a)、(b)分别为未冷冻处理鱼肉的横切面和纵切面，图 1 中(c)、(d)分别为冷冻处理鱼肉的横切面和纵切面。其中未冷冻处理鱼肉的切片的特点为横切面(a)的肌纤维束切面排列规则而紧密，纵切面(b)肌束与肌束之间排列紧密，略微有少许空隙。与未冷冻处理鱼肉的切片相比，冷冻处理鱼肉的组织切片中肌纤维束与肌纤维束之间有明显的空隙，从其纵切面(d)来看，有部分肌纤维束断裂的现象，说明冷冻处理对组织结构有一定的破坏作用，增加了肌纤维束之间的小空隙。有关学者研究发现三种淡水鱼肌肉组织在冷冻处理过程中会发生裂变，肌浆网体变形，肌原纤维中产生大量空泡[14]，分析其原因可能是鱼肉中水分在冷冻处理过程中逐渐聚集长大，出现了重结晶，导致组织中大冰晶数目增加，致使肌纤维束受压聚集收缩，局部断裂，同时被冰晶相隔，形成空隙[15,16]。冻结速度会影响形成冰晶的大小，较慢的冻结过程可导致细胞的收缩和较大的细胞外冰晶的形成，这些冰晶诱导了肌肉组织的变形，导致肌纤维的聚集[17]。同时冷冻处理温度的波动，会使冻结鱼类微细的冰结晶遭到破坏[15]。

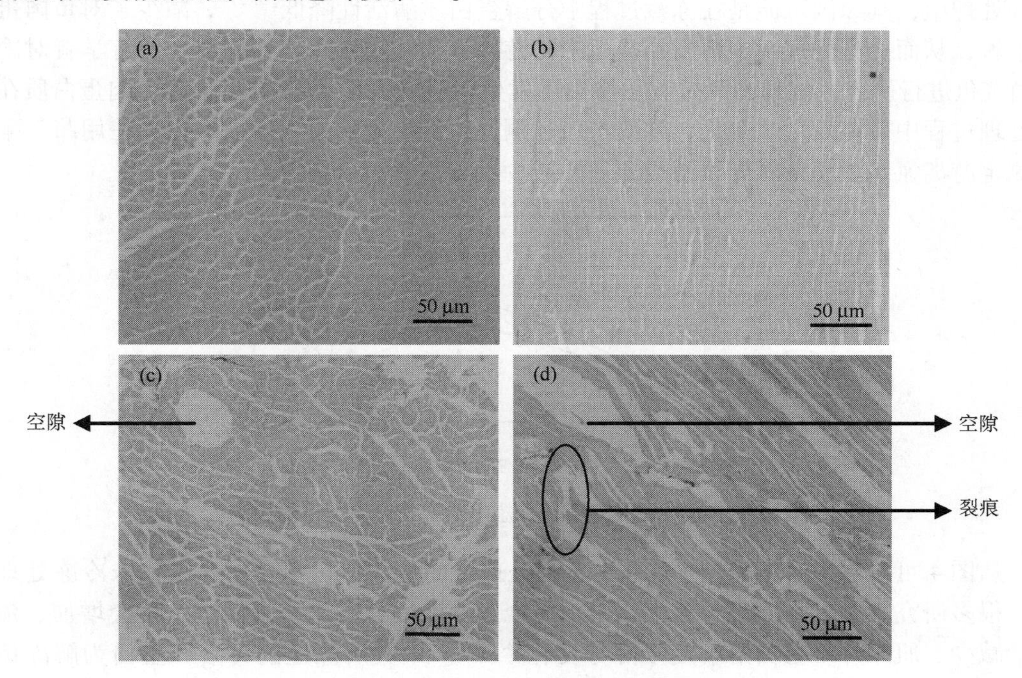

图 1 不同处理蒙古红鲌背部组织染色切片

(a)未冷冻处理背部横切；(b)未冷冻处理背部纵切；(c)冷冻处理背部横切；(d)冷冻处理背部纵切

2.2 冷冻处理对蒙古红鲌腌制过程的影响

图2至图4分别是冷冻处理对鱼肉中氯化钠含量、盐卤中游离氨基酸含量、盐卤中可溶性蛋白含量的影响。从图2中可以看出，在腌制过程中冷冻处理组鱼肉氯化钠含量均高于未冷冻处理组，在腌制前期，鱼肉中氯化钠含量逐渐增加，3 h过后氯化钠含量趋于稳定。在相同的腌制条件下，冷冻处理组均比未冷冻处理组具有较高的氯化钠含量，其原因可能是冷冻处理过程中部分肌纤维束断裂、肌纤维束之间出现空隙，降低了物质迁移的阻力，从而加速了氯化钠的扩散。腌制过程中氯化钠含量先增加后基本保持不变，原因是随着腌制的进行，食盐渗透速率越来越小，直到趋于零，食盐浓度在鱼体内达到了平衡[18]。

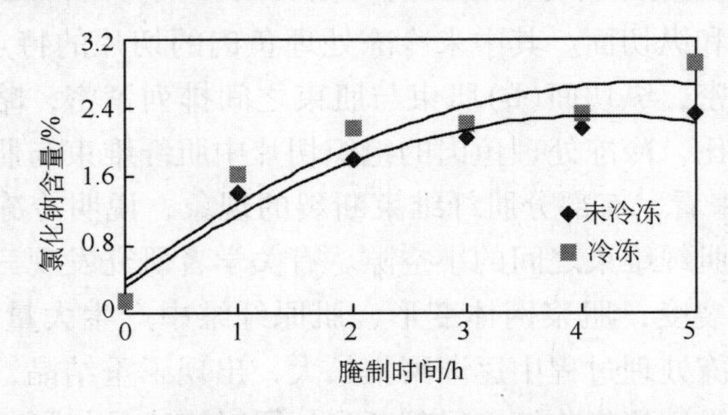

图2 冷冻处理对腌制过程鱼肉中氯化钠含量的影响

鱼在腌制过程中，肌肉会产生可溶性成分的溶出。溶出成分中氮化物主要成分是蛋白质和氨基酸[19]。从图3中可以看出腌制过程中未冷冻处理组的盐卤中氨基态氮总量高于冷冻处理组，其原因可能是在冻藏过程中分解蛋白质酶活性降低[20,21]，减少了对鱼肉蛋白的水解，从而冷冻处理组中溶出到盐卤中的游离氨基酸较未冷冻处理组少。有学者对冷藏的竹筴鱼进行研究，发现冷藏过程中蛋白质发生明显的氧化[22]。这里推测鱼肉蛋白质在冷冻处理过程中可能发生了氧化，导致与茚三酮发生反应显色的羰基被氧化，在用茚三酮比色测定游离氮基酸总量时导致游离氨基酸减少。

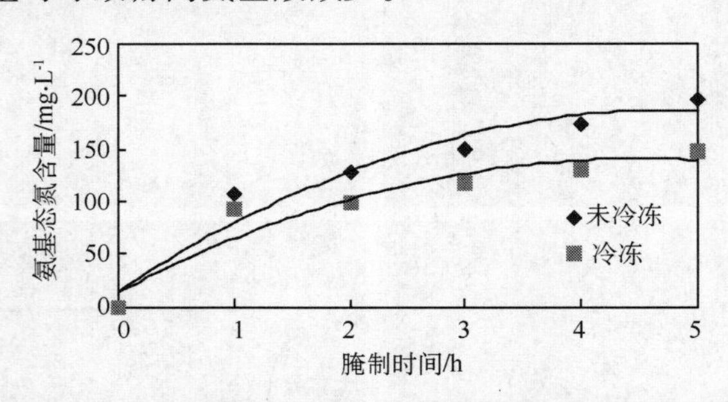

图3 冷冻处理对腌制过程盐卤中氨基态氮含量的影响

从图4可以看出，在腌制前4 h内冷冻处理组的盐卤中可溶蛋白含量较未冷冻处理组低。很多研究表明，在冻藏过程中，蛋白质会发生变性，蛋白质表面疏水性会增加、巯基含量减少、肌原纤维蛋白溶解度下降等变化[23~25]。本文所测定的可溶性蛋白为解冻鱼肉腌制所得盐卤中的可溶性蛋白含量，冷冻处理鱼肉盐卤中可溶蛋白偏低，这也从另一方面说明了冻藏的鱼肌肉蛋白质溶解度降低，从而导致盐卤中可溶蛋白含量降低。

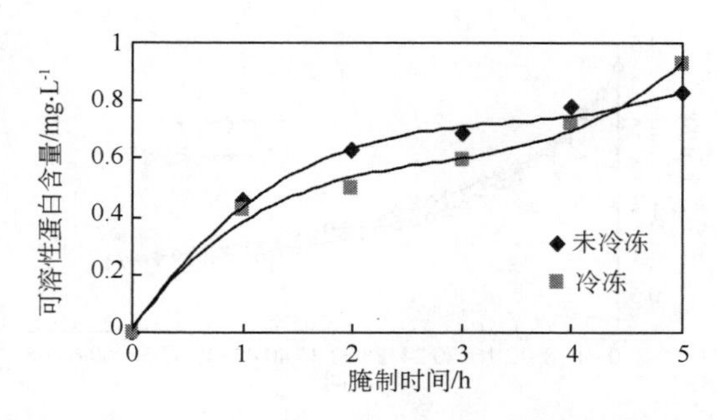

图 4 冷冻处理对腌制过程盐卤中可溶性蛋白含量的影响

表 1 为冷冻处理对鱼肉中氯化钠及盐卤中可溶性蛋白、氨基态氮含量影响的方差分析结果。从表 1 中可以看出除了第 2 h 外，冷冻处理对腌制过程中鱼肉氯化钠的含量均有显著性影响($P<0.05$)。在整个腌制进程中除了第 3 h、4 h 外，冷冻处理对盐卤中氨基态氮含量均有显著性影响($P<0.05$)。腌制的第 2 h、4 h、5 h，冷冻处理对盐卤中可溶蛋白含量均有显著性影响($P<0.05$)。

表 1 冷冻处理对鱼肉中氯化钠及盐卤中可溶性蛋白和氨基态氮影响的方差分析(F/p)

评价指标	腌制时间/h				
	1	2	3	4	5
氯化钠	22.63/0.003	5.18/0.085	11.52/0.027	31.19/0.005	246.27/0.000
可溶性蛋白	0.68/0.457	28.45/0.006	4.48/0.101	8.26/0.045	25.71/0.007
氨基态氮	40.17/0.003	74.70/0.001	2.601/0.177	6.50/0.063	27.76/0.000

注：$P \leqslant 0.01$：极显著影响；$0.01<P \leqslant 0.05$：显著影响；$0.05<P \leqslant 0.1$：有影响。

2.3 冷冻处理对蒙古红鲌干燥过程的影响

表 2 和图 5 分别为冷冻处理组蒙古红鲌和未冷冻处理组蒙古红鲌干燥至相同水分含量的能耗及干燥曲线对比。对干燥数据进行非线性回归分析得干燥模型：

未冷冻处理组蒙古红鲌干燥曲线模型：$Y=2.6634\exp(-0.0213t)$ $R^2=0.9761$ (1)

冷冻处理组蒙古红鲌干燥曲线模型：$Y=2.7074\exp(-0.0255t)$ $R^2=0.9716$ (2)

式中：Y 为干燥过程中每千克绝干料中蒙古红鲌干基水分含量(kg)；t 为干燥时间(h)。

干燥曲线对时间做 1 次微分，得到式(1)、式(2)的干燥速率曲线：

未冷冻处理组蒙古红鲌干燥速率曲线模型：$y=0.05673\exp(-0.0213t)$ (3)

冷冻处理组蒙古红鲌干燥速率曲线模型：$y=0.06903\exp(-0.0255t)$ (4)

由式(3)、式(4)式可知，在相同干燥时间内，冷冻处理组的干燥速率明显高于未冷冻处理组。由表 2 可以看出，相同重量的蒙古红鲌，冷冻处理组由 76.99% 水分干燥至 45.07% 耗时 50 h，未冷冻处理组由 76.37% 干燥至 45.27% 耗时 58 h。在此干燥过程中，冷冻处理组比未冷冻处理组节时 8 h，节能 69.37 kW·h。

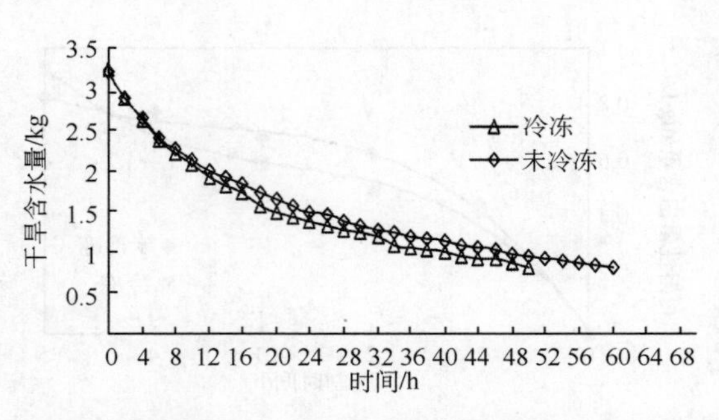

图5 冷冻处理和未冷冻处理蒙古红鲌的干燥曲线

表2 冷冻处理对蒙古红鲌干燥过程中能耗的影响

处理方式	干燥时间/h	物料重量/g	初始水分（湿基/%）	最终水分（湿基/%）	最终盐含量（湿基/%）	消耗电能/kW·h
冷冻处理	50	3000	76.99 ±0.024	45.07 ±0.043	2.91 ±0.026	433.58
未冷冻处理样品	58	3000	76.37 ±0.065	45.27 ±0.023	2.33 ±0.050	502.95

出现这种现象的原因可能与冷冻处理后鱼肉的肌肉组织结构的变化有关，由前述冷冻处理对肌肉微观结构的影响可知(见图1)，冷冻处理后肌肉组织出现了较大的空隙和肌纤维束断裂，降低了水分迁移的阻力。干燥过程中肌纤维束之间会出现裂痕或缝隙作为水分的溢出通道，冷冻处理后鱼肉组织的空隙和裂痕同样可以作为干燥时水分的溢出通道，即可认为冷冻处理后的鱼肉较未冷冻处理鱼肉有更多的水分溢出通道，阻力小，从而提高干燥速率，降低干燥能耗。

3 结论

冷冻处理可以使鱼肉肌纤维束之间形成较多空隙及部分肌纤维束断裂，减小了鱼肉腌制和干燥过程中盐分和水分迁移的阻力，增加了盐分和水分的迁移通道，进一步导致腌制过程中冷冻处理肌肉比未冷冻处理肌肉有更多的氯化钠渗入。由于冷冻过程中蛋白质变性、蛋白质分解酶活降低等，氨基态氮和可溶性蛋白渗出量减少。含水量从76%干燥到45%时，冷冻处理组与未冷冻处理组相比，干燥时间缩短8 h，干燥能耗降低69.37 kW·h。因此冷冻处理可用于风干蒙古红鲌的加工，既可以调节蒙古红鲌不同季节的供应，同时又节省干燥能耗，缩短干燥时间。

参考文献

[1] 李世华．蒙古红鲌生物学特性及其养殖技术[J]．中国水产，2006，10：22－23.

[2] 杨杰静，刘友明，熊善柏，等．梁子湖地区蒙古红鲌肌肉营养成分分析与评价[J]．营养学报，2012，34(2)：199－200.

[3] Ngapo T M，Babare I H，Reynolds J，et al. Freezing rate and frozen storage effects on the ultrastructure of

samples of pork. Meat Science[J]. 1999a, 53(3): 159 - 168.

[4] Ngapo T M, Babare I H, Reynolds J, et al. Freezing and thawing rate effects on drip loss from samples of pork[J]. Meat Science. 1999b, 53(3): 149 - 158.

[5] Mortensen M, Andersen H J, Engelsen S B, et al. Effect of freezing temperature, thawing and cooking rate on water distribution in two pork qualities[J]. Meat Science. 2006, 72(1): 34 - 42.

[6] Martino M N, Otero L, Sanz P D, et al. Size and location of ice crystals in pork frozen by high - pressure - assisted freezing as compared to classical methods[J]. Meat Science, 1998, 50(3): 303 - 313.

[7] 余小领，李学斌，赵良，等．常规冷冻冻藏对猪肉保水性和组织结构的影响[J]. 农业工程学报，2008，24(12)：264 - 268.

[8] Bertram H C, Andersen R H, Andersen H J. Development in myofibrillar water distribution of two pork qualities during 10 - month freeze storage[J]. Meat Science, 2007, 75: 128 - 133.

[9] 谭汝成，赵思明，熊善柏．腌腊鱼主要成分含量对质构特性的影响[J]. 现代食品科技，2006，22(3)：14 - 16.

[10] 谭汝成．腌腊鱼制品生产工艺优化及其对风味影响的研究[D]. 武汉：华中农业大学，2004.

[11] 翁秀琴，沈武成．制作 HE 染色石蜡切片的关键技术[J]. 医药论坛杂志，2005，26(21)：80 - 83.

[12] 韩雅珊．食品化学实验指导[M]. 北京：中国农业大学出版社，1992，25(1)：61 - 64.

[13] 赵思明，程学勋，邵小龙，等．食品科学与工程中的计算机应用[M]. 北京：化学工业出版社，2005.

[14] 曾名湧．几种主要淡水鱼经济鱼类肌肉蛋白质冻结变性机理的研究[D]. 青岛：中国海洋大学，2005.

[15] 金剑雄，贺志军，王文辉．鱼在冷冻处理中的冰结晶与肌纤维变化的研究[J]. 浙江海洋学院学报，2000，19(2)：118 - 120.

[16] Ayala M D, Albors O L, Blanco A, et al. Structural and ultrastructural changes on muscle tissue of sea bass, Dicentrarchus labrax L., after cooking and freezing[J]. Aquaculture, 2005, 250(1 - 2): 215 - 231.

[17] Alizadeh E, Chapleau N, Lamballerie M, et al. Effect of different freezing processes on the microstructure of Atlantic salmon (Salmo salar) fillets[J]. Innovative Food Science and Engineering Technologies, 2007, 8(4): 493 - 499.

[18] 章银良．海鳗腌制加工技术的研究[D]. 无锡：江南大学，2007.

[19] 沈月新．水产食品学[M]. 北京：中国农业出版社，2001：4.

[20] 侯鲁娜，陈学云，聂小华．鲤鱼组织蛋白酶 L 活性的影响因素研究[J]. 食品工业科技，2010，31(11)：75 - 77.

[21] 周国燕，郭堂鹏，张今．牛肉肌原纤维蛋白质生化特性在冻藏过程中的变化[C]//第六届全国食品冷藏链大会论文集. 2008：125 - 128.

[22] Sabeena F K H, Helene D G, Charlotte J. Potato peel extract as a natural antioxidant in chilled storage of minced horse mackerel (Trachurus trachurus): Effect on lipid and protein oxidation[J]. Food Chemistry, 2012, 131(3): 843 - 851.

[23] 周爱梅，曾庆孝，刘欣，等．冷冻鱼糜蛋白在冷冻处理中的物理化学变化及其影响因素[J]. 食品科学，2003，24(3)：153 - 157.

[24] 秦辉．中华绒螯蟹冷冻处理品质的研究[D]. 无锡：江南大学，2008.

[25] 曾名勇，黄海，李八方．鳙肌肉蛋白质生化特性在冷冻处理过程中的变化[J]. 水产学报，2003，27(5)：480 - 485.

茶多酚对黏质沙雷氏菌抑菌机理初步研究

仪淑敏　励建荣　李学鹏　徐永霞　钟克利

（渤海大学食品研究院，辽宁锦州 121013）

摘要： 以黏质沙雷氏菌为研究对象，研究了茶多酚的抑菌作用和抑菌机理。首先通过抑菌实验确定了茶多酚对黏质沙雷氏菌的最小抑菌浓度为 0.037 5%。研究了茶多酚对黏质沙雷氏菌生长曲线的影响。通过茶多酚对碱性磷酸酶和三磷腺苷酶以及细菌总蛋白和膜蛋白影响的研究，结果表明：茶多酚可以降低细菌体内的碱性磷酸酶和三磷腺苷酶，对细菌总蛋白的影响不显著，对细菌膜蛋白影响显著，而进一步应用双向电泳技术研究发现既具有统计学意义又具有量分析意义的差异点共 51 个。证明了茶多酚可使得细菌代谢发生紊乱，破坏细胞结构，从而起到抑菌作用。

关键词： 茶多酚；黏质沙雷氏菌；抑菌机理

茶多酚是从茶叶中提取的多酚类物质，其主要成分为黄烷酮类、花色素类、黄酮醇类、花白素类、酚酸及缩酚酸 6 类化合物，具有较强的抗氧化和抑菌作用，其中表没食子儿茶素没食子酸酯(EGCG)活性最高。茶多酚具有广谱抗菌性，其中细菌对多酚的耐受力决定于细菌的种类和多酚的结构，可以抑制金黄色葡萄球菌、志贺氏菌、霍乱弧菌、空肠弯曲菌、单增李斯特菌等，蜡样芽孢杆菌对其比较敏感，对酵母菌也有较强的抑制作用[1]。

1　材料与方法

1.1　材料

黏质沙雷氏菌 1.1857（ATCC14041）购自中国普通微生物菌种保藏管理中心。超微量 ATP 酶测定试剂盒和碱性磷酸酶（AKP）测定试剂盒均购自南京建成科技有限公司。

基金项目：“十二五”国家科技支撑计划课题（No. 2012BAD29B06）；辽宁省食品安全重点实验室；辽宁省高校重大科技平台；国家自然基金（No. 31071514），辽宁省高等学校创新团队“农（水）产品贮藏加工与安全控制”，辽宁省高等学校攀登学者支持计划“辽西地产特色资源（果蔬、水产等）开发与利用”，辽宁省发改委“辽宁省生鲜农产品贮藏加工及安全控制工程研究中心”

作者简介：仪淑敏(1980—)，女，讲师，博士。研究方向为水产品贮藏加工与质量安全控制方面的研究。E-mail：yishumin@163.com

通信作者：励建荣(1964—)，男，教授，博士。研究方向为水产品和果蔬贮藏加工与质量安全控制方面的研究。E-mail：lijr6491@163.com

GENMED 细菌可溶性总蛋白质制备试剂盒和 GENMED 细菌可溶性总蛋白质制备试剂盒购自上海杰美基因医药科技有限公司。茶多酚（多酚含量 98.36%，其中儿茶素含量 82.31%，EGCG 含量 47.04%）：购自杭州浙大茶叶科技有限公司。

1.2 黏质沙雷氏菌生长特性研究

1.2.1 温度对黏质沙雷氏菌生长的影响

配置 9 mL/管的营养肉汤 18 管，接种后放置到 4℃、10℃、15℃、20℃、25℃、30℃、34℃、37℃、44℃培养箱中，每个温度放 2 管。培养 12 h。倒平板计数法测菌数。

1.2.2 NaCl 浓度对黏质沙雷氏菌生长的影响

分别配制 NaCl 浓度为 0.5%、1.0%、1.5%、2.0%、2.5%、3.0%、3.5%、4.0%、5.0%、6.0%和 7.0%营养肉汤，加热溶解后分装 9 mL/管，每个浓度分装 2 管，121℃灭菌 15 min。接种，摇匀，置于最适温度下培养 8 h。倒平板计数法测菌数。

1.2.3 pH 值对黏质沙雷氏菌生长的影响

配置 9 mL/管的营养肉汤，用 0.1mol/L HCl 和 0.1mol/L NaOH 溶液调 pH 值分别为 2、3、4、5、6、7、8、9，每个水平分装 2 管，121℃灭菌 15 min。接种，摇匀，置于最适温度下培养 8 h。倒平板计数法测菌数。

1.3 茶多酚对黏质沙雷氏菌的抑菌作用

茶多酚对黏质沙雷氏菌的抑菌作用采用牛津杯法[2]。黏质沙雷氏菌接种到营养肉汤中，30℃条件下培养 12 h 后，再用营养肉汤稀释（约 10^6 CFU/mL），取 0.1 mL 菌液均匀扩散到琼脂平板上。然后将不锈钢牛津杯[外径（7.8 ± 0.1）mm，内径（6.0 ± 0.1）mm，高（10.0 ±0.1）mm]轻轻垂直置于带有菌液的平板上，小心平置于培养箱[（30 ± 1）℃]中，培养 8 h 后测定抑菌圈的大小。茶多酚浓度分别为 0.037 5%、0.075%、0.150%、0.300%、0.600%。

1.4 茶多酚对黏质沙雷氏菌生长曲线的影响

接种：以无菌操作，取黏质沙雷氏菌琼脂斜面 18 ~ 24 h 的培养物，在 NaCl 缓冲液中制成菌悬液，适当稀释后使其浓度达到 10^3 ~ 10^4 cfu/mL，取 1 mL 接种于已灭菌的 9 mL（含有 0.075%茶多酚）营养肉汤和不含茶多酚的营养肉汤中，放入 34℃培养箱中培养。每隔一定时间，取 1 mL 营养肉汤，用稀释倒平板法测菌数（每个温度做两个平行）。

1.5 茶多酚对 ATP 酶、AKP 酶的影响

茶多酚对 ATP 酶、AKP 酶的作用按照超微量 ATP 酶测定试剂盒和碱性磷酸酶（AKP）测定试剂盒说明书进行。

1.6 茶多酚对黏质沙雷氏菌蛋白的影响

1.6.1 蛋白质的提取

取黏质沙雷氏菌琼脂斜面 18 ~ 24 h 的培养物，在营养肉汤中制成菌悬液，适当稀释

后，取10 mL接种于90 mL含有0.037 5%茶多酚营养肉汤和不含茶多酚的营养肉汤中，30℃培养8 h后按GENMED细菌可溶性总蛋白质制备试剂盒产品说明书和GENMED细菌可溶性膜蛋白质制备试剂盒产品说明书提取细菌蛋白质。

1.6.2　电泳

对提取黏质沙雷氏菌的总蛋白和膜蛋白进行SDS－PAGE电泳，电泳操作参考文献[3]进行。对膜蛋白进行双向电泳，电泳操作参考文献[4]进行。

2　结果与分析

2.1　黏质沙雷氏菌生长特性研究

2.1.1　温度对细菌生长特性的影响

取相同接种量的细菌测定其在不同温度培养12 h后，用紫外分光光度计测定其不同温度下细菌的OD值(600 nm，图1)。结果显示，黏质沙雷氏菌在4～20℃下生长缓慢，在25～37℃下生长良好，在37℃以上生长缓慢，最适生长温度为37℃。

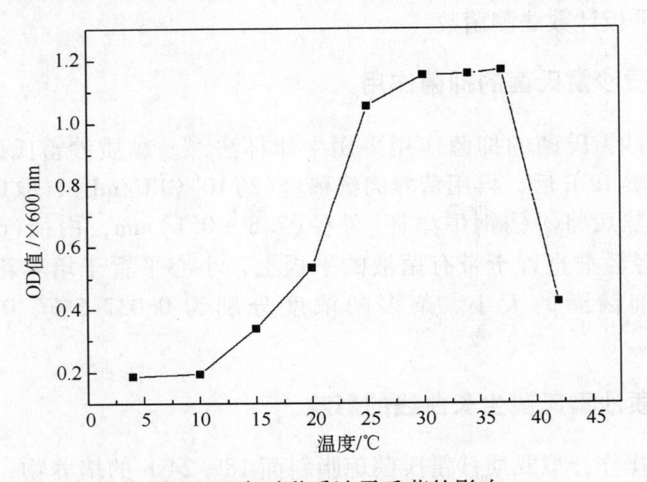

图1　温度对黏质沙雷氏菌的影响

2.1.2　pH值对细菌生长特性的影响

取相同接种量的细菌测定其在不同pH值的营养肉汤中，最适温度下培养12 h后，用紫外分光光度计测定细菌的OD值(600 nm，图2)。黏质沙雷氏菌在pH值2～4下生长缓慢，在pH值4～8下生长良好，在pH值8以上生长缓慢。

2.1.3　盐浓度对细菌生长特性的影响

取相同接种量的细菌测定其在不同NaCl浓度的营养肉汤中，最适温度下培养12 h后，用紫外分光光度计测定细菌的OD值(600 nm，图3)。氯化钠浓度的升高对黏质沙雷氏菌的生长有明显的抑制作用，尤其是当NaCl浓度高于2.5%时黏质沙雷氏菌生长缓慢，是因为高NaCl浓度能形成高渗透压不利细菌的生长，最适生长NaCl浓度为1%。

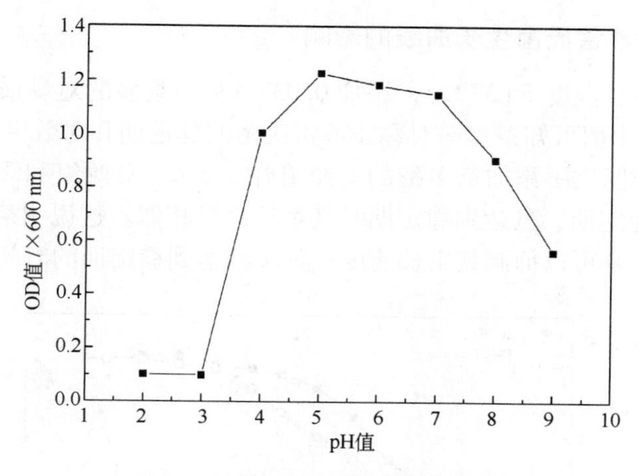

图 2　pH 值对黏质沙雷氏菌的影响

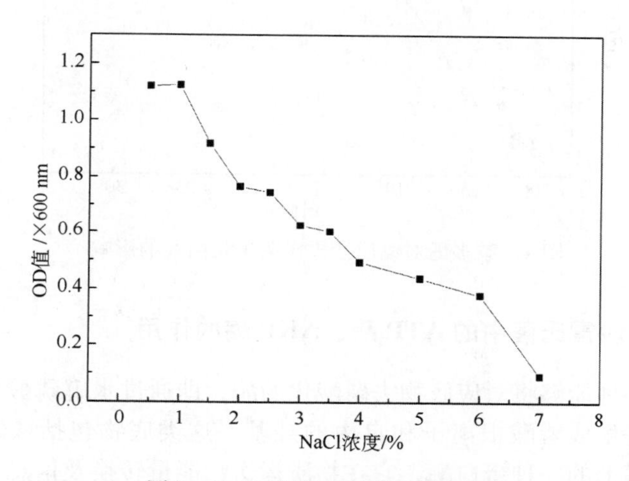

图 3　NaCl 对黏质沙雷氏菌的影响

2.2　茶多酚对黏质沙雷氏菌的抑菌作用

本试验测定了不同浓度的茶多酚对细菌的抑制作用，见表 1。黏质沙雷氏菌属于沙雷氏菌属、肠杆菌科，是沙雷氏菌属的细菌。茶多酚对黏质沙雷氏菌有明显的抑制效果，并且随着茶多酚浓度的增加，其抑菌效果也增强。当茶多酚浓度在 0.037 5% 对黏质沙雷氏菌就有显著抑制作用($P<0.05$)。因为不同的细菌对多酚的耐受力不同，所以茶多酚对不同细菌的抑菌作用不同[5,6]。如仪淑敏[7]等人发现茶多酚浓度在 0.075% 时对铜绿假单胞菌的抑菌作用显著。

表 1　茶多酚对黏质沙雷氏菌的抑制作用

	茶多酚浓度/%				
	0.600	0.300	0.150	0.075	0.037 5
抑菌圈大小/mm	15.12 ±0.231	13.47 ±0.321	13.12 ±0.86	10.85 ±0.29	7.49 ±0.185

2.3 茶多酚对黏质沙雷氏菌生长曲线的影响

研究了在最适生长温度下(37℃)，添加0.037 5%的茶多酚对黏质沙雷氏菌的生长曲线的影响，见图4。由图可知茶多酚对黏质沙雷氏菌的延迟期和对数生长期都有抑制作用，达到稳定期的生长时间比不添加茶多酚的对照组晚2.5 h，对照组和添加茶多酚组生长到27.5 h时均能达到稳定期，且达到稳定期时其生长总量相似。这说明茶多酚虽然不能将黏质沙雷氏菌致死，但是可以抑制其生长速度，延缓其达到稳定期的时间。

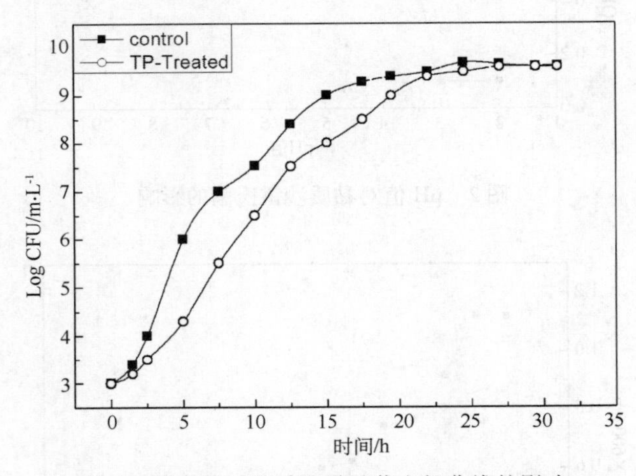

图4 茶多酚对黏质沙雷氏菌生长曲线的影响

2.4 茶多酚对黏质沙雷氏菌中的ATP酶、AKP酶的作用

碱性磷酸酶是一种能够将对应底物去磷酸化的酶，即通过水解磷酸单酯将底物分子上的磷酸基团除去，并生成磷酸根离子和自由的羟基，这类底物包括核酸、蛋白、生物碱等。ATP酶是生物膜上的一种蛋白酶，它在物质运送、能量转换及信息传递方面具有重要的作用。ATP酶是细胞膜标志酶和重要的离子载体。由表2看出茶多酚处理后黏质沙雷氏菌中的AKP酶和ATP酶均显著下降，说明由于茶多酚的加入，黏质沙雷氏菌的细胞膜被破坏。

表2 茶多酚对黏质沙雷氏菌AKP酶和ATP酶的影响

	ATP/u·mg^{-1}	AKP/u·g^{-1}
对照	79.34 ± 3.23	230.31 ± 4.03
茶多酚处理	94.16 ± 3.87	161.43 ± 3.57

2.5 茶多酚对黏质沙雷氏菌蛋白影响

细菌总蛋白提取后，进行SDS-PAGE电泳，茶多酚处理对黏质沙雷氏菌的总蛋白的蛋白条带与对照组均没有显著变化，如图5所示。这说明茶多酚处理虽然可以抑制细菌的生长，但是对细菌的总蛋白影响并不明显。

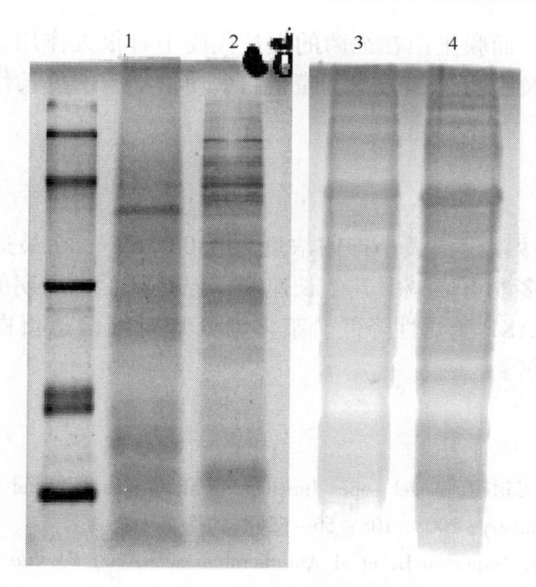

图5 茶多酚处理对细菌总蛋白和膜蛋白影响 SDS－PAGE 图谱

1—黏质沙雷氏菌膜蛋白；2—茶多酚处理后的黏质沙雷氏菌膜蛋白；

3—黏质沙雷氏菌总蛋白；4—茶多酚处理后的黏质沙雷氏菌总蛋白

从图5可以看出，茶多酚对细菌膜蛋白的蛋白条带有显著影响。对细菌的膜蛋白用 13 cm pH 值 3～10 的非线性干制胶条进行等电聚焦，然后进行 SDS 电泳的第二向分离，图6显示了茶多酚对黏质沙雷氏菌膜蛋白双向电泳图谱的对比模式，经软件分析可知，图中展现出表达量上存在差异的具有统计意义的蛋白点共51个。说明茶多酚对黏质沙雷氏

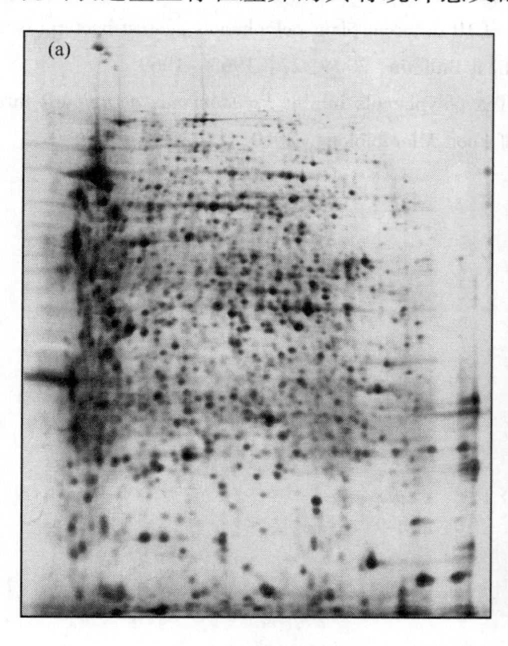

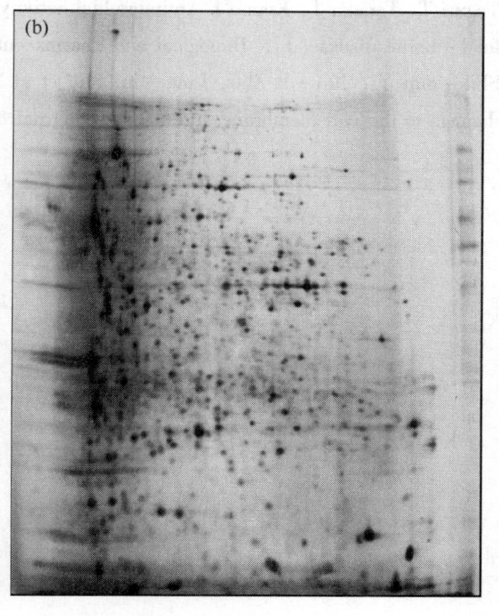

图6 茶多酚处理对黏质沙雷氏菌膜蛋白影响 2－D 图谱

（a）黏质沙雷氏菌膜蛋白；（b）茶多酚处理后的黏质沙雷氏菌膜蛋白

菌的膜蛋白有显著影响，而膜蛋白在细菌的生长代谢中有很大作用，如作为受体、离子通道、离子泵、运载体以及膜酶等，影响了膜蛋白就使得细菌的生长代谢发生紊乱。

3 结论

茶多酚处理对黏质沙雷氏菌最小抑菌浓度为0.037 5%。在最适生长温度下，对细菌生长曲线的研究发现茶多酚可以减缓其生长速度，但是到了稳定期的细菌数量没有显著差异，可使胞内ATP酶、AKP酶活性降低。茶多酚处理对细菌总蛋白的影响不显著，但是对细菌膜蛋白的影响显著。

参考文献

[1] Almajano M Pilar, Rosa Carb J, Angel López Jiménez, et al. Antioxidant and antimicrobial activities of tea infusions[J]. Food Chemistry, 2008, 108: 55 - 63.

[2] Ouoba L I I, Diawara B, Jespersen L, et al. Antimicrobial activity of *Bacillus subtilis* and *Bacillus pumilus* during the fermentation of African locust bean (Parkia biglobosa) for Soumbala production[J]. Journal Applied Microbiology, 2007, 102: 963 - 970.

[3] Porzio M A, Pearson A M. Improved resolution of myofibrillar proteins with sodium dodecyl sulfate - polyacrylamide gel electrophoresis [J]. Biochem Biophys Acta, 1977, 490(1): 27 - 34.

[4] Yan J X, Wait R, Berkelman T, et al. Proteome alterations in human hepatoma cells transfected with antisense epidermal growth factor receptor sequence[J]. Electrophoresis, 2001, 21: 3666 - 3672.

[5] Campos F M, Couto J A, Hogg T A. Influence of phenolic acids on growth and inactivation of *Oenococcus oeni* and *Lactobacillus hilgardii*[J]. Journal of Applied Microbiology, 2003, 94: 167 - 174.

[6] Taguri T, Tanaka T, Kouno I. Antimicrobial activity of 10 different plant polyphenols against bacteria causing food - borne disease[J]. Biological and Pharmaceutical Bulletin, 2004, 27: 1965 - 1969.

[7] Shu - min Yi, Jun - li Zhu, Ling - lin Fu, et al. Tea polyphenols inhibit *Pseudomonas aeruginosa* through damage to the cell membrane. International Journal of Food Microbiology, 2010, 144: 111 - 117.

水产鱼类保鲜技术研究进展

刘剑侠　李婷婷　李学鹏　励建荣

（渤海大学化学化工与食品安全学院，辽宁省食品安全重点实验室，
辽宁省高校重大科技平台“食品贮藏加工及质量安全控制工程技术研究中心”，辽宁锦州 121013）

摘要：水产品保鲜是制约我国水产行业发展的一大难题，而水产鱼类因其肉质松软，含水量高，死后僵直期短，极易腐败变质，其新鲜程度直接决定产品价值以及货架期。由于鲜度对鱼类食用品质及加工适性的巨大影响，保鲜研究就显得尤为重要。综述国内外鱼类保鲜技术，包括冰温保鲜、气调保鲜、超高压保鲜、酶法保鲜等，分别对其优缺点及研究现状进行讨论。重点介绍生物保鲜方法、生物涂膜技术在鱼类保鲜领域的应用，旨在为延长鱼类货架期、提高感官品质提供理论依据。

关键词：鱼类；生物保鲜；进展；货架期；感官品质

水产鱼类具有低脂肪、高蛋白、营养平衡性好的特点，成为风靡全球的健康食品。我国是世界上较大的水产鱼类养殖国和消费国之一，产量逐年增长，在相当长的一段时间内，需求量仍将维持较高水平。但是水产鱼类质量问题，尤其是水产鱼类保鲜问题严重制约了我国水产业的发展。

鱼类的肌肉组织较松软，含水分量高，组织蛋白酶均活性较强，死后僵硬期短，自溶作用迅速发生，很快造成腐败变质；此外鱼体外皮薄，鳞容易脱落，细菌容易从受伤部位侵入，还有鱼体表面被覆盖的黏液，也是细菌良好的培养基，由于细菌的生长繁殖使鱼体迅速腐败变质[1]，因此水产鱼类腐败变质的原因主要是鱼体本身带有的或贮运过程中污染的微生物，在适宜条件下生长繁殖，分解鱼体蛋白质、氨基酸、脂肪等成分产生有异臭味和毒性的物质，致使水产品腐败变质，丧失食用价值[2]。这不仅造成巨大的经济损失，而且威胁到人们的身体健康。

鲜度是决定鱼类的产品价值和货架期的关键因素。随着生活水平的提高，人们对于食用水产品的鲜度要求也越来越高，其新鲜程度成为决定产品价值的最终因素。为了提高鱼

基金项目：“十二五”国家科技支撑计划课题（No. 2012BAD29B06）；辽宁省食品安全重点实验室暨辽宁省高校重大科技平台开放课题（No. LNSAKF2011024）

作者简介：刘剑侠（1987—），女，硕士在读。研究方向：水产品质量安全控制与水产品保鲜。E-mail：liujianxia2011@ yahoo. com. cn

通信作者：励建荣（1964—），男，博士生导师，教授，博士生导师。主要从事水产品和果蔬贮藏加工与质量安全控制方面的研究。E-mail：lijr6491@ yahoo. com. cn

体的新鲜度，延长货架期，国内外做了很多这方面的研究。本文就国内外各种保鲜方法的优劣和研究现状进行论述。

1　低温保鲜

1.1　低温保鲜概述

鱼类的保鲜是以低温保鲜为主，目前较常用的低温保鲜手段有冷冻、微冻以及冰温保鲜等。低温保鲜的原理主要是由于温度是微生物生长繁殖的重要条件，各种微生物的适宜生长温度不同。在较低的温度范围内，当温度稍高于食品的冰点时，微生物的生长繁殖就会大大减弱；当温度低于冰点时，微生物生长繁殖基本停止。而引起鱼类腐败的主要原因就是微生物的生长繁殖，所以低温有利于延长鱼类的货架期，能在较长时间保持水产品的新鲜度。

1.2　国内外研究进展

叶春艳[3]等以鲤鱼为研究对象，结果表明鲤鱼在室温 20℃下存放，肌苷酸含量达到最高值，货架期为 9 h；在冷冻 -18℃下存放 10 d，肌苷酸含量达到了峰值，货架期为 20 d。庄淑恭[4]等用冷冻海水和微冻技术进行海鱼冷冻催眠保鲜。叶振江等[5]对金枪鱼进行冰鲜保藏。陈艳等[6]对鲜活鲫鱼宰杀后进行减菌处理，然后在 4℃下冷藏保鲜。曾名勇[7]等采用微冻法贮藏鲫鱼和鲈鱼，结果表明细菌总数的增长较为缓慢，可维持较低的 TVB-N 和 K 值。陈申如[8]等对经低温盐水冷却后的石斑鱼，在(-3±2)℃条件下进行微冻保藏，其保鲜效果良好，保鲜期长，29 d 仍未腐败。这些手段都在一定程度上减少了鱼体的细菌总数，使其体内指示鲜度的一些指标有所下降，从而延长其货架期。

但低温保鲜的缺陷在于在微冻范围内，温度即使只下降 1℃，也会导致水产品内冰晶数量翻倍，从而导致细胞损伤，降低鱼类的营养价值，而且微冻条件下蛋白质动态变化、变性机理以及影响因素、酶反应情况尚未明确；在冻结过程中，冷冻容易引起蛋白质变性和质构的破坏，而且解冻时汁液流失，对产品风味产生不良影响[9]。因此现阶段低温保鲜一般可与其他保鲜手段结合，利用相互之间的协同效应来延长鱼类的货架期。

2　超高压杀菌

2.1　超高压杀菌概述

超高压保鲜的机理是通过破坏菌体蛋白中的非共价键，使蛋白质高级结构破坏，从而导致蛋白质凝固及酶失活。超高压还可造成菌体细胞膜破裂，使菌体内化学组分产生外流等多种细胞损伤，这些因素综合作用导致了微生物死亡[2]。与加热杀菌比较，超高压杀菌可以较多的保留食品原有的营养成分、风味和性状。

2.2　国内外研究进展

Zare[10]对新鲜金枪鱼的超高压处理研究发现，220 MPa、30 min 的处理可以有效抑制鱼肉蛋白质水解和脂肪氧化，同时减少组胺和挥发性盐基氮的形成，货架期延长了9 d。Ramirez[11]等研究了超高压对金枪鱼的货架期的影响，结果表明经过310 MPa的处理，金枪鱼在4℃和-20℃下分别可保存23 d和93 d以上。

但是，超高压技术对杀灭芽孢效果似乎不太理想。有研究表明在绿茶茶汤中接种耐热细菌芽孢后，采用室温和静水高压处理，不能杀灭这些芽孢。而且以蛋白质为主要成分的鱼肉用超高压处理不是很合适，因为超高压会破坏蛋白质的结构。所以超高压技术主要在藻类这种多纤维食品中使用较多，而且有很好的保鲜效果[12]。另一方面，超高压处理对设备要求较高，需要高投入，从而增加了企业的生产成本，不利于工业化推广。

3 气调保鲜

3.1 气调包装概述

气调包装(modified atmosphere packaging，MAP)是用一种或几种混合气体代替食品包装袋内的空气，抑制产品的腐败，延长食品保鲜期的包装方法。经气调包装的食品，包装袋内初始比例固定的气体会自发地变化或被控制不变[13,14]。研究表明，气调保鲜有抑制细菌腐败、保持鱼肉新鲜色泽和隔绝氧气的三大优点。

3.2 国内外研究进展

裘迪红等[15]研究了0~4℃贮藏条件下，梅童鱼在60% CO_2、20% O_2、20% N_2及60% CO_2、40% N_2混合气体中保鲜，效果明显优于空气对照组，且以60% CO_2、20% O_2、20% N_2配气比例的保鲜效果最佳，其保质期高达20 d。气调条件下沙丁鱼中微生物生长受到抑制，4℃下沙丁鱼在MAP(60% CO_2、40% N_2)、真空包装和空气包装条件下的货架期分别是12 d、9 d和3 d[16]。在(2±0.5)℃条件下，鲭鱼经70% CO_2+30% N_2和空气包装，其对应货架期分别是20~21 d和11 d[17]。Hovda等[18]对气调包装且存放于4℃环境中的大比目鱼进行研究，发现50% CO_2、50% O_2的高氧条件(货架期23 d)优于50% CO_2、50% N_2(20 d货架期)和空气包装(10 d货架期)的气体条件。López-Caballero等[19]研究了60% CO_2、15% O_2、25% N_2和40% CO_2、60% O_2等不同气体组合的无须鳕(1℃)，结果表明：40% CO_2、60% O_2对腐败希瓦氏菌的抑制最强，腐胺和组胺的含量均最低；空气包装组保存15 d时就有强烈的腐败气味，保存3周后空气包装中的腐败希瓦氏菌(10^9 CFU/mL)和TMA(45 mgTMA-N/100 mL)含量均最高。

4 辐照保鲜

4.1 辐照杀菌概述

辐照杀菌(Irradiation Sterilization)主要是利用^{60}Co或^{137}Cs发出的γ-射线，射线在对食品照射过程中会产生直接和间接2种化学效应。直接效应是微生物细胞间质受高能电子射线照射后发生电离和化学作用，使物质形成离子、激发态或分子碎片。间接效应是水分经辐射和发生电离作用而产生各种游离基和过氧化氢，再与细胞内其他物质作用，生成与原始物质不同的化合物。这两种作用会阻碍微生物细胞内的一切活动，导致细胞死亡[20]。辐射加工属于冷加工，不会引起其内部温度的明显增加，易于保持水产品的色、香、味和外观品质；辐射保鲜处理可杀灭水产食品中的沙门氏菌、大肠杆菌等肠道病原菌及其他寄生虫，从而提高水产食品卫生质量，而且成本低，产品附加值高[21]。

4.2 国内外研究进展

国内在水产品辐照杀菌和延长货架期方面开展了很多工作，崔生辉等[22]研究了辐照对鲤鱼的保藏作用，结果显示，2.5 kGy 的辐照使鲤鱼中的细菌总数降低了 4 个数量级。罗继泉等[23]对烹制整形黄河鲤鱼经^{60}Co的 γ 射线 6 ~ 8 kGy 剂量照射，发现微生物指标能达到国家食品卫生标准。陈荣辉等[24]用电子束 10 kGy 剂量辐照熟鲜鱿鱼，不产生辐照味，在常温下可保鲜贮藏 60 d。Su 等[25]的报道以及某公司的辐照生产实践均表明冷冻水产品初始污染菌低于 10^7 cfu/g，使用 5 ~ 6 kGy 辐照处理水产品，可以将其菌落总数控制在 10^4 cfu/g 以下。

5 臭氧杀菌

5.1 臭氧杀菌概述

臭氧杀灭病毒是通过直接破坏 RNA 或 DNA 来完成的；而杀灭细菌、霉菌类微生物则是臭氧首先作用于细胞膜，使细胞膜的构成受到损伤，导致新陈代谢障碍并抑制其生长，臭氧继续渗透破坏膜内组织，直至微生物死亡[26]。臭氧保鲜食品的优势在于臭氧在消毒、杀菌过程中仅产生无毒的氧化物，多余的臭氧最终还原成为氧，不存在残留物，没有任何遗留污染的问题，可直接用于食品的消毒杀菌。

5.2 国内外研究进展

国外方面，早在 20 世纪初期，就开始了臭氧在水产品保鲜中的研究和应用工作。1936 年，Salmon 等[27]发现新鲜的鱼类置于臭氧处理的冰中，其贮藏时间几乎可以延长 2 倍，而用臭氧化水洗涤鱼类可以使贮藏时间延长 5 d。Nelson[28]用臭氧化冰延长阿拉斯加鲑鱼的贮藏期，并以未臭氧化冰组作对照，结果发现臭氧化冰中的鲑鱼细菌总数（94×10^3）仅为对照样品（2.7×10^6）的 3%，而臭氧化冰可以使太平洋鲑鱼的鲜度保持至 6 d 以上，但对照组仅维持了 4 d。Silva 等[29]用臭氧水改善竹筴鱼（*Trachurus trachurus*）的感官质量和减少微生物数量方面取得了良好的效果。目前，国内许多水产品加工厂都已经开始相继采用臭氧杀菌技术。方敏等[30]研究发现臭氧水对鲫鱼、鳊鱼、鲢、鳙 4 种淡水鱼体表均具有良好的杀菌效果。刁石强[31]等采用高浓度臭氧冰对鲜罗非鱼片进行保鲜效果研究，结果表明，使用臭氧含量为 5 mg/kg 的臭氧冰时，降低了挥发性盐基氮的产生，细菌菌落总数减少 82% ~97%，可延长产品的货架保鲜期 3 ~4 d。

6 生物保鲜

6.1 生物保鲜概述

当前由于人们对食品安全的重视越来越多，开发新型的生物保鲜剂代替常规的化学保鲜剂越来越成为水产品保鲜的趋势。生物保鲜剂是指从动植物、微生物中提取的天然的或利用生物工程技术改造而获得的对人体安全的保鲜剂[32]。生物保鲜剂按其来源可分为植物源保鲜剂、动物源保鲜剂、微生物源保鲜剂与酶类保鲜剂等。

6.2 植物源保鲜剂

植物源保鲜剂来源广泛，成本相对较低，应用前景广阔。目前国内外用于水产品保鲜的植物源性生物保鲜剂主要有：蜂胶、茶多酚、丁香提取液、桂皮提取液等。有研究表明，蜂胶乙醇提取液可以减少水产品细菌数。Fan 等[33]研究了在 -3℃的碎冰贮藏时喷淋质量分数0.2%的茶多酚，结果发现，茶多酚能有效地抑制鱼肉内源酶的活性和腐败菌的生长繁殖，明显降低鱼肉的 pH 值和 TVB - N，减缓 ATP 的降解，喷淋茶多酚的白鲢鱼货架期比未喷淋的延长了 7 d，可达到 35 d 之久。Ishihara 等[34]对黄尾鲱鱼在冷冻过程中茶多酚的抗氧化作用进行研究，结果表明，茶多酚添加量为0.2%时，抗氧化作用效果最佳。骆耀平等[35]报道，用脂溶性茶多酚、水溶性茶多酚、乳酸链球菌素、油脂抗氧化剂为主要配方的 4 种保鲜试剂对墨鱼的保鲜作用进行对比，尤以脂溶性茶多酚对墨鱼的保鲜效果最佳。蒋兰宏等[36]以不同浓度的茶多酚溶液浸泡鲜鱼肉，然后贮存于4℃条件下，发现随着茶多酚浓度的增大，鱼体的 TVB - N 值和 pH 值均有不同程度下降。茅林春等[37]研究了茶多酚对鲫鱼微冻贮藏过程中品质的影响，得出茶多酚处理能够明显抑制细菌生长繁殖，降低 TVB - N 和 pH 值，延缓其感官品质的下降。

6.3 动物源保鲜剂

目前国内外用于水产品保鲜的动物源性生物保鲜剂主要有壳聚糖和抗菌肽等。杨文鸽等[38]用质量分数为0.5%的羧甲基壳聚糖溶液保鲜鲫鱼的效果较好。它对大肠杆菌、金黄色葡萄球菌、枯草杆菌3种常见的食品腐败菌都有较强的抑制作用，其中对金黄色葡萄球菌的抑制效果最好。Tsai 等[39]将鱼肉(Oncorhynchus nereka)在1%高脱乙酰度(95% ~ 98%)的壳聚糖溶液中浸泡3 h，可以降低挥发性盐基氮的含量，减少嗜温菌、嗜冷菌、大肠菌、气单胞菌和弧菌的数量，使货架期延长5 ~9 d。然而需要说明的是，壳聚糖确切的抑菌机理至今还不太清楚，壳聚糖保鲜膜涂膜效率低、难干燥、制膜强度差，壳聚糖本身具有的涩味也在一定程度上限制了它在水产品保鲜上的应用范围[40]。

6.4 微生物源保鲜剂

目前国内外用于水产品保鲜的微生物源保鲜剂主要有 Nisin 和双歧杆菌等。Nisin 是由乳酸链球菌产生的一种高效、无毒、安全、营养的生物保鲜剂，能抑制许多引起食品腐败的革兰氏阳性菌的生长和繁殖。有研究发现，在新鲜鱼中添加 Nisin，能很好地抑制产毒菌的生长和产毒。蓝蔚青[41]等研究了(4±1)℃冷藏条件下，经Nisin保鲜液处理后的带鱼，在相同的贮藏期内，其pH值、TVB－N值及菌落总数明显低于冷藏对照组，感官值也显著优于未经处理的对照组。Villamil等[42]将Nisin用于抑制大比目鱼中致病菌的生长，使用312 μg/mL可将表征微生物密度的OD值降低到对照组的一半。Altieric等[43]研究了用双歧杆菌和麝香草酚处理新鲜比目鱼片，将鱼片保存在不同温度(4℃和12℃)和不同气体环境(空气、真空和气调组分)中，研究结果显示，双歧杆菌对鱼类的腐败菌如*Pseudomonas* spp.、*Photobacterium phosphoreum*等有一定的抑制作用，鱼片的货架期延长，而且低温和缺氧环境更能增强双歧杆菌的效果。

6.5　酶类保鲜剂

酶类保鲜剂是利用酶的催化作用，防止或消除外界因素对水产品的不良影响，从而保持水产品的新鲜度。常用的酶有葡萄糖氧化酶、溶菌酶、谷氨酰胺转胺酶、脂肪酶、甘油三酯水解酶等。如葡萄糖氧化酶，在有氧条件下能催化葡萄糖氧化成与其性质完全不同的葡萄糖酸－δ－内酯。该酶对β－D葡萄糖具有高度的专一性，目前作为除葡萄糖剂和脱氧剂，广泛应用于水产品保鲜[13]。利用溶菌酶对水产品进行保鲜，只要把一定浓度的溶菌酶溶液喷洒在水产品上，即可起到防腐保鲜效果[44]。杨华等[45]报道，将水解酶脱去鱼类的部分脂肪，制成脱脂大黄鱼和脱脂鲭鱼，延长鱼产品的保鲜时间。

6.6　复合生物保鲜

单一生物保鲜剂自身的抗菌性各有侧重点，难以发挥高效的抗菌活性。现阶段的研究中已经依据栅栏因子理论将不同功能的生物保鲜剂组合，开发出具有协同效应的复合生物保鲜剂。陈舜胜等[46]将溶菌酶复合保鲜剂用于带鱼、柔鱼等水产品保鲜，有效地抑制了微生物的生长，延长保鲜期达1倍以上。用含溶菌酶的复合保鲜液(溶菌酶0.005%，氯化钠1%～2%，甘氨酸6.0%～8.0%，山梨酸钾0.06%～0.08%，抗坏血酸0.2%～0.5%)浸渍带鱼30 s后冷藏7 d，其TVB－N值为对照组的2/3，而细菌总数则为后者的1/9，抑菌效果非常明显。

生物保鲜技术因其安全、高效、健康、无毒副作用等优点，已成为水产品保鲜技术的研究热点。但其仍存在一些缺点，例如成本较高，在一定程度上限制了推广应用；部分生物保鲜剂会导致食品颜色和风味的改变；国家标准对保鲜剂的用量也有严格要求等。

7　展望

随着人们生活水平的提高，对食用产品质量的要求也越来越高，水产品保鲜技术的研究将得到更快的发展。由于食品安全问题的不断出现，人们追求更加安全的水产鱼类保鲜方式。所以传统的化学保鲜方法将会被摒弃，未来水产鱼类的保鲜将朝着以开发天然无毒无害的保鲜剂为主，结合新型包装及杀菌技术等综合方向发展。尤其是以复合生物保鲜剂为主，结合冰温保鲜、气调保鲜的新型保鲜技术将越来越受到消费者的青睐。而消费者的需求也将不断推动水产保鲜研究的发展和完善。

参考文献

[1] 张惫平．水产品的冷藏保鲜[J]．福建水产，1993(1)：40－46.

[2] Rovere P. Industrial – scale high pressure processing of foods [C]. //Hendrickx M, Knorr D. Ultra High Pressure Treatments of Foods. New York: Kluwer Academic, 2001: 251 – 268.

[3] 叶春艳，刘志平．松花江鲤鱼肌肉肌苷酸含量和鱼肉保鲜时间的研究[J]．水产科学，1996，14(5)：15－17.

[4] 庄淑恭．海鱼冷冻催眠保鲜新技术[J]．广东科技，1997(1)：15－16.

[5] 叶振江，高天翔，高志军．金枪鱼延绳钓鱼体保鲜技术的初步研究[J]．海洋湖沼通报，2002(4)：68－72.

[6] 陈艳，卢晓黎，雷鸣，等．减菌化预处理对鲜鱼冷藏保鲜的影响[J]．食品科学，2003，24(1)：135－139.

[7] 曾名勇．黄海鲈鱼在微冻保鲜过程中的质量变化[J]．中国水产科学，2001，8(4)：67－69.

[8] 陈申如，洪冬英．石斑鱼的低温盐水微冻保鲜[J]．渔业现代化，1996(2)：26－29.

[9] 李学鹏，励建荣，等．冷杀菌技术在水产品贮藏与加工中的应用[J]．食品研究与开发，2011，32(6)：173－179.

[10] Zare Z. High pressure processing of fresh tuna fish and its effects on shelf life [D]. Canada: Department of Foodscience and Agricultural Chemistry Macdonald Campus of McGill University, 2004: 59 – 91.

[11] Ramirez Suarez J C, Morrissey M T. Effect of High pressure processing (HPP) on shelf life of albacore tuna (Thunnus alalunga) minced muscle [J]. Innovative Food Science and Emerging Technologies, 2006, 7(1/2): 19 – 27.

[12] 毛春财，陈卫平，郑卫星．水产品保鲜贮藏的研究进展[J]．科技咨询导报，2006，9(1)：14.

[13] Vazhiyil V. Seafood Processing: Adding value through Quick Freezing, Retortable packaging, Cooking – Chilling, and other methods [M]. Florida: CRC Press Traylor&Francis Group, 2006: 167 – 196.

[14] Ruiz – Capills C, Moral A. Free amino acids in muscle of Norway lobster (Neprops novergicus) in controlled and modified atmosphere during chilled storage [J]. Food Chemistry, 2004, 86: 85 – 91.

[15] 裘迪红，娄永江，徐大伦．MAP 在梅童鱼保鲜中的应用[J]．海洋渔业，2004，26(1)：68－71.

[16] Özogul F, Polat A, Özogul Y. The effects of modified atmosphere packaging and vacuum packaging on chemical, sensory and microbiological changes of sardines (Sardina pilchardus) [J]. Food Chem, 2004, 85: 49 – 57.

[17] Antonios E, Goulas, Michael G. Kontominas. Effect of modified atmosphere packaging and vacuum packaging on the shelf – life of refrigerated chub mackerel (Scomber japonicus): biochemical and sensory attributes [J]. Eur Food Res Technol, 2007, 224: 545 – 553.

[18] Hovda M B, Sivertsvik M, Lunestad B T, et al. Characterisation of the dominant bacterial population in modified atmosphere packaged farmed halibut (Hippoglossus hippoglossus) based on 16*S* rDNA – DGGE [J]. Food Microbiol, 2007, 24: 362 – 371.

[19] López – Caballero M E, Sanchez – Fernandez J A, Moral A. Growth and metabolic activity of Shewanella putrefaciens maintained under different CO_2 and O_2 concentrations [J]. Intern J Food Microbiol, 2001, 64: 277 – 287.

[20] Dickson J S. Radiation inactivation of microorganisms [A]. Molins R A. Food irradiation: principles and applications. New York: John Wiley & Sons, Inc, 2001: 23 – 36.

[21] 田超群，王继栋，盘鑫，等．水产品保鲜技术研究现状与发展趋势[J]．农产品加工，2010，218(8)：17－21.

[22] 崔生辉，江涛．辐照对几种水产品保藏作用的研究[J]．卫生研究，2000，29(2)：120-121.
[23] 罗继泉，顾崇德，刘伟，等．烹制整形黄河鲤鱼辐射保鲜工艺研究[J]．辐射研究与辐射工艺学报，1994，12(4)：243-247.
[24] 陈荣辉，施惠栋，邵丽春．熟鲜鱿鱼电子束辐照保鲜试验[J]．商品储运与养护，2002(5)：43-44.
[25] Su Y C，Duan J Y，Morrissey M T，et al. Electron Beam Irradiation for Reducing Listeria Monocytogenes Contamination on Cold-smoked Salmon[J]．Journal of food product technology，2004，13(1)：3-11.
[26] Crapo C，Himelbloom B，Vitt S，et al. Ozone Efficacy as a Bactericide in Seafood Processing [J]．Journal of aquatic food product technology，2004，13(1)：111-123.
[27] Salmon J，Gall J. Application of ozone for the maintenance of freshness and for the prolongation of conservation time of fish [J]．Revue des Travaux de Institut des Peches Maritimes，1936，9(1)：57-66.
[28] Nelson W. The use of ozonized ice on extending the shelf life of Fiesh A laskan fish[A]．Rep. Subm. Alaska Dep. Commer. Econ[C]．Dev.，Off．Commer. Fish. Dev.，Anchorage. 1982.
[29] Silva M，Gibbs P，Kirby R. Sensorial and microbial efeects of gaseous ozone on fresh scad(Trachurus trachurus)[J]．Journal of applied microbiology，1998，84(5)：802-810.
[30] 方敏，沈月新，王鸿，等．臭氧水在水产品保鲜中的应用研究[J]．食品研究与开发，2004，25(2)：132-136.
[31] 刁石强，吴燕燕，王剑河，等．臭氧冰在罗非鱼片保鲜中的应用研究[J]．食品科学，2007，28(8)：501-504.
[32] 赵海鹏，谢晶．生物保鲜剂在水产品保鲜中的应用[J]．吉林农业科学，2009，34(4)：60-64.
[33] Fan W J，Chi Y L，Zhang S. The use of a tea polyphenol dip to extend the shelf life of silver carp(Hypophthalmicthys molitrix)during storage in ice [J]．Food Chemisty，2008，108(1)：148-153.
[34] Ishihara N，Araki T. Suppressive effect of green tea polyphenols on oxidation in yellowtail(Seriola quinqueradiata)meat during round iced storage[J]．Journal of the Japanese Society for Food Science & Technology-Nippon Shokuhin Kagaku Kogaku Kaishi，2000，47(10)：767-772.
[35] 骆耀平，屠幼英，应苏珍，等．墨鱼保鲜剂的筛选及其保鲜效果的研究[J]．中国水产，2002(4)：13-16.
[36] 蒋兰宏，周友亚．茶多酚作为抗氧化剂在鱼肉中的应用[J]．河北师范大学学报(自然科学版)，2003(6)：606-607.
[37] 茅林春，段道富，许勇泉，等．茶多酚对微冻鲫鱼的保鲜作用[J]．中国食品学报，2006(8)：106-110.
[38] 杨文鸽，裘迪红，孙爱飞，等．羧甲基壳聚糖抗菌性及其保鲜鲫鱼效果的研究[J]．食品科技，2003(11)：58-60.
[39] Tsai Guo-Jane，Su Wen-Huey，Chen Hsing-Chen，et al. Antimicrobial activity of shrimp chitin and chitosan from different treatments and applications of fish preservation [J]．Fisheries science，2002，68(1)：170-177.
[40] 陈树桥，周国勤．甲壳素及其衍生物在水产品保鲜中的应用和研究进展[J]．水产科技情报，2008，35(2)：92-94.
[41] 蓝蔚青，谢晶，杨胜平，等．Nisin生物保鲜剂对冷藏带鱼的保鲜效果研究[J]．天然产物研究与开发，2010，22：683-686.
[42] Villamil L，Figueras A，Novoa B. Immunomodulatory effects of nisin in turbot (Scophthalmus maximus L.)[J]．Fish & Shellfish Immunology，2003，14(2)：157-163.
[43] Altrei C，Speranza B，Delnobile L，et al. Suitability of bifidobacteria and thymol as biopreservatives in exten-

ding the shelf life of fresh packed plaice fillets[J]. Journal of applied microbiology, 2005, 99(6): 1294 - 1302.

[44] 励建荣，李学鹏．水产品的酶法保鲜[J]．中国水产，2006(7)：68 - 70.

[45] 杨华，娄意平，莫永江．酶在水产品保鲜中的应用[J]．齐鲁渔业，2004，21(10)：48 - 49.

[46] 陈舜胜，彭云生，严伯奋．溶菌酶复合保鲜剂对水产品的保鲜作用[J]．水产学报，2001，25(3)：254 - 259.

市售鱼糜制品微生物菌相分析

王雪琦　仪淑敏　励建荣

（渤海大学化学化工与食品安全学院，辽宁省食品安全重点实验室，
辽宁省高校重大科技平台“食品贮藏加工及质量安全控制工程技术研究中心”，辽宁锦州 121013）

摘要：本文以四种不同的市售鱼糜制品（鱼丸、鱼豆腐、蟹棒、鱼肠）为研究对象，应用选择性培养基，分析了鱼糜制品在4℃冷藏条件下贮藏最初状态和腐败状态下的菌相组成。结果表明：在4℃冷藏条件下，随着贮藏时间的延长，菌落总数呈上升趋势，鱼糜样品的新鲜度和感官品质下降。新鲜鱼糜制品中主要存在微球菌/葡萄球菌、乳酸菌和假单胞菌；腐败状态下的鱼糜制品除上述菌种外，还检测出大量肠杆菌及少量含硫化氢菌。实验确定：微球菌/葡萄球菌、乳酸菌、假单胞菌及肠杆菌是引起鱼糜制品在4℃冷藏条件下发生腐败变质的主要腐败菌。

关键词：鱼糜制品；选择培养；腐败菌；菌相

目前，鱼糜制品已成为经济意义大、附加值高，也是极具代表性的加工水产品之一，产业发展前景广阔。鱼糜制品的加工工艺简单，以冷冻作为储藏方法，使得有关鱼糜制品冷藏品质的研究比较少。但研究表明，在鱼糜制品加工过程中，原料经过多次搅碎、捶擂、漂洗等，碎小的鱼肉暴露在空气中，加速了脂肪氧化[1]和鱼肉自我分解劣变，此外在整个加工过程中，碎化的鱼肉表面积也变大，更容易接触微生物，同时增加了污染微生物的几率，使得鱼糜制品非常容易腐败变质。在低于－18℃的温度下，鱼丸等鱼糜制品的保质期可以达到6个月以上，但在冷藏条件下会迅速腐败变质。有研究表明草鱼鱼丸在5℃的冷藏条件下的保质期不超过7 d，在0℃的货架期不超过20 d[2]。鱼体解僵变软后，微生物的生长速度加快，生成胺、硫化物、醇、醛、酮、有机酸等具有不良风味的代谢产物，从而导致产品在感官上难以接受[3]。一般而言，10℃以下时，细菌的生长明显减慢，但附着在鱼体上的微生物即使在0℃也能繁殖，最终致使产品腐败[3~5]。杨宪时等发现在冷藏

基金项目：“十二五”国家科技支撑计划课题（No. 2012BAD29B06）；辽宁省食品安全重点实验室暨辽宁省高校重大科技平台开放课题（No. LNSAKF2011024）

作者简介：王雪琦（1987—），女，硕士，主要从事水产品贮藏加工与质量安全控制方面的研究。E-mail：wangxueqi@126. com. cn

通信作者：励建荣（1964—），男，博士，教授，博士生导师。主要从事水产品和果蔬贮藏加工与质量安全控制方面的研究。E-mail：lijr6491@yahoo. com. cn

过程中肠杆菌科细菌，气单胞菌等生长受到抑制，细菌菌相组成逐渐变得单一，适应低温环境下革兰氏阴性菌比例不断增加[6]。郭全友指出在冷藏养殖大黄鱼品质变化过程中，细菌相比较复杂，主要包括气单胞菌属、不动杆菌属、弗氏柠檬酸杆菌、假单胞菌属、嗜麦芽窄食单胞菌、革兰氏阳性菌玫瑰小菌属，货架期终点216～264 h[7]。裘迪红等人在梭子蟹腐败菌菌相的初步分析中得出新鲜梭子蟹体内的细菌菌相组成为微球菌属、葡萄球菌属、黄杆菌属、弧菌属。经冷藏半个月后，细菌菌群主要是黄单胞菌属和黄杆菌属[8]。

在一个确定的自然环境中，总是存在着一定种类和数量的微生物。这些微生物之间互相竞争、拮抗、互惠共生或偏利共生，以适应环境、促进自身的生长和繁殖。水产品中初始污染的微生物种类和数量各不相同，这些具有一定种类和数量的微生物共同生存于同一个环境中，就构成了水产品中腐败微生物的菌相[9]。水产品中的微生物菌群组成不同，即便是同一种水产品在不同的加工方式、包装方法和贮藏温度条件下的微生物菌群变化也不相同。微生物是引起鱼糜制品腐败变质的主要因素，鱼糜制品的腐败与初始菌群的组成以及贮藏过程中菌群的变化是密切相关的。

我国鱼糜制品的质量与卫生检测一直停留在感官检验和细菌总数检测上面，这些指标不足以反映鱼糜制品在贮藏过程中的变化情况[2]。与鲜水产品相比，鱼糜制品的结构、成分及其中微生物的数量和种类已有很大改变，以至于其腐败模式与鲜水产品也有很大差异，细菌是引起鱼糜腐败的主要原因[10]。鉴于此，根据鱼糜制品研究和产业发展趋势，结合企业实际需求，本文通过研究鱼糜制品在冷藏条件下微生物的变化规律，探讨鱼糜制品在4℃冷藏条件下腐败变质的微生物原因。研究结果将有利于提高鱼糜制品的保鲜水平，为研究冷藏鱼丸腐败变质规律提供一定的理论依据。

1 材料与方法

1.1 材料

市售鱼糜制品：鱼肠，鱼丸，鱼豆腐，蟹棒，均为日照昌华海产品有限公司生产。

1.2 培养基

平板计数培养基：北京奥博星生物技术有限责任公司；

甘露醇高盐琼脂培养基：北京奥博星生物技术有限责任公司；

VRBGA 琼脂培养基：青岛高科园海博生物技术有限公司；

Pseudomonades 琼脂培养基：青岛高科园海博生物技术有限公司；

MRS 琼脂培养基：北京奥博星生物技术有限责任公司。

1.3 主要仪器与设备

MLS－3030CH 立式高压蒸汽灭菌锅，三洋电机(广州)有限公司；LRH 系列生化培养箱，上海一恒科技有限公司；SW－CJ－2FD 超净工作台，苏景集团苏州安泰技术有限公司；FA1004精密电子天平，上海恒平科学仪器有限公司；BagMixer 400拍打器，法国生产。

1.4 实验方法

将市售鱼丸、肠、蟹棒、鱼豆腐分别真空包装后，于4℃下贮藏，分别于0 d、25 d取样测定微生物。每次准确称取10 g各鱼糜制品，加入90 mL无菌生理盐水，拍打匀浆120 s，室温下静置后，准确吸取1 mL各不同稀释液，分别倾注于平板计数培养基、甘露醇高盐琼脂培养基、VRBGA琼脂培养基、*Pseudomonades* 琼脂培养基、MRS琼脂培养基、含铁培养基。

1.5 菌相分析

菌落总数按《食品卫生微生物学检验菌落总数测定》GB 4789.2进行测定。各种腐败菌按表1条件进行培养，采用平板倾注法记数测定[11]。各种腐败菌按下表选择性培养基和培养条件培养。

表1 不同的微生物培养条件

	培养基	培养条件	培养时间/h
细菌总数	平板计数培养基	30℃	72
微球菌/葡萄球菌	甘露醇高盐琼脂培养基	37℃	48
肠杆菌	VRBGA琼脂培养基	37℃	48
假单胞菌	*Pseudomonades* 琼脂培养基	30℃	48
乳酸菌	MRS琼脂培养基	30℃、厌氧	48
产硫化氢细菌	含铁培养基	37℃	48

2 结果与讨论

水产品的腐败变质主要是由于某些微生物生长和代谢生成了胺、硫化物、醇、醛、酮、有机酸等，导致产品产生不良气味和异味、感官上不可接受、品质发生变化。研究了鱼糜制品在真空包装4℃贮藏条件下的菌相变化，初步鉴定，各新鲜鱼糜制品中主要致病菌株为假单胞菌属、乳酸菌属、微球菌/葡萄球菌属。各鱼糜制品在末期时检测出肠杆菌属。与仪淑敏在鱼糜制品中优势腐败菌的分离中得出鱼丸中确实有肠杆菌、微球菌/葡球菌、假单胞菌属、乳酸菌、酵母菌这5类腐败菌基本一致[9]。总的来说，鱼糜制品在4℃冷藏过程中，细菌总数是增加的，样品的鲜度和感官品质下降。其中，鱼糜制品中肠样品的致病菌增长最为显著。实验数据如表2所示。

表 2 鱼糜制品在 4℃冷藏过程中各腐败菌菌落数(Log CFU/g)

	平板计数培养基		甘露醇高盐琼脂培养基		VRBGA 培养基		*Pseudomonades* 琼脂培养基		MRS 琼脂培养基		含铁培养基	
	初期	末期	初期	末期	初期	末期	初期	末期	初期	末期	初期	末期
鱼丸	2.23	5.56	1.85	2.42	0	4.42	1.12	3.48	1.60	3.35	0	0
肠	2.53	6.85	1.73	5.26	0	5.17	1	5.38	1	5.41	0	5.22
蟹棒	2.39	5.97	2.20	2.41	0	2.51	0	2.42	0	5.03	0	0
鱼豆腐	2.43	6.71	0	3.45	0	5.51	0	2.97	1.25	5.01	0	0

2.1 细菌总数

从图 1 中可以看出，鱼糜制品经过 25 d 4℃冷藏后，末期细菌总数较初期有明显的增长，出现严重的腐败现象。新鲜鱼糜制品培养基上均出现少量菌落，而贮藏末期，培养基上出现大量菌落，菌落数增长明显，出现严重的腐败现象。其中，肠制品腐败现象最为严重，可能是由于肠制品的加工工艺与其余三种鱼糜制品不同而导致的，也有可能是加工原料的选择不同。

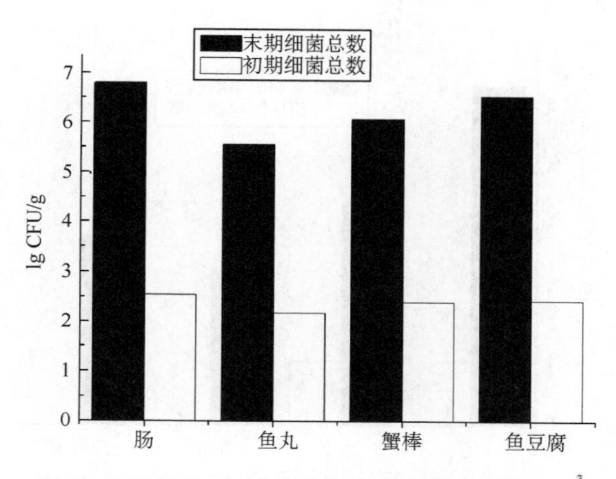

图 1 鱼糜制品 4℃冷藏过程中细菌总数变化情况

2.2 微球菌/葡萄球菌

微球菌属细菌属于严格好氧菌，葡萄球菌多数为需氧或兼性厌氧型微球菌/葡萄球菌，在引起鱼丸腐败变质中起着一定作用。图 2 表示在 4℃冷藏条件下四种鱼糜制品中微球菌/葡萄球菌数变化情况。

从图 2 可看出，在四种鱼糜制品中，末期微球菌/葡萄球菌菌落数较前期有明显增加。其中，鱼豆腐制品在储藏初期并未检测出微球菌/葡萄球菌，储藏末期检测出大连微球菌/葡萄球菌，这可能是因为微球菌/葡萄球菌在冷冻贮藏过程中产生，且耐冻性较强。其余三种鱼糜制品中微球菌/葡萄球菌增长也较明显，说明微球菌/葡萄球是引起鱼糜制品腐败变质的微生物之一。

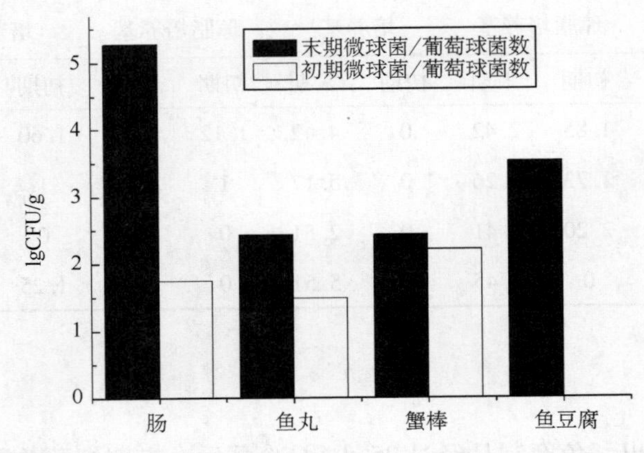

图2 鱼糜制品4℃冷藏条件下微球菌/葡萄球菌数变化情况

2.3 假单胞菌

假单胞菌属(*Pseudomonas* sp.)是需氧型微生物。四种鱼糜制品在4℃冷藏条件下其假单胞菌数量变化见图3。

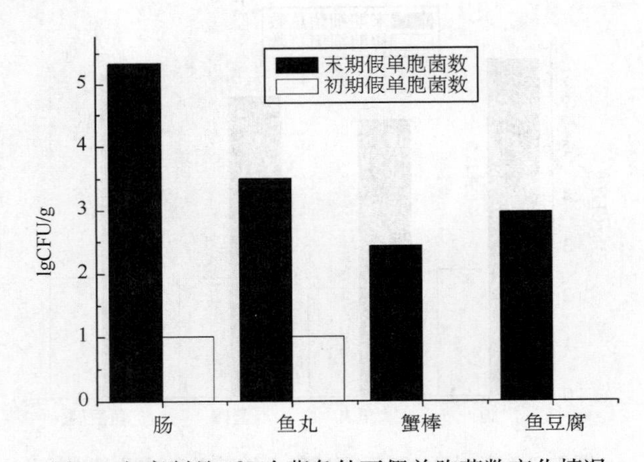

图3 鱼糜制品4℃冷藏条件下假单胞菌数变化情况

储藏初期，蟹棒样品及鱼豆腐样品中均未检测出假单胞菌，储藏末期，四种鱼糜制品中均检测出大量假单胞菌，说明假单胞菌在贮藏末期成为鱼糜制品的优势菌群。假单胞菌属微生物的数量迅速增长，这可能是因为以假单胞菌属为主的革兰阴性菌的菌类是导致鱼糜变质的主要微生物菌群。

2.4 乳酸菌

乳酸菌属(*Lactic acid bacteria*)细菌属厌氧菌，在无氧条件下能够较好的生长。各组样品在4℃冷藏条件下乳酸菌属细菌数量的变化见图4。

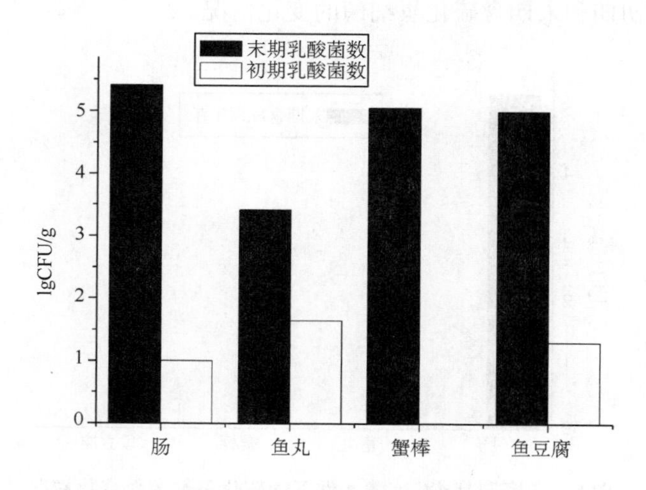

图 4　鱼糜制品 4℃冷藏条件下乳酸菌数变化情况

由图 4 看出，在贮藏初期，蟹棒样品中并未检测出乳酸菌属，贮藏末期四种鱼糜制品中均检测出大量乳酸菌，乳酸菌生长迅速，成为鱼糜制品的优势菌群，是引起鱼糜制品腐败变质的腐败菌之一。

2.5　肠杆菌

肠杆菌属细菌属于兼性厌氧菌。图 5 表示在 4℃冷藏条件下四种鱼糜制品中肠杆菌数量变化。

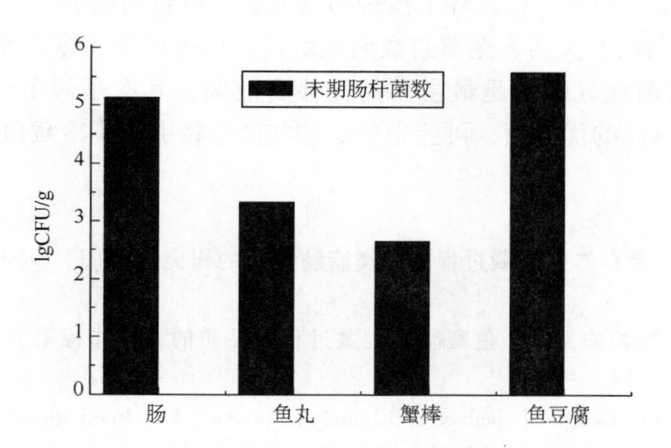

图 5　鱼糜制品 4℃冷藏条件下肠杆菌数变化情况

由图 5 看出，在贮藏初期，四种鱼糜制品的 VRBGA 琼脂培养基上均未出现菌落，4℃贮藏 25 d 后，检测出大量肠杆菌，肠杆菌成为优势菌，这表明肠杆菌是引起真空包装鱼丸腐败的一部分细菌。

2.6　含硫化氢细菌

含硫化氢细菌是兼性厌氧菌，产生硫化氢菌株形成中心黑色菌落。图 6 所示为四种鱼糜制品分别在贮藏初期和末期含硫化氢细菌的变化情况。

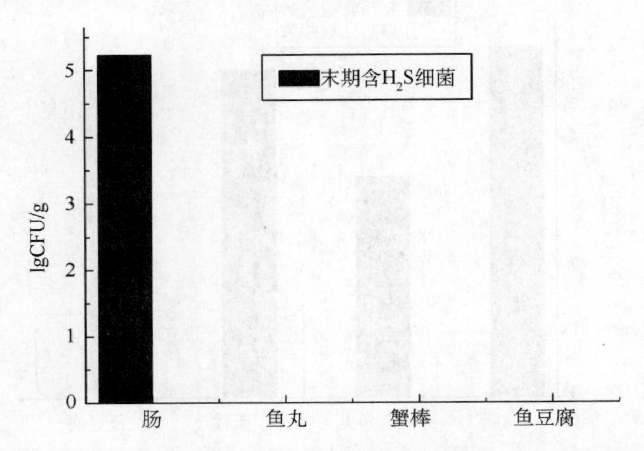

图6 鱼糜制品4℃冻藏条件下含硫化氢细菌数变化情况

由图6可知，四种鱼糜制品在贮藏初期均未检测出含硫化氢细菌，在贮藏末期，肠样品中检测出大量的含硫化氢细菌，其余三种鱼糜制品中仍未检测出含硫化氢细菌。这说明含硫化氢细菌可能不是引起鱼糜制品腐败变质的腐败菌。

3 结论

实验表明，新鲜鱼糜制品中亦检测出少量的微球菌/葡萄球菌、乳酸菌和假单胞菌，可能是由鱼糜制品生产加工、包装环节出现污染或鱼糜材料引起的。真空包装的鱼糜制品在4℃冷藏条件下保存25天后，菌落总数明显增长，出现严重的腐败现象，其中，贮藏初期，微球菌/葡萄球菌和乳酸菌是最主要的优势腐败菌，其次是假单胞菌属。贮藏末期，肠杆菌也成为鱼糜制品的优势菌，可能主要是这些微生物引起了冷藏鱼糜制品的腐败。

参考文献

[1] 王亚青，程裕东，袁春红．冻藏过程中鱼类脂肪氧化的研究现状[J]．中国食品科学报，2003，3(1)：97－101.

[2] 李红霞，黄艳春，熊善柏，等．鱼糜制品贮藏过程中品质的评价指标研究[J]．食品工业科技，2005，26(10)：52－54.

[3] Gram L，Hans H. Microbiological spoilage of fish and fish product[J]． International Journal of Food Microbiology，1996，33：121－137.

[4] GRAM L. Evaluation of the bacteriological quality of seafood[J]． International Journal of Food Microbiology，1992，16：25－39.

[5] Dalgaard P. Fresh and lightly preserved seafood [A]． Man CMD，Jones AA. Shelf life evaluation of food (M). Gaithersburg Maryland USA：Aspen Publishers Inc，2000，110－139.

[6] 杨宪时，郭全友，许钟．罗非鱼冷藏过程细菌种群的变化[J]．中国水产科学，2008，15(6)：1050－1055.

[7] 郭全友，许钟，杨宪时．冷藏养殖大黄鱼品质变化特性及细菌相分析[J]．上海水产大学学报，2006，15(2)：216－221.

[8] 裘迪红，杨文鸽，薛长湖．梭子蟹腐败菌菌相的初步分析[J]．食品科技，2005(8)：33－35.
[9] 仪淑敏．茶多酚对鱼糜制品的冷藏保鲜作用及抑菌机理[D]．浙江工商大学．2011：18－20.
[10] In Hee Yoon，Jakck R Matches，Barbars Rasco. Microbiological and chemical changes of surimi－based imitation crab during storage[J]．Journal of Food Science，1988，53(5)：1343－1346.
[11] 万建荣．水产食品化学分析手册[M]．上海：科学技术出版社，1993：215－216.

中国对虾冷藏过程中品质变化与评价

李学鹏[1]　励建荣[1]　王彦波[2]　仪淑敏[1]

（1. 渤海大学化学化工与食品安全学院，辽宁省食品安全重点实验室，
辽宁省高校重大科技平台"食品贮藏加工及质量安全控制工程技术研究中心"，辽宁锦州 121013；
2. 浙江工商大学食品与生物工程学院，浙江省食品安全重点实验室，浙江杭州 310035）

摘要：采用感官评价、化学评价、物理评价和微生物评价等方法，对不同冷藏温度条件下中国对虾的品质变化进行综合评价。结果显示，中国对虾在4℃、0℃、－2℃贮藏过程中反映品质变化的主要指标依次是感官评分、化学指标、质构特性（硬度、弹性、凝聚性、回复性、胶性、咀嚼性）、色差属性及微生物指标；其中，感官评分、TVB－N值、HxR值、Hx值、*K*值、硬度、弹性、凝聚性、胶性、咀嚼性可以作为中国对虾的新鲜度指标，pH值可以作为一个参考指标，而TBA值、回复性、色差属性（L^*、a^*、b^*、C^*_{ab}、H^0_{ab}）则不适合；同时，感官评分、TVB－N值、Hx值可以进一步作为判定中国对虾腐败的品质指标；建立了中国对虾在不同温度冷藏过程中的品质综合评价模型，为全面分析其品质状况和质量评级提供了参考和依据；中国对虾真空包装条件下在4℃、0℃、－2℃冷藏时的货架期分别为5.5～5.7 d、7.9～8.0 d和16.0～16.8 d，冰温贮藏（－2℃）能够显著延长中国对虾的货架期。

关键词：中国对虾；冷藏；品质变化；评价

中国对虾（*Fenneropenaeus Chinensis*）是中国的特产，也是重要的出口水产品，与墨西哥棕虾、圭亚那白虾并称为"世界三大名虾"。由于其味道鲜美，营养丰富，一直是人们广为喜爱的水产品之一。中国对虾属广温、广盐性、一年生暖水性大型洄游虾类，是我国分布最广的对虾类。目前对中国对虾的研究大多涉及遗传、育种、养殖和免疫等方面，但对中国对虾死后贮藏加工过程中品质的变化及评价至今鲜见报道[1]。由于对虾自身含高蛋白、高水分，肌肉组织较松软，组织蛋白酶活性较强，死后僵硬期短，自溶作用快，微生物生长迅速，极易腐败变质，导致货架期短、难以保藏。同时，对虾体内存在大量的多酚氧化酶，易与体内的多巴类物质反应，产生黑色素，造成虾的黑变，引起感官品质的急速下

基金项目："十二五"国家科技支撑计划课题（No. 2012BAD29B06）；辽宁省食品安全重点实验室暨辽宁省高校重大科技平台开放课题（No. LNSAKF2011029）；浙江省自然科学基金（No. R3110345）

作者简介：李学鹏（1982—），男，博士、讲师。主要从事水产品贮藏加工与质量安全控制方面的研究。E-mail：xuepengli8234@yahoo.com.cn

通信作者：励建荣（1964—），男，博士、教授、博导。主要从事水产品和果蔬贮藏加工与质量安全控制方面的研究。E-mail：lijr6491@yahoo.com.cn

降。新鲜度是衡量虾类产品的品质和加工适性的一个重要指标，在捕捞、收购、运输、加工和销售过程中需要进行对虾的新鲜度质量评价。对虾等水产品的新鲜度评价方法包括感官评价、化学评价、物理评价和微生物评价等方法，各有其适用范围和应用限制，目前还没有一种指标和方法能够用来单一判定虾类产品的新鲜度等级。因此在进行新鲜度评价时，一般需要几种方法结合进行综合评价[2]。

随着中国对虾养殖业和产量的恢复，虾产品的保鲜加工必将成为今后长期主要工作之一，而研究和评价对虾死后品质变化规律则可为其保鲜加工技术的开发提供依据，同时也可为其新鲜度评价方法的选择提供一定参考。鉴于此，本文采用感官评价、化学评价、物理评价和微生物评价等方法综合评价了中国对虾在不同温度冷藏过程中的品质变化，旨在为后期研究对虾肌肉品质变化和新鲜度评价指标的筛选提供理论基础和依据。

1 实验材料与设备

1.1 实验材料与试剂

实验材料：鲜活中国对虾（*Fenneropenaeus Chinensis*），平均体长 12.5 cm，体重 11.5 g，所有实验用对虾个体体长、体重相差不超过 ±10%。

氧化镁、硼酸、甲基红、次甲基蓝溶液、盐酸、三氯乙酸、硫代巴比妥酸、氯化钠、氢氧化钾、磷酸氢二钾、磷酸二氢钾、硝酸银、高氯酸等试剂均为分析纯，购于杭州汇普化工仪器有限公司；平板计数培养基、VRBGA 琼脂培养基、*Pseudomonad* 琼脂培养基、MRS 琼脂培养基、三糖铁培养基、肠球菌培养基，购于青岛海博生物技术有限公司；琼脂糖、DNA 提取试剂盒等，购于杭州昊天生物技术有限公司。

1.2 主要仪器设备

Milli－Q 超纯水装置（美国 MILLIPORE 公司）、Chroma Meter CR400 色差仪（日本 KONICA MINOLTA 公司）、Kjeltec 2300 全自动定氮仪（瑞典 FOSS 公司）、UV－2550 紫外可见分光光度计（日本 SHIMADZU 公司）、TA－XT2i 型质构分析仪（英国 STABLE MICRO SYSTEMS 公司）、Agilent 1100 高效液相色谱仪（美国 AGILENT 公司）、MLS－3020 高压灭菌锅（日本 SANYO 公司）、MIR－553 低温恒温箱（日本 SANYO 公司）、西门子 KK28F58 生物保鲜冰箱（德国 SIEMENS 公司）、SW－CJ－2FD 超净工作台（上海博讯实业有限公司）、LRH－250A 生化培养箱（广东省医疗器械厂）、DZD－400/2S 真空包装机（江苏腾通包装机械有限公司）。

2 实验方法

2.1 样品处理

鲜活对虾采用冰水致死（w/v ＝1∶2 冰水中浸泡 15 min）[3]，用无菌水洗净、沥干，采用蒸煮袋分装后真空包装。将包装好的对虾分别置于不同温度的低温恒温箱和冰箱中贮藏。不同贮藏温度分别设置为4℃(冷藏)、0℃(生物保鲜)和-2℃(冰温保鲜，前期测定中国对虾温度-时间冻结曲线，得出对虾的冰点为-2℃)。取样时间分别为：4℃：0 d、2 d、4 d、6 d、8 d；0℃：0 d、2 d、4 d、6 d、8 d、10 d；-2℃：0 d、2 d、4 d、6 d、8 d、10 d、12 d、14 d、16 d。

2.2 感官评价

参考 Jeyasekaran 等[4]的方法，由5~6人组成的感官评定小组鉴定标准对虾的气味、外观和组织等感官特性进行感官鉴定。9~10分代表品质非常好，7~8分代表品质较好，5~6分代表品质尚可接受，3~4分代表品质差、不可接受，1~2分代表品质极差。

2.3 化学评价

2.3.1 pH值的测定

参照 GB/T 5009.45—2003 中的酸度计法。

2.3.2 TVB-N值的测定

参考"FOSS公司应用子报"，采用 FOSS KJELTEC 2300 全自动凯氏定氮仪测定对虾中的 TVB-N 值[5]。

2.3.3 TBA值的测定

参考万建荣等[6]的方法。

2.3.4 ATP降解产物及K值的测定

参考 Ryder[7]的方法，采用0.6 mol/L 高氯酸提取，采用 HPLC 方法检测。

2.4 物理评价

2.4.1 质构特性的测定

参考 Zeng[8]的方法，采用 TA-XT2i 质构分析仪，对去头、壳的对虾第二节(靠近头部)肌肉进行2次压缩质地多面剖析(TPA)模式测试。

2.4.2 色差的测定

采用 Chroma Meter CR400 色彩色差计测量带壳对虾第二节(靠头部)的色差变化。

2.5 微生物评价

细菌总数(TVC)的测定按照 GB 4789.2—2010 采用平板计数培养基(PCA)倾注法记数测定。

H_2S 产生菌、假单胞菌、乳酸菌的测定采用三糖铁培养基+1% NaCl、假单胞菌 CFC 培养基、MRS 琼脂等选择性培养基进行测定。

2.6 数据处理

采用 SPSS 18.0 和 Origin 7.5 软件对数据进行方差分析、显著性检验、重复测量方差分析、相关性分析和因子分析。显著性水平设置为 $P<0.05$。

3 结果与讨论

3.1 感官评价

中国对虾在不同温度冷藏期间的感官评分结果如图 1 所示。由图可以看出，随着贮藏时间的延长，三个温度下贮藏的样品感官得分均发生了显著下降($P<0.05$)，其中 4℃普通冷藏的对虾样品感官变化最快，冷藏第 2 天时即已达到二级新鲜度，冷藏第 6 天时感官得分已低于 5 分，对虾头部松弛，头尾部明显部分变红或变黑，有较浓的刺激性气味，说明虾体已腐败，品质已不可接受。0℃生物保鲜的对虾样品在第 4 天时仍处于二级新鲜度，在第 8 天后感官得分低于 5 分，品质上已不可接受，说明虾体已腐败。-2℃冰温贮藏的对虾样品前 4 天均保持 1 级新鲜度，在第 10 天时仍处于二级新鲜度，直到 15 天后感官得分才低于 5 分，虾体基本腐败。

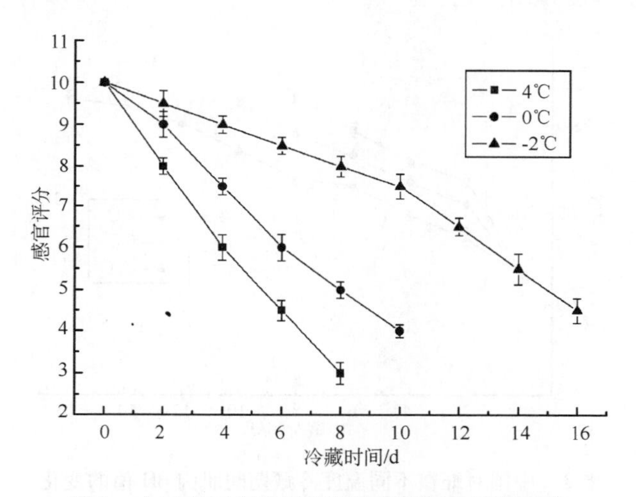

图 1　中国对虾在不同温度冷藏期间的感官评分

对实验各组进行重复测量方差分析表明，贮藏温度和贮藏时间对感官评分的变化都具有显著影响($P<0.01$)，且它们之间存在交互作用($P<0.01$)，不同贮藏温度之间差异显著($P<0.05$)。对实验数据进行线性拟合结果发现，感官评分与贮藏时间具有显著线性负相关关系，4℃、0℃、-2℃三组样品感官评分与贮藏时间的线性回归方程分别为 $y=-0.875x+9.8$，$R^2=0.989$，$P<0.05$；$y=-0.621x+10.024$，$R^2=0.975$，$P<0.05$；$y=-0.333x+10.333$，$R^2=0.958$，$P<0.05$。因此，感官评分可以作为判定和区分对虾新鲜度级别的有效指标。以感官得分 5 分作为品质可接受最低限，根据拟合公式，可以得出中国对虾真空包装后在 4℃、0℃、-2℃冷藏时的货架期分别为 5.5 d、8.1 d 和 16.0 d。

3.2 化学评价

3.2.1 pH值的变化

图2为不同温度下冷藏的中国对虾肌肉pH值的变化情况。由图可以看出，中国对虾肌肉初始pH值约为7.15，随着贮藏时间的延长呈上升趋势，其中，4℃上升最快，0℃次之，-2℃最慢，贮藏末期对虾肌肉pH值达到8.1左右。对实验各组进行重复测量方差分析表明，贮藏温度和贮藏时间对肌肉pH值的变化都具有显著影响($P<0.05$)，4℃与0℃之间差异不显著($P>0.05$)，4℃、0℃与-2℃之间存在显著差异($P<0.05$)。此外，三个温度下pH值的变化与贮藏时间呈显著线性正相关，相关系数R^2分别达到0.933、0.962和0.974。因此，pH值可以作为虾新鲜度变化的一项重要参考指标，但因不同虾类之间、不同水产品之间pH值存在较大差异，pH值不能准确地反映虾的新鲜度等级，尤其是在贮藏的中期阶段，由于不能确定所测数据究竟是下降阶段的pH值还是上升阶段的pH值，因此无法就对虾的新鲜度作出判定[9]。

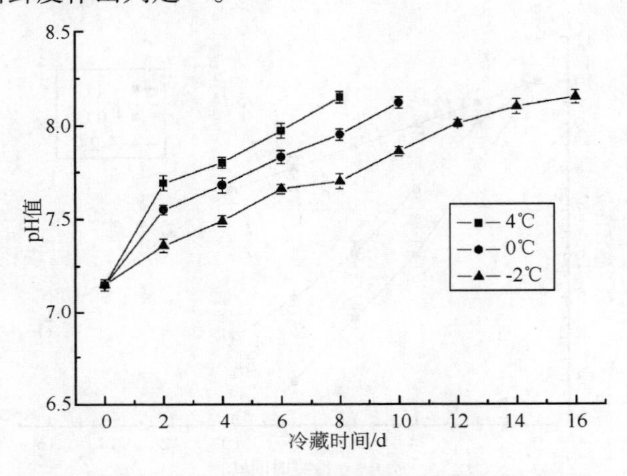

图2 中国对虾在不同温度冷藏期间肌肉pH值的变化

3.2.2 TVB-N的变化

中国对虾在4℃、0℃、-2℃冷藏过程中TVB-N值的变化情况如图3所示。由图可以看出，新鲜中国对虾初始TVB-N值每百克为9.20 mg·N。随着贮藏时间的延长，三个温度下冷藏的对虾样品TVB-N值均显著上升($P<0.05$)。其中，4℃贮藏的对虾样品TVB-N值上升速度最快，在贮藏期第6天时每百克值已接近30 mg·N，0℃贮藏的对虾样品TVB-N值上升速度次之，在贮藏期第8天时每百克值已基本达到30 mg·N这一可食用上限，-2℃贮藏的对虾样品在贮藏期前10天TVB-N值上升速度较为缓慢，10天后上升速度显著增加，在第16天时TVB-N值达到可食用上限。

对实验各组进行重复测量方差分析，结果表明，贮藏温度和贮藏时间对TVB-N值的变化都具有显著影响($P<0.01$)，不同贮藏温度之间差异显著($P<0.05$)。对实验数据进行线性拟合结果发现，TVB-N值与贮藏时间具有显著线性正相关关系，4℃、0℃、-2℃三组样品TVB-N值与贮藏时间的线性回归方程分别为$y=3.672x+9.108$，$R^2=0.983$，$P<0.05$；$y=2.699x+8.617$，$R^2=0.987$，$P<0.05$；$y=1.221x+9.487$，$R^2=0.982$，

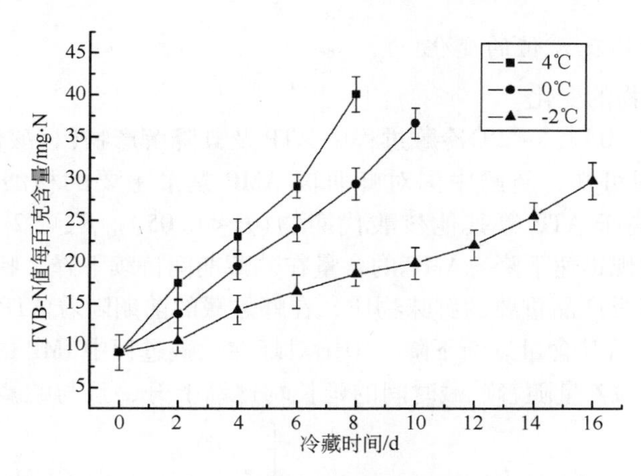

图3 中国对虾在不同温度冷藏期间 TVB－N 值的变化

$P<0.05$。因此，TVB－N 值可以作为判定和区别对虾新鲜度级别的有效指标。以 TVB－N 每百克值不大于 30 mg·N 作为货架期判定标准，根据上述回归方程可以得出，4℃、0℃、－2℃贮藏的中国对虾货架期分别为 5.7 d、7.9 d、16.8 d。与感官评分结果相比，3 组样品的货架期分别相差 0.2 d、0.2 d、0.8 d，两种评价方法中 3 组样品的货架期差异均小于 1 天，因此 TVB－N 值还可以作为中国对虾在 4℃、0℃、－2℃过程中判定样品腐败和货架期的化学指标。

3.2.3 TBA 值的变化

中国对虾在不同温度下冷藏过程中的 TBA 值的变化如图 4 所示。新鲜中国对虾 TBA 值很低，仅有 MDA 0.06 mg/kg。贮藏期第 2 天时，三组样品的 TBA 均略有升高，但之后的 TBA 值变化无显著差异($P>0.05$)，表现出无规律性。这可能是因为一方面中国对虾的脂肪含量极低，脂肪氧化反应不明显；另一方面也可能是因为脂肪氧化产物 MDA 还可以与核苷、核酸、蛋白质、磷脂氨基酸以及脂肪氧化的终产物醛类反应，从而使得 MDA 的量不能累积上升[10]。由于虾类 TBA 值非常小，各组虾之间的个体差异明显，平行性较差，所以在判定对虾新鲜度等级的实际应用中受到很大限制[9]。

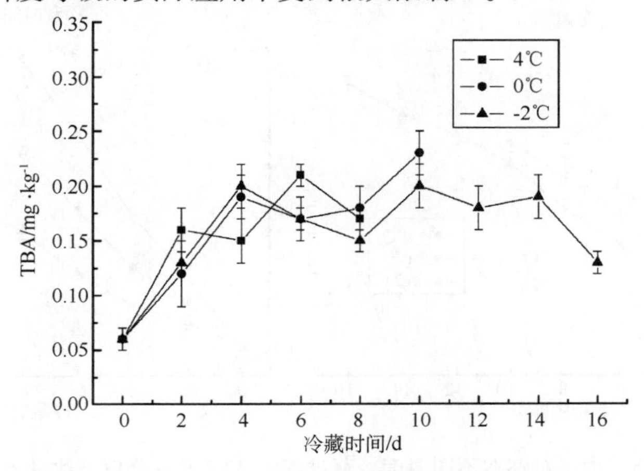

图4 中国对虾在不同温度冷藏期间 TBA 值的变化

3.2.4　ATP降解产物及K值的变化

(1)ATP降解产物的变化

中国对虾在4℃、0℃、-2℃冷藏过程中ATP及其降解产物(核酸代谢产物)的变化情况如图5所示。由图可知，新鲜中国对虾肌肉AMP是最主要的核酸物质，初始含量达8.16 μmol/g，显著高于ATP等其他核酸代谢物($P < 0.05$)。贮藏2天后，三组样品的ATP、ADP含量均出现迅速下降。AMP的含量在贮藏期间持续下降，特别是在前6天下降速度很快。IMP是虾类产品重要的鲜味物质，在虾贮藏的前期随着ATP的分解IMP增加速度较快，到达最高点后其含量逐渐下降。中国对虾在贮藏过程中IMP的含量呈现类似的变化趋势。HxR和Hx的含量随着贮藏时间的延长均逐渐上升，且与贮藏时间呈显著线性正

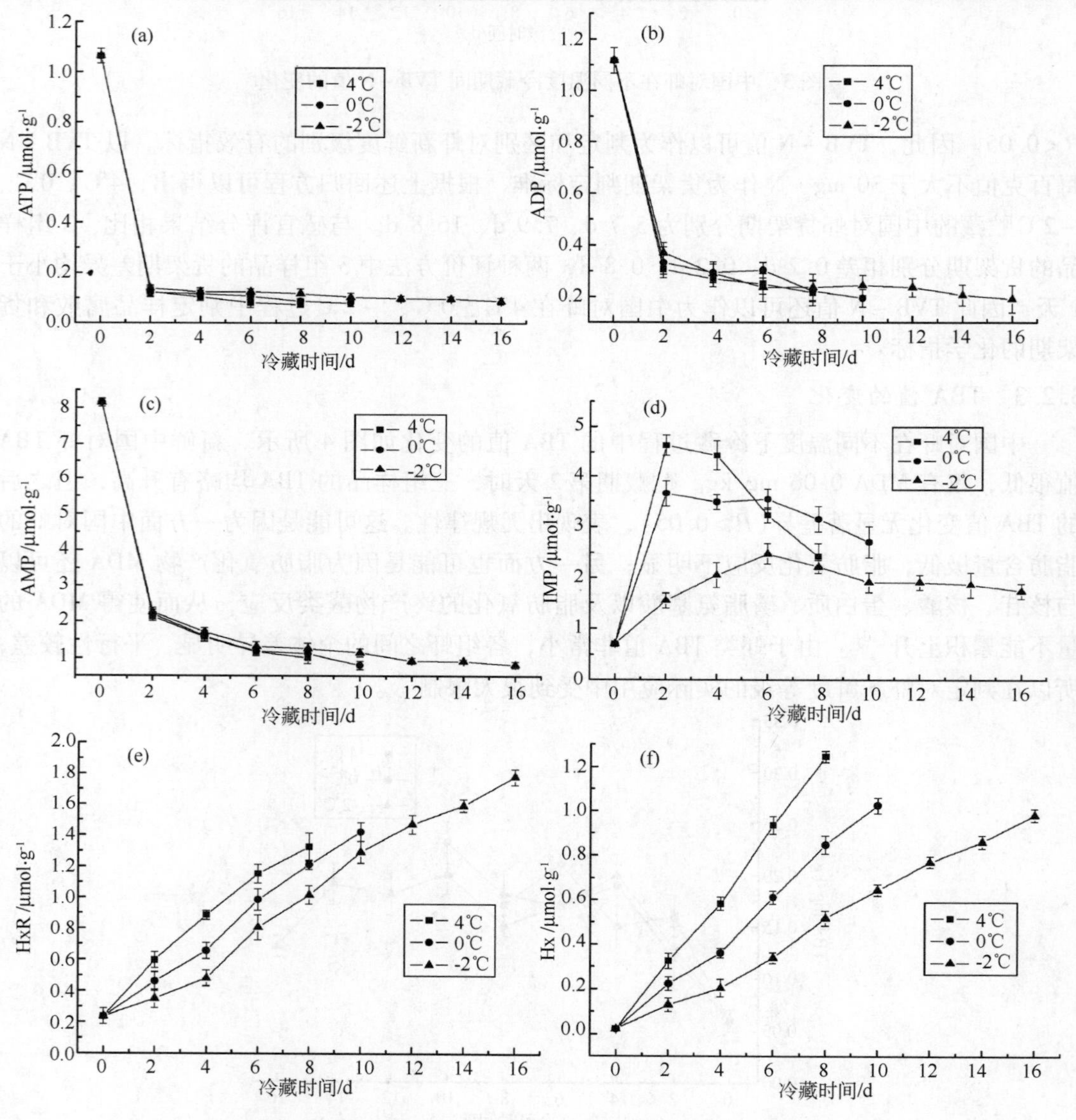

图5　中国对虾在不同温度冷藏过程中ATP及其降解产物的变化

(a)ATP；(b)ADP；(c)AMP；(d)IMP；(e)HxR；(f)Hx

相关关系($P<0.05$)。贮藏温度和贮藏时间对 HxR 和 Hx 含量的变化均具有显著影响($P<0.05$),不同温度之间存在显著差异($P<0.05$),温度越低,HxR 和 Hx 的含量增长越缓慢。可以看出,货架期终点时三组样品 HxR 的含量差异较大,Hx 的含量几乎一致,因此 Hx 同时可作为评价冷藏中国对虾腐败的化学指标。该结果与 Matsumoto 等[11]和李燕等[12]的研究结果较为一致。

(2)K值的变化

中国对虾在4℃、0℃、-2℃冷藏过程中 K 值的变化情况如图6所示。由图可知,新鲜中国对虾初始 K 值为1.9%,与 Ando et 等[12]的报道较为一致。在贮藏过程中,不同温度下贮藏的对虾样品 K 值均随着贮藏时间的延长显著上升($P<0.05$)。其中,4℃贮藏的样品上升速度最快,0℃样品上升速度次之,-2℃样品上升速度最慢。同时,K 值与贮藏时间具有显著正相关关系,三组样品 K 值与贮藏时间的回归方程分别为:$y=4.504x+2.708$,$R^2=0.990$,$P<0.05$;$y=3.841x+2.814$,$R^2=0.992$,$P<0.05$;$y=2.713x+2.304$,$R^2=0.993$,$P<0.05$。因此,K 值可以作为反映中国对虾新鲜度的一个化学指标。

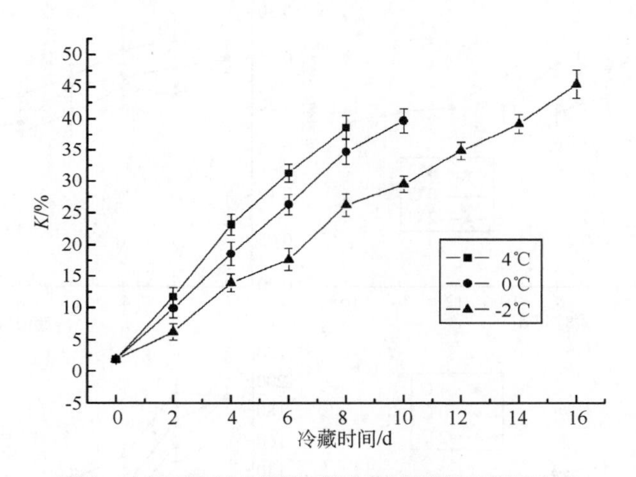

图6 中国对虾在不同温度冷藏过程中 K 值的变化

3.3 物理评价

3.3.1 质构特性的变化

中国对虾在4℃、0℃、-2℃冷藏过程中硬度、弹性、咀嚼性胶性、凝聚性和回复性等质构参数的变化情况如图7所示。由图可以看出,三个温度组对虾样品的硬度随着贮藏时间的延长总体呈下降趋势,其中4℃组样品硬度下降最快,0℃组次之,-2℃组下降速度较为缓慢。弹性在整个贮藏期间均呈持续下降趋势,其中4℃组样品硬度下降最快,0℃组次之,-2℃组下降速度最为平缓。凝聚性在贮藏过程中呈下降趋势,同一组内凝聚性的变化具有显著差异($P<0.05$),且不同温度组间差异显著($P<0.05$)。回复性在贮藏过程中总体也呈下降趋势,同一组内回复性随贮藏时间的变化具有显著差异($P<0.05$),但组间差异不显著($P>0.05$)。胶性变化与硬度变化基本一致,均随着贮藏时间的延长显著下降($P<0.05$),其中4℃组样品硬度下降最快,0℃组次之,-2℃组下降速度较为缓慢。

咀嚼性均随着贮藏时间的延长显著下降($P<0.05$)，其中4℃组样品硬度下降最快，0℃组次之，-2℃组下降速度较为缓慢，且三个实验组之间差异具有显著性($P<0.05$)。

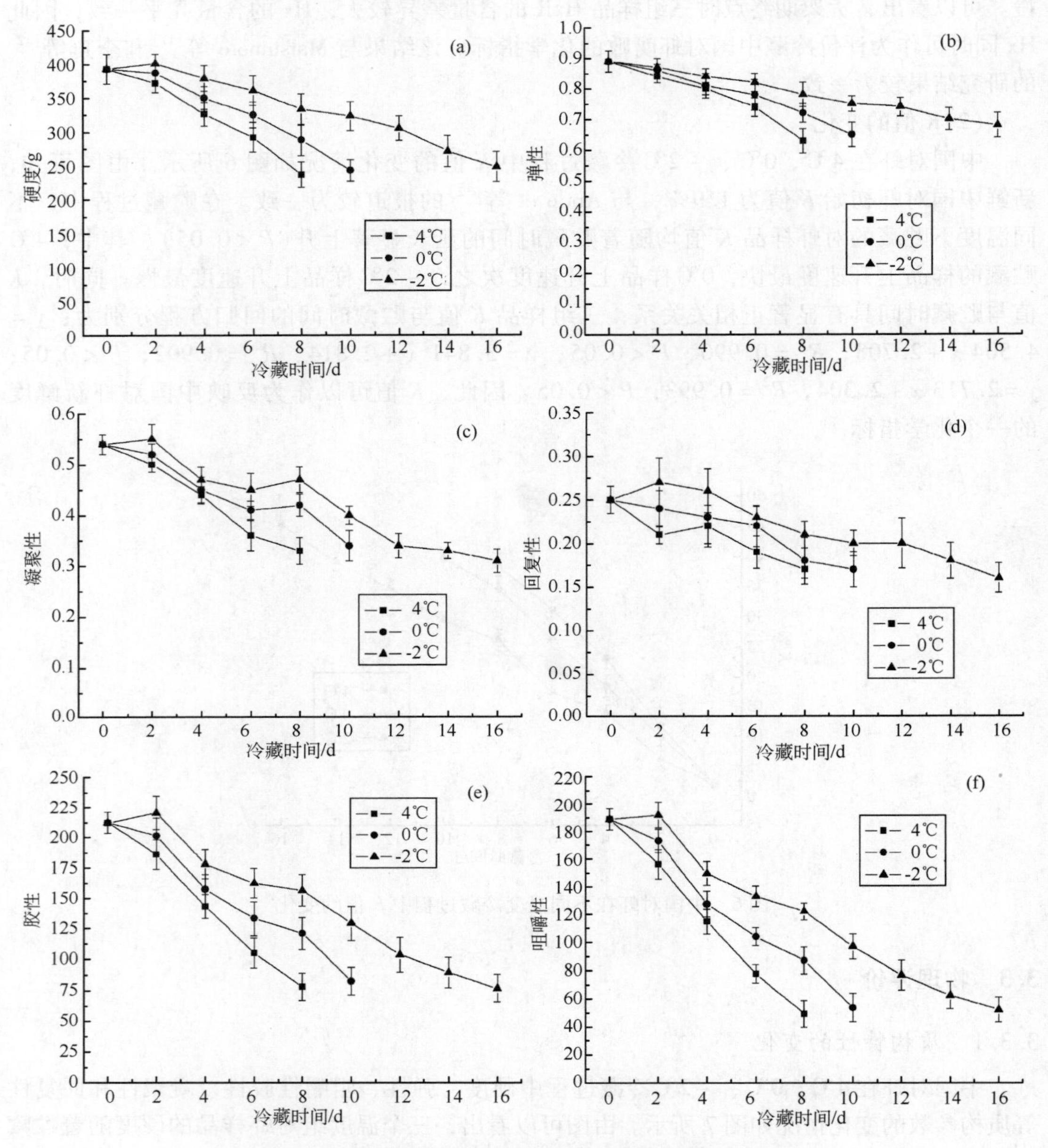

图7 中国对虾在不同温度冷藏过程中质构特性的变化

经回归分析发现，4℃、0℃、-2℃三组样品的硬度、弹性、凝聚性、胶性和咀嚼性与贮藏时间具有显著的线性负相关关系($P<0.05$)，且不同温度之间差异显著，因此质构特性可以作为反映中国对虾新鲜度品质的指标。

3.3.2 色差的变化

中国对虾冷藏过程中色差值(L^*、a^*、b^*、C_{ab}^*、H_{ab}^0)的变化如图8所示。由图可知，

L^*值略有降低，但差异不显著($P>0.05$)，三个温度组之间也没有显著差异($P>0.05$)。a^*值在贮藏期间均有所上升，4℃组变化最快，0℃组次之，−2℃组变化较为缓慢。b^*值波动幅度较大，在整个贮藏期间变化无显著性差异($P>0.05$)，三个温度组之间也没有显著差异($P>0.05$)。贮藏末期C_{ab}^*值均略有升高，4℃组和0℃组组内差异具有显著性($P<0.05$)、−2℃组组内差异不显著($P>0.05$)，4℃组和0℃组之间没有显著性差异($P>0.05$)，但与2℃组之间存在显著性差异($P<0.05$)。H_{ab}^0值整体呈上升趋势，各实验组组内差异具有显著性($P<0.05$)，但组间差异不显著($P>0.05$)。

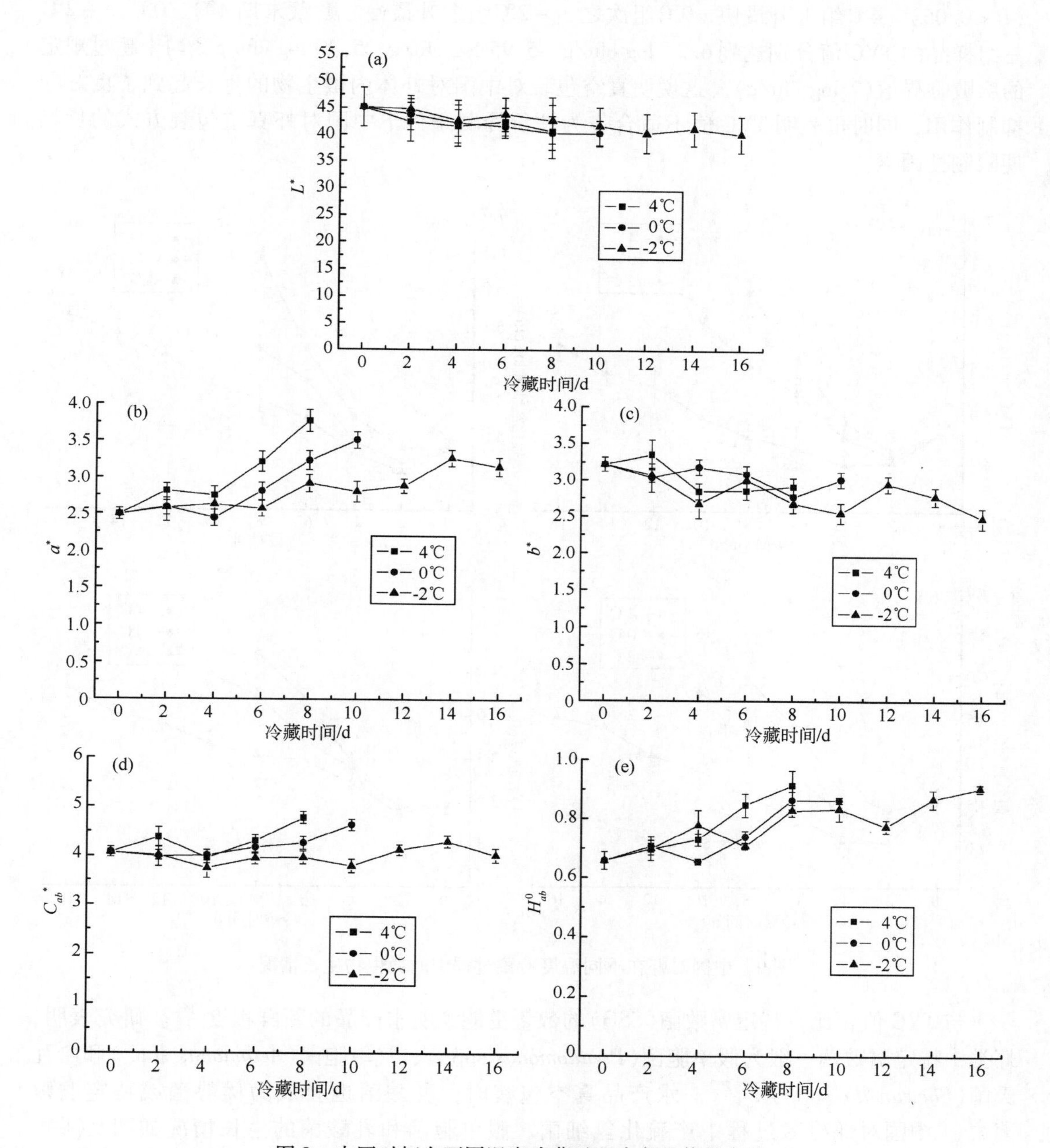

图8　中国对虾在不同温度冷藏过程中色差值的变化

3.4　微生物评价

引起虾类等水产品新鲜度下降和腐败变质的主要因素一般有三种：微生物、酶促作用和化学变化，其中微生物是引起多数水产品腐败的主要因素，腐败微生物的生长状况可以反映出水产品的腐败程度[13,14]。中国对虾在不同温度贮藏期间的微生物变化情况如图9所示。由图9(a)可以看出，中国对虾初始菌落总数(TVC)达到4.78 log cfu/g。随着贮藏时间的延长，三组样品的TVC值均呈显著增加趋势($P<0.05$)，且组间存在显著性差异($P<0.05$)。4℃组上升最快，0℃组次之，-2℃组上升最慢。贮藏末期4℃、0℃、-2℃三组样品的TVC值分别达到6.23 log cfu/g、5.95 log cfu/g、5.70 log cfu/g，均未超过规定的腐败临界值(7 log cfu/g)。这说明真空包装对中国对虾体内微生物的生长起到了良好的抑制作用，同时也表明TVC值不适合作为评价冷藏条件下中国对虾真空包装方式的货架期限制性因素。

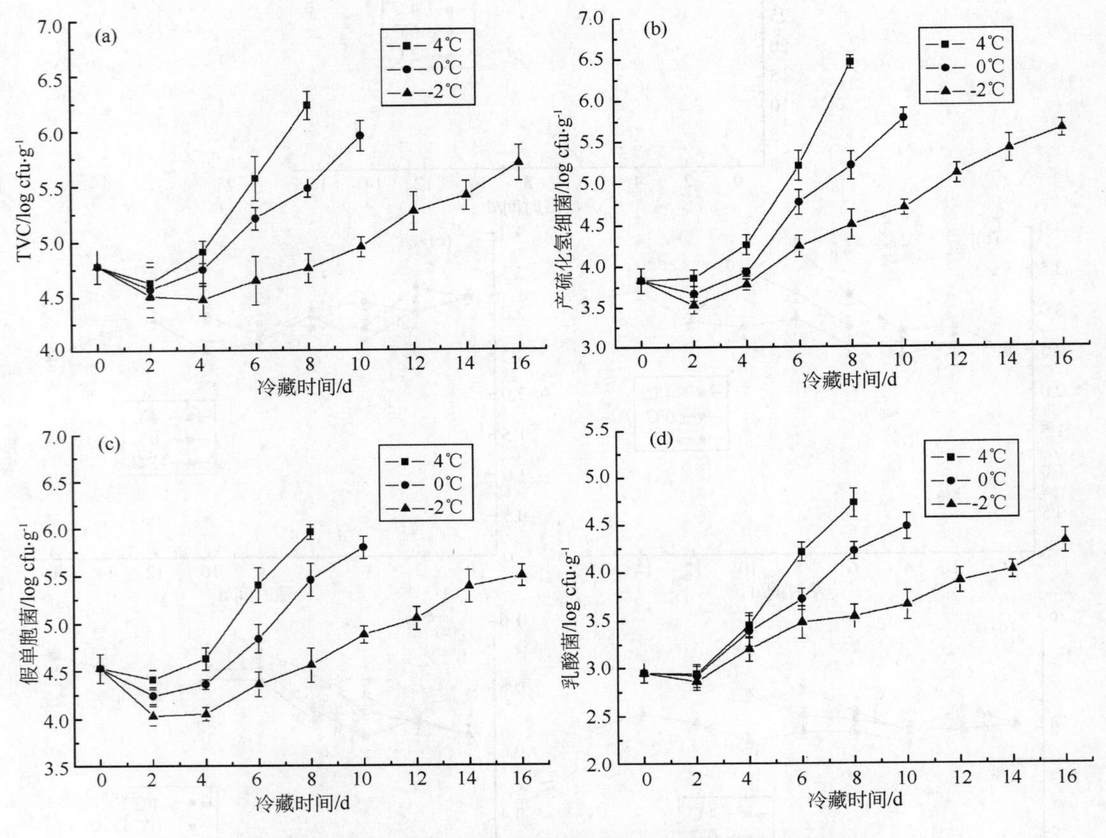

图9　中国对虾在不同温度冷藏过程中的微生物生长情况

与TVC值相比，特定腐败菌(SSO)的数量更能说明水产品的新鲜程度[15]。研究表明，虾类中特定腐败菌一般为假单胞菌(*Pseudomonas* spp.)、气单胞菌(*Aeromonas* spp.)和希瓦氏菌(*Shewanella* spp.)[16~20]。水产品真空包装时，乳酸菌也会成为优势菌或特定腐败菌[20]。中国对虾冷藏过程中产硫化氢细菌、假单胞菌和乳酸菌的生长情况如图9(b)、

9(c)、9(d)所示。初始时中国对虾的产硫化氢细菌、假单胞菌和乳酸菌的数量分别为3.83 log cfu/g、4.53 log cfu/g、2.95 log cfu/g，这说明中国对虾初始优势菌主要是假单胞菌和产硫化氢细菌。随着贮藏时间的延长，产硫化氢细菌、假单胞菌和乳酸菌的数量在三组样品中变化趋势基本与TVC值变化一致，均表现出先下降后显著上升趋势($P<0.05$)，且组间存在显著性差异($P<0.05$)。其中，4℃组上升最快，0℃组次之，-2℃组上升最慢。到贮藏末期同一温度下三种腐败菌的数量由大到小的顺序均为产硫化氢细菌、假单胞菌、乳酸菌，说明中国对虾腐败时的优势菌(或特定腐败菌)主要是产硫化氢细菌和假单胞菌，该结果与Cobb等[16,17]的研究结果较为一致。

3.5 因子分析

采用SPSS 18.0分别对三个不同贮藏温度组的原始数据进行因子分析，结果显示，中国对虾在4℃、0℃、-2℃贮藏过程中反映品质变化的主要共同指标依次是感官得分、化学指标(TVB-N、HxR、Hx、K值)、质构特性(硬度、弹性、凝聚性、回复性、胶性、咀嚼性)、色差属性(a^*、H^0_{ab})及微生物指标(TVC值、产硫化氢细菌、假单胞菌和乳酸菌数量)。

4 结论

(1)在4℃、0℃、-2℃冷藏条件下反映中国对虾品质变化的主要指标依次是感官评分、化学指标(TVB-N、HxR、Hx、K值)、质构特性(硬度、弹性、凝聚性、回复性、胶性、咀嚼性)、色差属性(a^*、H^0_{ab})及微生物指标(TVC值、产硫化氢细菌、假单胞菌和乳酸菌数量)。

(2)在冷藏过程中，感官评分、化学指标(TVB-N、HxR、Hx、K值)、质构特性(硬度、弹性、凝聚性、胶性、咀嚼性)可以作为评价中国对虾新鲜度品质的指标，pH值可以作为一个参考指标，而TBA值、回复性、色差属性(L^*、a^*、b^*、C^*_{ab}、H^0_{ab})则不适合。此外，感官评分、TVB-N值、Hx值还可作为评价中国对虾腐败程度的指标。

参考文献

[1] Lu S M. Effects of bactericides and modified atmosphere packaging on shelf-life of Chinese shrimp (*Fenneropenaeus chinensis*)[J]. LWT-Food Science and Technology, 2009, 42(1): 286-291.

[2] 励建荣，李婷婷，李学鹏. 水产品新鲜度评价方法研究进展[J]. 北京工商大学学报(自然科学版), 2010(6): 1-8.

[3] Ando M, Nakamura H, Harada R, et al. Effect of super chilling storage on maintenance of freshness of kuruma prawn [J]. Food Science Technology Research, 2004, 10: 25-31.

[4] Jeyasekaran G, Ganesan P, Anandaraj R, et al. Quantitive and qualitative studies on the bacteriological quality of Indian white shrimp (*Penaeus indicus*) stored in dry ice [J]. Food Microbiology, 2006, 23: 526-533.

[5] Foss 公司. ASN3140 鲜鱼和冻鱼中挥发性盐基氮(TVBN)的测定[R]. FOSS 应用子报，2002-08-16.

[6] 万建荣，洪玉菁，奚印慈. 水产食品化学分析手册[M]. 上海科学技术出版社，1993: 198-202.

[7] Ryder J M, Buisson D H, Scott D N, et al. Storage of New Zealand Jack mackerel (*Trachurus novaezelandiae*)

in ice: chemical, microbiological and sensory assessment [J]. Journal of Food Science, 1984, 49: 1453 - 1456, 1477.

[8] Zeng Q. Quality Indicators of Northern Shrimp (*Pandalus borealis*) stored under different cooling conditions [R]. Fisheries Training Programme, The United Nations University, 2003.

[9] 过世东，王四维．虾类产品新鲜度评价方法研究进展[J]．食品研究与开发，2006，27(2)：161 - 164.

[10] Auburg S P. Review: interaction of malondialdehyde with biological molecules—new trends about reactivity and significance [J]. Food Science and Technology, 1993, 28: 323 - 335.

[11] Matsumoto M, Yamanaka H. Post - mortem biochemical changes in the muscle of kuruma prawn during storage and evaluation of the freshness [J]. Nippon Suisan Gakkaishi, 1990, 56: 1145 - 1149.

[12] 李燕，周培根．肌苷酸和肌苷作为评价虾新鲜度质量指标的研究[J]．上海水产大学学报，2002，11(3)：264 - 267.

[13] Shirazinejad I, Noryati A, Rosma I. Inhibitory Effect of Lactic Acid and Nisin on Bacterial Spoilage of Chilled Shrimp A. R [J]. Darah World Academy of Science, Engineering and Technology, 2010, 65: 163 - 167.

[14] Lalitha K V, Surendran P K. Microbiological changes in farm reared freshwater prawn (*Macrobrachium rosenbergii de Man*) in ice [J]. Food Control, 2006, 17: 802 - 807.

[15] Lund B M, Baird - Parker T C, Gould G W. The Microbiological Safety and Quality of Food [M]. Gaithersburg Maryland USA: Aspen Publishers Inc, 2000: 472 - 506.

[16] Cobb B F, Vanderzant C, Hanna M O, et al. Effect of ice on microbiological and chemical changes in shrimp and melting ice in a model system [J]. Journal of Food Science, 1976, 41: 29 - 34.

[17] Abu B F, Salleh A B, Razak C N A, et al. Biochemical Changes of Fresh and Preserved Freshwater Prawns (*Macrobrachium rosenbergii*) During Storage [J]. International Food Research Journal, 2008, 15(2): 181 - 191.

[18] Boziaris I S, Kordil A A, Neofitou C. Microbial spoilage analysis and its effect on chemical changes and shelf - life of Norway lobster (*Nephrops norvegicus*) stored in air at various temperatures [J]. International Journal of Food Science and Technology, 2011, 46: 887 - 895.

[19] 曹荣，刘淇，殷邦忠．对虾冷藏过程中细菌菌相变化的研究[J]．保鲜与加工，2011，11(1)：17 - 20.

[20] 杨宪时，许钟，肖琳琳．水产食品特定腐败菌与货架期的预测和延长[J]．水产学报，2004，28(1)：106 - 111.

水产品中微生物风险评估与安全标准

白凤翎　李学鹏　励建荣

（渤海大学化学化工与食品安全学院，辽宁省食品安全重点实验室，
辽宁省高校重大科技平台“食品贮藏加工及质量安全控制工程技术研究中心”，辽宁锦州 121013）

摘要：水产品是人们不可或缺的营养素来源，微生物污染是造成水产品腐败和引起食品安全问题的主要因素。本文依据水产品细菌菌相构成和微生物风险评估的研究进展状况，阐明水产品微生物风险评估与安全标准之间的内在联系，强调风险评估在食品安全研究中的重要作用，旨在提高我国水产品质量安全管理水平。
关键词：水产品；微生物；风险评估；安全标准

致病微生物引起的食源性疾病已成为世界范围内日益关注的食品安全问题。水产品因富含蛋白质等多种营养素适于微生物生长繁殖，由此引发的食物中毒在食源性疾病占有较大的比例。水产品中污染微生物的数量与种类是影响产品质量和决定安全状况的主要因素，微生物安全标准是衡量和评价水产品中微生物污染水平和安全状况的标尺。对水产品中食源性致病性微生物进行风险评估是制定、修订相应微生物安全标准和对实施水产品安全监督管理的科学依据。本文从水产品中细菌菌相构成和微生物风险评估出发，阐明风险评估与微生物安全标准之间的内在联系，对我国水产品实施微生物风险评估提出建议，旨在提高我国水产品质量安全管理水平。

1　水产品中细菌菌相构成

不同水域、不同季节、不同种类水产品中分布的微生物类群和数量不同，致使捕捞后的水产品的细菌菌相构成差异性很大。因此，分析与掌握各种水产品细菌菌相构成是水产品微生物风险评估的基础和前提。

1.1　水产品的特定腐败菌

在刚捕获时，水产品会受到多种微生物污染，但只有很少部分细菌参与产品的腐败过

基金项目：“十二五”国家科技支撑计划（课题编号：2012BAD29B06）；辽宁省食品安全重点实验室暨辽宁省高校重大科技平台“食品贮藏加工及质量安全控制工程技术研究中心”开放课题（LNSAKF2011011）

作者简介：白凤翎（1964—），男，满族，辽宁绥中人，博士，教授。主要从事食品质量安全方面的研究。E-mail：baifling@ yahoo. com. cn

程，这些适合生存、繁殖并形成腐败臭味代谢产物的菌群，即为产品的特定腐败菌（Specific Spoilage Organism，SSO）。在储藏初期SSO数量非常少，占细菌菌落总数的比例也很小，但是其生长速度比其他细菌快，并且随着储藏时间的增加占菌落总数的比例不断增加。在自然存放的水产品中，革兰氏阴性发酵菌是优势腐败菌，而冷藏后优势腐败菌则变为革兰氏阴性嗜冷菌。研究发现，冷藏带鱼在货架期终点时，其主要微生物的种类与所占比例依次为：腐败希瓦氏菌（*Shewanella putrefaciens*，34.7%）、荧光假单胞菌（*Pseudomonas fluorescens*，14.5%）、松鼠葡萄球菌（*Staphylococcus sciuri*，10.2%）、嗜水气单胞菌（*Aeromonas hydrophila*，8.2%）、弧菌（*Vibrio rumoiensis*，6.1%）、恶臭假单胞菌（*Pseudomonas putida*，6.1%）、绿色气球菌（*Aerococcus viridans*，4.1%）、金黄色葡萄球菌（*Staphyloccocus aureus*，4.1%）、蜡样芽孢杆菌（*Bacillus cereus*，4.0%）、铜绿假单胞菌（*Pseudomonas aeruginosa*，2.0%）、嗜冷杆菌（*Psychrobacter* sp.，2.0%）、成团肠杆菌（*Enterobacter agglomerans*，2.0%）、约氏不动杆菌（*Acinetobacter johnsonii*，2.0%），其中腐败希瓦氏菌为带鱼冷藏期间的主要优势腐败菌，假单胞菌次之[1,2]。新鲜梭子蟹体内的细菌菌群组成为微球菌属（*Micrococcus*）、葡萄球菌属（*Staohylococcus*）、黄杆菌属（*Flacobacterium*）、弧菌属（*Vibrio*）。梭子蟹经冷藏半个月后，梭子蟹体内的细菌菌群主要是杆菌，包括黄单胞菌属（*Xanthomonas*）和黄杆菌属（*Flacobacterium*）[3]。大菱鲆中细菌菌相综合分析结果显示，革兰氏阳性菌占菌株总数的18.9%，其中金黄色葡萄球菌占菌株总数的12.6%，微球菌属占菌株总数的6.3%；革兰阴性菌占菌株总数的72.3%，其中的优势菌株为液化沙雷氏菌（10.7%）、肠杆菌属（19.4%）、弧菌属（7.8%）、莫拉氏菌属（8.3%）和产碱菌属（7.3%）[4]。

相对于海洋水产类，淡水鱼体的微生物差异性很大。刘寿春等[5]研究表明，池水和新鲜鱼体的优势菌为芽孢杆菌、肠杆菌科、弧菌科，其主导地位随样品不同而有所差异，还有少量假单胞菌属、肠球菌属、葡萄球菌属等。腐败肉中的菌相较单一，优势菌为洋葱假单胞菌、嗜水气单胞菌和短芽孢杆菌，迟钝爱德华菌和克吕沃尔菌属相对较少。

经过加工的水产品，其细菌菌相发生了较大的变化。从5批淡腌黄鱼样品中总共分离得到293株细菌。菌相组成比较单一，主要存在3种菌落，分别为普通变形杆菌（*Proteus vulgaris*）、侵肺巴斯德菌（*Pasteurella pneumotropica*）、彭氏变形杆菌（*Proteus penneri*）[6]。应用CO_2包装可以抑制需氧腐败菌的生长，磷发光杆菌和乳酸菌可以在这种环境生存。在水产品中添加微量NaCl、略微使其酸化和真空包装后冷藏（如冷熏鱼），可抑制革兰氏阴性需氧菌生长，使乳酸菌和革兰氏阴性发酵菌成为产品的优势菌[7]。

1.2 水产品中的致病菌

李来好等[8]对广东养殖的罗非鱼鱼体及其养殖环境中存在的主要食源性致病菌种类进行分析结果显示，致病菌随季节的不同而发生变化，其中以夏季致病菌种类最多，鱼体及其养殖环境分别为11种和12种致病菌。春季鱼体中致病菌较少，为6种。罗非鱼鱼体及其养殖环境中以致病性嗜水气单胞菌、致泻大肠埃希氏菌、沙门氏菌最为常见，四季均有；致泻大肠埃希氏菌环境中春夏秋季检出率达83%~100%，鱼体夏秋季中达48%~67%；沙门氏菌环境中春秋季检出率达33%~39%，鱼体中达44%~52%。其次在罗非鱼鱼体还分离到霍乱弧菌、副溶血性弧菌、创伤弧菌、阴沟肠杆菌、阪崎肠杆菌、铜绿假单胞菌和恶臭假单胞菌等致病菌。贾爱荣等[9]对374份出口水产品进行检验，结果表明，水产品中的致病菌金黄色葡萄球菌的检出率为1.87%，大肠菌群检出率很高。

2 水产品微生物风险评估

美国国家科学院(NAS)首先开发了风险评估程序，并已经被国际食品法典委员会(CAC)采用。1995年世界卫生组织(WHO)和联合国粮食及农业组织(FAO)联合开发科食源性危害风险分析的模式，微生物标准国家咨询委员会出版了食源性危害导致疾病的风险评估的一般原则[10]。

2.1 微生物风险评估的特点

与化学性风险的风险评估相比，生物性风险评估是一个新的科学领域，具有以下特点：①微生物在食品中或者繁殖或者死亡，而可食性动物产品宰后的化学物质浓度改变却很小；②微生物风险起初是单一暴露造成的，而化学性风险通常是积累效应的结果；③出于动物管理的目的，兽药被允许使用，并可以合理到人体的最小残留暴露量；相反，微生物污染是自然产生的，暴露难以操纵；④微生物很少能够均匀分布在食物中；⑤微生物除了直接从食物摄取外，还可以通过传播进行二次污染；⑥受暴露的人群可以表现短期或长期的免疫力，这会随着微生物风险程度而变化[11]。

2.2 定量微生物风险评估

微生物风险评估是利用现有的科学资料以及适当的实验手段，对因食品中某些微生物因素的暴露对人体健康产生不良后果进行识别、确认和定性和定量分析，并最终做出风险特征描述的过程。定量微生物风险评估(quantitative microbial risk assessment，QMRA)是其高级形式，可以鉴定和评估特定致病菌可能出现的风险，宗旨是减少食源性疾病的发生和促进国际食品贸易。科学评估一般包含以下四步：①危害识别，包括确认和描述致病菌；②暴露评估，评估消费者摄入食品致病菌或毒素的含量；③危害特征的描述，剂量效应关系评估摄入致病菌或毒素剂量的概率以及产生不利影响的严重程度；④风险特征的描述，允许评估来自暴露的风险和剂量效应模型[12]。

2.3 水产品微生物风险评估

水产品微生物定量风险评估应按照结构化的方式进行，即危害识别、暴露评估、危害特性和风险描述，具体的内容包括：①目的说明，风险评估应具有明确的目的，对评估结果产生的形式和可能发生改变有严格的规定；②危害识别，危害识别是对水产品中可能存在的有害健康的微生物因素进行识别，其关键是公众健康数据的有效性和对风险的初步来源、发生频率以及数量初步评估；③暴露评估，是指决定了消费的可能性和消费者暴露的食物病原菌和可能数量，参考因素包括水产品中微生物的生态构成，微生物的生长要求，最初微生物的污染数量，食品中病原菌感染的流行程度等；④危害特性，阐明危害因子与宿主之间的剂量效应关系，提供摄入危害因子之后的有害作用的属性、严重程度和周期性特征；⑤剂量效应评估，目的是明确病原菌的暴露程度(剂量)、有害健康的严重性和发生频率之间的关系。量效关系是风险评估的核心内容，影响的因素很多，WHO/FAO列举考虑的包括微生物的类型和菌株、暴露途径、暴露水平(剂量)、有害影响(效应)、暴露人群的特征、暴露的持久性和多重性等因素；⑥剂量与感染，研究通过水产品进入人体后引发感染，应用胃酸屏障、附着与感染、发病率与死亡率等一系列综合指标确定引发感染与剂量之间的关系；⑦风险描述，综合危害识别、暴露评估和危害特征，获得特定人群收到有害影响的严重性和可能性的风险估计及其不确定性并进行描述[11]。

3 水产品微生物风险评估与安全标准

水产品微生物风险评估处于起步阶段，只局限于副溶血弧菌。美国食品及药物管理局2000年公布了一项针对未加工软体鱼贝类中副溶血弧菌的风险评估草案[13]。应用beta - Poisson，Gompertz和Probit模型模拟了剂量 - 效应关系。经预测，墨西哥湾岸区在冬季、春季、夏季和秋季的疾病平均发生数分别为25起、1 200起、3 000起、400起。疾病的全国性平均风险为4 750例(在1 000 ~ 16 000例范围内)。风险缓解策略为：①在牡蛎采收后迅速将其冷却并加以冷藏，在此期间副溶血弧菌的生活力会缓慢下降；②5 min 50℃的轻度加热可使副溶血弧菌的生活力发生大于log 4.5的降低，且几乎可以消除其致病可能性；③迅速冷却和冷冻贮藏可使副溶血弧菌的生活力降低log 1 ~ 2，可减少其致病性[11]。我国对水产品中副溶血弧菌也进行了风险评估，基本建立了牡蛎中副溶血性弧菌的定量风险评估模型。但暴露评估多从水产市场开始，到消费时结束，有的根本没有涉及暴露评估。虽然有的将其分为捕获期和捕获后两个模块，但捕获后模块与我国居民牡蛎食用习惯具有差异，也未考虑销售阶段牡蛎中副溶血弧菌的变化，暴露评估模型也不十分完整[14 ~ 18]。因此，副溶血弧菌风险评估也是不完整的评估，有待于进一步完善和加强。

我国水产品微生物安全标准体系主要由定量和定性微生物指标构成，定量标准包括细菌菌落总数，大肠菌群和真菌和酵母总数，定性标准主要包括致病菌、细菌和真菌毒素。由于细菌菌落总数中各种细菌对人类危害千差万别，只能凭借其群体作用对水产品质量和人类安全的影响进行评价，按照风险评估程序进行评估很难操作。大肠菌群是对食品安全评价中粪便污染的指示微生物类群，其中包括致病性、条件致病性和非致病性细菌类群，进行风险评估也难以实施。因此，水产品风险评估主要是致病性细菌和毒素的安全性评价，就目前的研究进展来看，只局限于副溶血弧菌，且不十分完善。水产品中金黄色葡萄球菌、沙门氏菌、志贺氏菌、致病性大肠埃希氏菌、蜡样芽孢杆菌等致病菌尚无风险评估资料报道。

食品安全标准是政府管理部门为保证食品安全，防止疾病发生，对食品中安全、营养等与健康相关的科学规定。制定食品安全国家标准，应当依据食品安全风险评估结果并充分考虑食用农产品质量安全风险评估结果，参照相关的国际标准和国际食品安全风险评估结果，并广泛听取食品生产经营者和消费者的意见[19]。制定微生物标准的目的在于供应安全可靠和卫生的食品，保证公众健康，同时符合公平交易的要求。没有进行风险评估的食品安全标准没有基础数据支持，因此在执行过程中的科学性和权威性受到挑战。若制定的限量标准低于引起危害的阈值，则有一部分合格食品被划分为不合格食品；相反，制定的限量标准高于阈值，则会给食用者带来安全风险。对水产品而言，我国规定的致病菌的标准为不得检出，对水产品中污染水平较高的副溶血弧菌和蜡样芽孢杆菌显然过于严格，标准失去了满足公平交易的要求，将可能造成不必要的经济损失。因此，科学规范地进行各类食品风险评估必将成为食品安全领域研究的重要课题。

4 水产品微生物风险评估的建议

我国《食品安全法》以食品安全风险监测和评估为基础，以食品安全标准为核心，以食品安全检测、控制、追溯技术为手段，完善食品生产、加工、贮藏、运输、经营等各环节的监督管理。《食品安全法》规定国务院卫生行政部门负责组织食品安全风险评估工作，成立由医学、农业、食品、营养等方面的专家组成的食品安全风险评估专家委员会进行食品安全风险评估。对于水产品微生物风险评估笔者提出几点建议：①加强水产品基础科学研究，掌握水产品中致病微生物及其毒素的分布状况、生物学、毒理学特征，为风险评估提供理论支持，建立水产品中致病微生物信息库；②构建与完善剂量效应模型，目前我国剂量反应模型一般参考国外相关文献建立的模型，这些模型是以国外疾病暴发时人体实验数据为基础建立起来的，与我国人群特点、消费模式、食用方式差异性很大，其模型的适合度和准确度有待于考量；③收集整理风险评估基本数据，我国在水产品食源性流行病学调查、微生物污染状况调查分析、膳食结构及消费方式调查等方面基本数据匮乏，必须建立国家级调查机构对各项数据进行普查整理，数据资料达到 WHO、CAC、FDA 等国际权威机构认可，这样风险评估才有意义。

风险评估是风险分析的科学核心，可以为食品安全监管措施的制定和食品安全重点工作的确定提供科学依据，也是风险交流信息的来源和依据。食品安全标准的制定过程应贯彻透明度原则，坚持公开、公正、透明。在标准制定过程中，应参考国外先进标准，结合我国情况进行更新、采用。

总之，风险评估为把现有资料以一种可读的方式加以组织以及把食品病原污染问题与其对人类健康的影响联结在一起提供了一种格式样本。在整个工作过程中认识到微生物风险评估是一门发展中的科学，需要水产养殖、微生物学、毒理学、流行病学、营养学和医学等领域的科研工作者不断努力，遵从程序，完善机制，科学、公正、客观地开展水产品微生物风险评估工作，构建适合我国国情的水产品微生物安全标准体系，提高我国水产品质量安全水平。

参考文献

[1] 蓝蔚青，谢晶．传统生理生化鉴定技术结合 PCR 法分析复合保鲜剂对冷藏带鱼贮藏期间菌相变化的影响[J]．食品工业科技，2012，33(10)：330－335.

[2] 蓝蔚青，谢晶．PCR 结合生理生化鉴定对冷藏带鱼主要细菌菌相组成分析[J]．食品与发酵工业，2012，38(2)：11－17.

[3] 裘迪红，杨文鸽，薛长湖．梭子蟹腐败菌菌相的初步分析[J]．食品科技，2005，(8)：33－35.

[4] 丁洁，侯红漫，刘彦泓，等．养殖多宝鱼细菌菌相分析[J]．食品工业科技，2009，30(7)：112－114.

[5] 刘寿春，周康，钟赛意，等．淡水养殖罗非鱼中病原菌和腐败菌的分离与鉴定初探[J]．食品科学，2008，29(5)：327－331.

[6] 张晓艳，郭全友，杨宪时，等．淡腌黄鱼制品品质评价及细菌菌相分析[J]．湖南农业科学，2011，(15)：120-123.
[7] 杨宪时，许钟，肖琳琳．水产品特定腐败菌与货架期的预测和延长[J]．水产学报，2004，28(1)：106-111.
[8] 李来好，吴燕燕，李凤霞，等．广东省罗非鱼及其养殖环境中食源性致病菌菌相分析[J]．水产学报，2009，33(5)：823-830.
[9] 贾爱荣，孟秀梅，夏雪奎，等．出口水产品中微生物污染调查分析及限量探讨[J]．农产品加工学刊，2012，(1)：24-29.
[10] National Advisory Committee on Microbiological Criteria for Foods (NACMCF). Principles of risk assessment for illness caused by foodborne biological agents [J]. J Food Protect, 1998, 16: 1071-1074.
[11] Stephen J, Forsythe. 食品中微生物风险评估[M]．石阶平，史贤明，岳田利，译．北京：中国农业大学出版社，2007.
[12] Lindqvist I R, Sylven S, Vagsholm I. Quantitative microbial risk assessment exemplified by *Staphylococcus aureus* in unripened cheese made from raw milk [J]. International Journal of Food Microbiology, 2002, 78(1-2): 155-170.
[13] FDA. Draft assessment of the public health impact of *Vibrio parahaemolyticus* in raw molluscan shefish. See Internet site www. cfsan. fda. gov/ ~ dm/ vprisk. html.
[14] 宁芊，李寿崧，陈守平．文蛤中副溶血性弧菌的风险评估[J]．现代食品科技，2010，26 (11)：1259-1263.
[15] 陈艳，刘秀梅，王明，等．温暖月份零售带壳牡蛎中副溶血性弧菌的定量研究[J]．中国食品卫生杂志，2004，16(3)：207-209.
[16] 邹婉红．福建省牡蛎食用中感染副溶血性弧菌的风险评估[J]．中国水产，2003 (1)：70-71.
[17] 陈艳，刘秀梅．福建省零售生食牡蛎中副溶血性弧菌的定量危险性评估[J]．中国食品卫生杂志，2006，18(2)：103-109.
[18] 邵玉芳，汪雯，章荣华，等．浙江省生食牡蛎中副溶血性弧菌的风险评估[J]．中国食品学报，2010，10 (3)：193-198.
[19] 中华人民共和国食品安全法．2009.

鳡和草鱼鱼糜热诱导凝胶性能的比较研究

丁玉琴[1,2]　刘　茹[1,3]　熊善柏[1,3]

（1. 华中农业大学食品科技学院，武汉 430070；
2. 中南林业科技大学食品科学与工程学院稻谷及副产物深加工国家工程实验室，长沙 410004；
3. 国家淡水鱼加工技术研发分中心(武汉)，武汉 430070）

摘要：以鳡和草鱼为原料，比较不同加热温度下鳡和草鱼鱼糜凝胶的质构性能、TCA－可溶性肽含量、溶解率和持水性，并采用低场核磁共振技术研究鱼糜凝胶中水分的流动性，探讨水分存在状态对鱼糜凝胶特性的影响。结果表明，在相同的凝胶化条件下，鳡鱼糜凝胶的破断强度和凝胶强度高于草鱼，但持水性低于草鱼($P<0.05$)。鳡鱼糜凝胶的 TCA－可溶性肽含量低于草鱼($P<0.05$)，且在70℃时没有出现明显的凝胶劣化现象。采用双指数衰减模型对不同加热温度下的鱼糜凝胶 NMR 信号进行拟合，得到T_{21}(63～77 ms)和T_{22}(95～300 ms)两个组分。弛豫时间为T_{21}的水分是鱼糜凝胶中水分的主要组分，鳡鱼糜凝胶的T_{21}高于草鱼。鱼糜凝胶的凝胶特性与水分流动性之间的相关性因鱼种而异。鳡鱼糜凝胶的破断强度与T_{21}呈显著的负相关，而与T_{22}呈显著正相关($P<0.05$)。草鱼鱼糜凝胶的破断强度与T_{22}、M_{21}均呈显著正相关，持水性与T_{21}呈显著负相关($P<0.05$)。

关键词：鱼糜凝胶；鳡；草鱼；低场核磁共振

1　前言

加热是鱼糜凝胶形成的关键步骤。鱼糜中蛋白质的变性程度[1]、构象[2,3]、聚集体的大小[1]、蛋白质－水－蛋白质的相互作用[4]及内源性转谷氨酰胺酶[5]和内源性蛋白酶[6]活性等随加热温度的不同而变化，从而影响鱼糜凝胶特性。目前，在鱼糜制品加工中多采用二次加热方式，即鱼糜在高温加热前于 0～40℃低温凝胶化(Setting)一定时间[7]。在鱼糜凝胶形成过程中凝胶化温度非常重要，它除了影响肌原纤维蛋白的构象外，还会影响鱼糜中的内源性转谷氨酰胺酶和组织蛋白酶的活性。通常凝胶化可在 0～

基金项目：国家现代农业产业技术体系专项(CARS－49－23)；国家自然科学基金(31000797)

作者简介：丁玉琴(1984—)，讲师。研究方向为食品科学。E-mail：snail@webmail.hzau.edu.cn

通信作者：熊善柏(1963—)，教授，博士生导师，研究方向为水产品加工保鲜理论与产品创新。E-mail：xiongsb@mail.hzau.edu.cn

4℃、25℃或40℃下进行[7]。

鳡(*Elopichthys bambusa*)为典型的肉食性淡水鱼类。近年来，鳡的天然资源急剧下降，为了开发鳡资源，对其进行了驯化养殖，人工繁殖和养殖技术得到了迅速发展。鳡鱼肉是我国民间公认的用于鱼糜制品生产最好的淡水鱼原料之一。以鳡为原料制作的鱼丸、鱼糕等鱼糜凝胶制品的口感柔嫩、富有弹性且滋味鲜美，明显优于以鲢、草鱼等为原料加工而成的鱼糜制品。目前除对鳡肉营养价值进行研究外[8,9]，对其鱼糜凝胶形成的特性的研究鲜见报道[10,11]。为了充分利用鳡资源，需要对其鱼糜凝胶特性进行研究。草鱼(*Ctenopharyngodon idellus*)是一种典型的植食性鱼类，是我国重要的淡水鱼鱼糜原料之一。现有的关于草鱼加工的技术和理论对鳡的加工具有一定的参考价值。因此，本研究以草鱼为对照，在比较不同加热温度制备的鳡鱼糜凝胶特性的基础上，探讨水分流动性对鱼糜凝胶特性的影响，为合理设计鳡鱼糜凝胶加工工艺提供理论基础。

2　材料与方法

2.1　实验材料

网箱养殖鳡取自湖北省丹江口水库。草鱼购于华中农业大学菜市场。

2.2　鱼糜凝胶的制备

新鲜鳡和草鱼去头、去骨、去内脏，采肉，采得的白肉用5倍蒸馏水漂洗两次，再用5倍0.5% NaCl溶液漂洗1次。每次漂洗10 min。漂洗后的肉糜沥干，并调节水分含量为80%。加入2.5% NaCl进行擂溃，将盐擂后的鱼糜灌入肠衣(直径2 cm)中，并用卡口机将两端密封，置于不同温度下(40℃、50℃、60℃、70℃、80℃、90℃)加热60 min，二次加热法(Two steps)制备的凝胶是先在40℃加热60 min后再置于90℃加热30 min。加热后的鱼糜凝胶置于流水下冷却，然后于4℃冰箱中贮藏12 h后测其指标。

2.3　鱼糜凝胶凝胶强度的测定

将鱼糜凝胶样品从冰箱中取出后，置于室温下平衡1~2 h。在室温下用TA-XT*Plus*质构分析仪测定凝胶的穿刺性能。将凝胶切成高20 mm的圆柱体，将断面的中心置于质构仪探头的正下方样品台上，选用球形探头P/0.25S进行一次压缩，压缩距离为17 mm。穿刺曲线上的第一峰即为破断强度，对应的压缩距离为凹陷深度，凝胶强度等于破断强度与凹陷深度的乘积。每个样品做5~8个平行。

2.4　鱼糜凝胶TCA-可溶性肽含量的测定

参考Benjakul等[12]的方法测定TCA-可溶性肽含量。称取3 g捣碎的样品，加入27 mL 15% TCA，均质后于5℃下放置1 h，然后在4 000 r/min离心10 min，上清液用Lowry法[13]测可溶性肽。

2.5　鱼糜凝胶的溶解率的测定

参考 Benjakul 等[12]的方法。向 1 g 样品中加入 20 mL 的 20 mmol/L Tris - HCl[pH 值 8.0，含 1%(W/V)SDS，8 mmol/L 尿素和 2%(V/V)β - 巯基乙醇]缓冲液，均质后的混合液于 100℃加热 2 min 后，于室温搅拌 4 h，然后在 4 000 r/min 离心 30 min。取上清液 10 mL，添加 2 mL 50%(W/V)三氯乙酸(TCA)，混合液于 5℃放置 18 h，然后 4 000 r/min 离心 15 min，沉淀物用 10% TCA 清洗后溶解于 0.5 mol/L NaOH 中，然后采用 Lowry[13]法测定蛋白质含量。溶解率表示为样品在溶剂中测得的蛋白质总量占总蛋白(样品加直接溶解于 0.5 mol/L NaOH 溶液)的百分比。

2.6　NMR 弛豫时间测量

NMR 弛豫测量在 NMR PQ001 分析仪上进行。质子共振频率为 22.6 MHz，测量温度为 32℃。将(1.17 ±0.02)g 样品放入直径 15 mm 的核磁管后放入分析仪中。T_2用 CPMG 序列测量。所使用的参数为：τ - 值(90 脉冲和 180 脉冲之间的时间)为 1 000 s；重复扫描 4 次，重复间隔时间 3 500 ms，得到 2 000 个回波，得到的图形为指数衰减图形。NMR 数据处理采用 SAS 8.0 软件 MARQUARDT 算法来进行多指数拟合[14]。

$$A(t) = \sum_{i=1}^{n} A_0 i e^{\left(-\frac{1}{T_{2i}}\right)} + e$$

式中：$A(t)$为衰减到时间 t 时的幅值大小；A_0为平衡时的幅值大小；T_{2i}为第 i 个组分的自旋 - 自旋弛豫时间。

2.7　统计分析

所有实验数据采用 SAS 8.0 进行分析，采用 Duncan 新复极差多重比较对数据之间的显著性进行分析。

3　结果与分析

3.1　加热温度对鳡和草鱼鱼糜凝胶质构的影响

不同温度下形成的鳡和草鱼鱼糜凝胶的破断强度、凹陷深度和凝胶强度如图 1 所示。鳡鱼糜凝胶的破断强度随加热温度的升高而升高，在 80℃时达到最大，在 90℃加热时有所下降。草鱼鱼糜凝胶的破断强度、凹陷深度和凝胶强度在 70℃时最小，出现了较明显的凝胶劣化现象[6]。与草鱼鱼糜凝胶相比，在 60 ~ 70℃时，鳡鱼糜凝胶的凝胶强度没有出现明显的下降，说明鳡鱼糜凝胶劣化现象相对较弱。与采用一段加热法即直接在 90℃加热 1 h 相比，采用二次加热法即先在 40℃加热 1 h 再在 90℃加热 0.5 h 制备的凝胶具有较高的破断强度和凝胶强度($P < 0.05$)，这可能与鱼糜内源性转谷氨酰胺酶活性有关[5]。在相同的加热条件下(除 60℃加热得到的凝胶外)，鳡鱼糜凝胶的凝胶强度高于草鱼($P < 0.05$)。

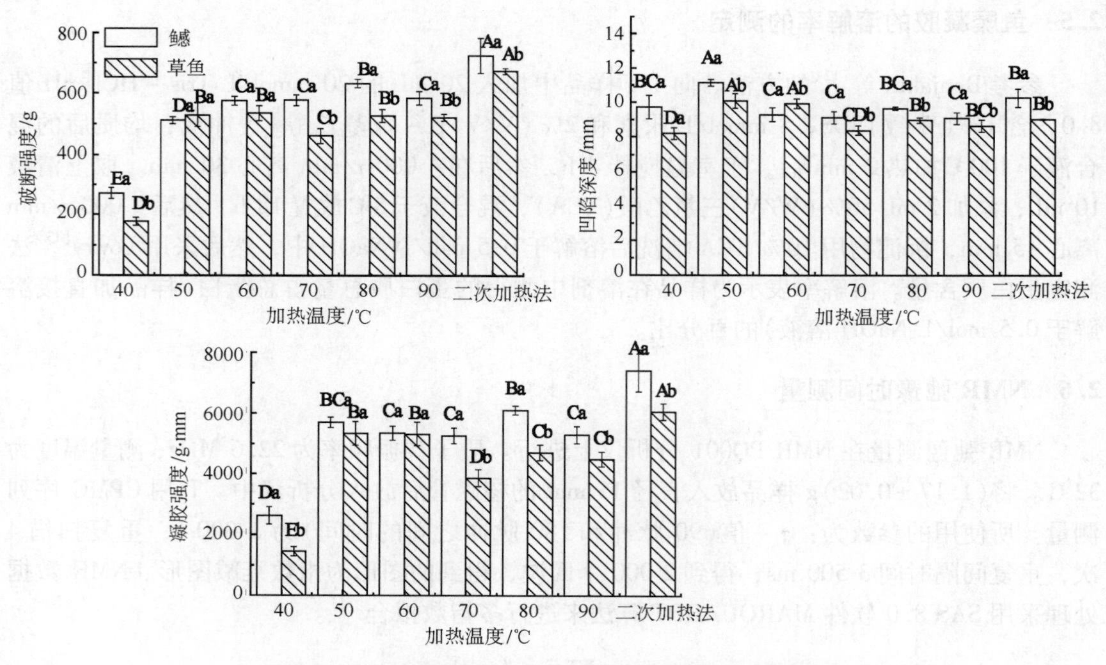

图 1　热温度对鳜和草鱼鱼糜凝胶的质构性能的影响

注：不同的大写字母表示同一鱼种的鱼糜凝胶在不同温度间有显著差异($P<0.05$)；不同的小写字母表示在相同加热温度下两种鱼鱼糜凝胶间有显著差异($P<0.05$)

3.2　加热温度对鳜和草鱼鱼糜凝胶 TCA－可溶性肽含量的影响

由图 2 可知，在 70℃ 加热时，鳜和草鱼鱼糜凝胶中 TCA－可溶性肽的含量最高，故推测，此时内源性蛋白酶活性最高。在加热过程中，鱼糜中内源性蛋白酶可以降解蛋白质，

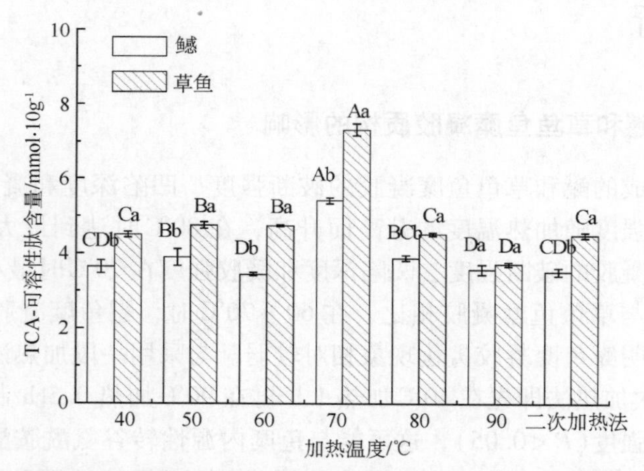

图 2　加热温度对鳜和草鱼鱼糜凝胶的 TCA－可溶性肽含量的影响

注：不同的大写字母表示同一鱼种的鱼糜凝胶在不同温度间有显著差异($P<0.05$)；不同的小写字母表示在相同加热温度下两种鱼鱼糜凝胶间有显著差异($P<0.05$)

从而导致凝胶结构遭到破坏，宏观表现为凝胶劣化[15,16]。引起凝胶劣化的内源性蛋白酶的种类因鱼种不同而异[15,16]，而且它们的最适作用温度不同，一般在 50～70℃范围内。因此，在鱼糜制品加工过程中，为了避免这个温度带常常采用二次加热法。由温度对鱼糜凝胶强度的影响可知(见图 1)，草鱼鱼糜的凝胶劣化出现在 70℃，而鳡鱼糜凝胶的 TCA－可溶性肽含量低于草鱼($P<0.05$)，且在 70℃时没有出现明显的凝胶劣化现象。由此可知，鳡鱼糜中内源性蛋白酶的活性较低，这可能是鳡鱼糜凝胶的品质优于草鱼鱼糜的原因之一。

3.3 加热温度对鳡和草鱼鱼糜凝胶溶解率的影响

含有 1%（W/V）SDS，8 mol/L 尿素和 2%（V/V）β－巯基乙醇的溶液能破坏鱼糜凝胶中除了非二硫共价键之外的所有化学键，因此鱼糜凝胶在此溶液中的溶解率降低则表明形成了较多的非二硫共价键[17]。溶解率可以从另一个侧面反映不同鱼种中内源性 TGase 活性及其对凝胶性能的影响。加热温度对鳡和草鱼鱼糜凝胶溶解率的影响如图 3 所示。

由图 3 可知，采用二次加热法加热制备的鳡和草鱼鱼糜凝胶具有最低的溶解率，此时凝胶中形成的 ε－(γ－Glu)－Lys 非二硫共价键最多，其凝胶强度最高(见图 1)。在 70℃加热制备的鳡和草鱼鱼糜凝胶的溶解率最高。对鳡鱼糜凝胶而言，在 80～90℃加热的凝胶的溶解率与 40℃和 60℃加热的凝胶没有显著性的差异，而略高于 50℃加热的凝胶。草鱼鱼糜凝胶的溶解率随着加热温度的升高出现先增加后降低的趋势，这与加热温度对竹筴鱼鱼糜的溶解率的影响相似[18]。当 50～70℃凝胶化的竹筴鱼鱼糜凝胶具有最高的溶解度，30～40℃凝胶化时具有最低的溶解度，而 80～90℃加热的凝胶的溶解率低于 50～70℃凝胶化的样品[18]。在相同温度条件下草鱼鱼糜凝胶的溶解率大于鳡鱼的，表明鳡鱼鱼糜凝胶中形成的 ε－(γ－Glu)－Lys 非二硫共价键较多，推测出其内源性 TGase 活性更高。

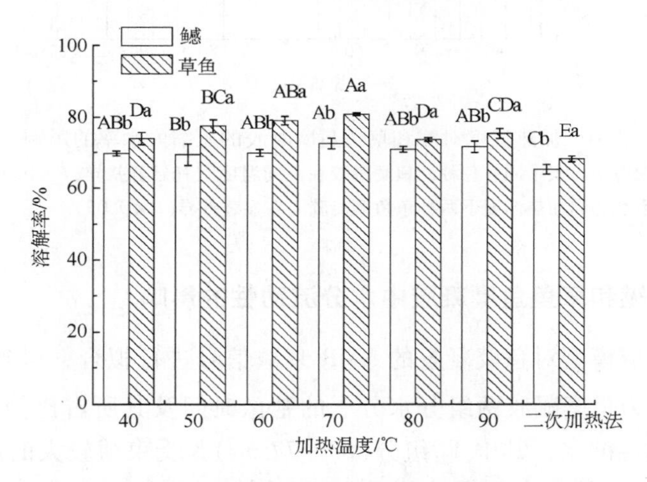

图 3 加热温度对鳡和草鱼鱼糜凝胶的溶解率的影响

注：不同的大写字母表示同一鱼种的鱼糜凝胶在不同温度间有显著差异($P<0.05$)；不同的小写字母表示在相同加热温度下两种鱼鱼糜凝胶间有显著差异($P<0.05$)

3.4　加热温度对鳡和草鱼鱼糜凝胶持水性的影响

持水性表明了蛋白质结合水的能力，对于鱼糜凝胶和凝胶制品的加工特性、产量及成本起着重要的作用。凝胶失水率与其持水性成负相关，失水率越小，凝胶持水性能越好。由图4可知，采用二次加热法和经40℃加热的鳡和草鱼鱼糜凝胶具有较低的失水率。因此，采用二次加热法制备的凝胶的持水性优于直接在90℃加热得到的凝胶。凝胶失水率与凝胶的结构有关，形成的凝胶越致密、均匀则其失水率越低[19]。与二次加热法相比，采用一段法加热制备的鱼糜凝胶结构较为粗糙[5,18]，因此其凝胶强度和持水性较低。鳡和草鱼鱼糜凝胶的压缩失水率分别在70℃和60℃时最大，此时凝胶的持水性最低，破断强度和凝胶强度也较低。在相同的加热温度下，鳡鱼糜凝胶的失水率大于草鱼($P<0.05$)，而鳡鱼糜的破断强度和凹陷深度高于草鱼。也就是说高持水性并意味着高凝胶强度，Salvador等[19]的研究也表明血红蛋白凝胶(haemoglobin gel)的持水性与质构参数之间没有显著的相关性。

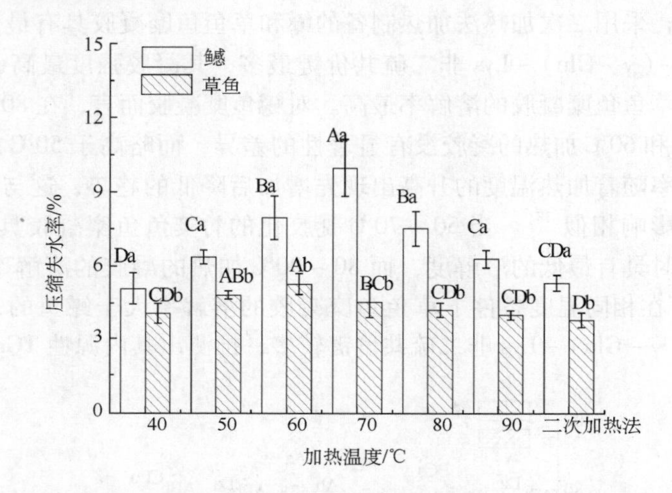

图4　加热温度对鳡和草鱼鱼糜凝胶的压缩失水率的影响

注：不同的大写字母表示同一鱼种的鱼糜凝胶在不同温度间有显著差异($P<0.05$)；不同的小写字母表示在相同加热温度下两种鱼鱼糜凝胶间有显著差异($P<0.05$)

3.5　加热温度对鳡和草鱼鱼糜凝胶中水分流动性的影响

采用双指数衰减模型对鱼糜凝胶的NMR衰减信号进行拟合，得到两个T_2值，分别为T_{21}和T_{22}。图5为鱼糜凝胶两组分水分子的弛豫时间及其所占比例，T_{21}和T_{22}分别对应于两种不同流动性的水，其中T_{21}组分(63～77 ms)是受束缚较大的水，T_{22}组分(95～300 ms)是受束缚较小的水。M_{2i}为各弛豫组分所占比例。弛豫时间为T_{21}的水分是鱼糜凝胶中水分的主要组分。

由图5可知，不同加热温度制备的鱼糜凝胶中水分子^{1}H质子的弛豫行为有差异。随加热温度的升高，鳡鱼糜凝胶的T_{21}降低，说明不易流动水的流动性下降。而草鱼鱼糜凝胶的T_{21}随加热温度的升高呈现先上升后下降的趋势。鳡和草鱼鱼糜凝胶的M_{21}随加

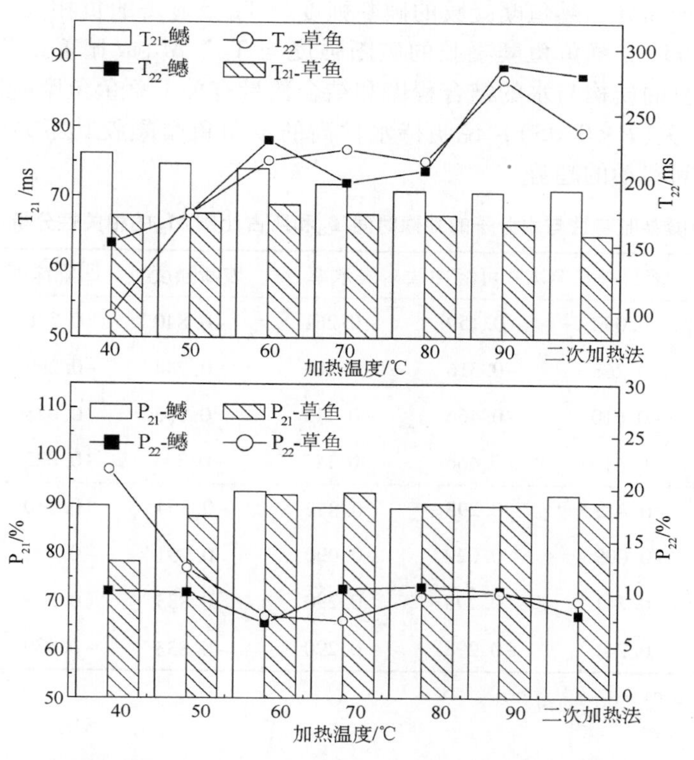

图 5　加热温度对鳡和草鱼鱼糜凝胶^{1}H NMR 弛豫行为的影响（双指数衰减）

热温度的升高呈先增加后降低的趋势。这说明高温加热形成的鱼糜凝胶中与蛋白质结合较紧密的水的含量降低，同时流动性也降低。鳡和草鱼鱼糜凝胶的 T_{22} 随加热温度的升高呈现先增加后降低，随后再增加的趋势，在 40℃加热时 T_{22} 最小，而 90℃加热时 T_{22} 最大。M_{22} 随加热温度的升高呈先降低后增加的趋势，这说明一部分不易流动的水转变为易流动的水。低温下加热时，蛋白质解折叠、伸展，暴露出更多的与水结合的位点，使 M_{21} 的含量增加，此时易流动水的流动性下降。而在高温下加热时，蛋白质不能充分伸展就发生了聚集，会引起相分离程度的增大，凝胶孔径增大[20]。凝胶孔径的增加会使水的流动性增强，这使得高温加热形成的凝胶的 T_{22} 和 M_{22} 较大。尽管在 40℃加热制备的草鱼鱼糜凝胶的 M_{22} 较高，但是其 T_{22} 仅为 96 ms，说明此凝胶中的 T_{22} 组分流动性较小。与直接在 90℃加热相比，采用二次加热法形成的鱼糜凝胶的 T_{21}、T_{22} 和 M_{22} 减小，M_{21} 增加。这是因为低温凝胶化可以强化鱼糜凝胶的网络结构，使其表现出比直接高温加热更好的凝胶特性、持水性和致密的网络结构[5]。除在 70℃加热形成的凝胶外，草鱼鱼糜凝胶的 T_{21} 和 T_{22} 均低于鳡鱼糜凝胶，这可能是草鱼鱼糜凝胶的持水性较好的原因。

食品中水分存在状态会影响食品的质构[21,22]。目前，已有许多学者报道了猪肉、鱼肉在冷冻、贮藏、腌制和蒸煮等过程中水分存在状态与其质构、持水性和口感存在一定的相关性[23~27]。但是现在将 LF－NMR 用于研究鱼糜凝胶水分状态与其凝胶特性的关系的报道还比较少[28,29]。由表 1 可知，由加热温度引起的鱼糜凝胶特性的变化与水分流动性的相关性因鱼种而异。鳡鱼糜凝胶的破断强度与T_{21}呈显著的负相关，而与T_{22}呈极显著正相关($P<0.05$)。草鱼鱼糜凝胶的破断强度与T_{22}、M_{21}成显著正相关($P<0.05$)，说明草鱼鱼糜凝胶的质构与水的结合程度和结合数量有关。草鱼鱼糜凝胶的压缩失水率与T_{21}成显著正相关($P<0.05$)，说明持水性高的草鱼鱼糜凝胶其不易流动水的弛豫时间有向低弛豫时间移动的趋势。

表1　鱼糜凝胶特性与水分子的弛豫时间T_{21}和所占比例M_{21}的相关性分析($n=14$)

鱼种		溶解率	TCA-可溶性肽	失水率	破断强度	凹陷深度	凝胶强度
鳡	T_{21}	-0.052	-0.159	-0.261	-0.840*	0.338	-0.717
	T_{22}	-0.268	-0.316	-0.104	0.744*	-0.299	0.640
	M_{21}	-0.610	-0.466	-0.115	0.343	0.025	0.349
	M_{22}	0.610	0.466	0.115	-0.343	-0.025	-0.349
草鱼	T_{21}	0.817*	0.293	0.852*	-0.354	0.350	-0.225
	T_{22}	-0.009	-0.029	-0.090	0.791*	0.094	0.687
	M_{21}	0.241	0.298	0.290	0.833*	0.339	0.783*
	M_{22}	-0.241	-0.298	-0.290	-0.833*	-0.339	-0.783*

注：* $P<0.05$；** $P<0.01$。

4　结论

鱼糜凝胶的凝胶强度、持水性和水分的流动性因鱼种和加热温度而异。在相同的凝胶化条件下，鳡鱼糜凝胶的破断强度和凝胶强度高于草鱼，但持水性低于草鱼，T_{21}高于草鱼的($P<0.05$)。低温凝胶化可以改善鳡和草鱼鱼糜凝胶特性。不同加热温度制备的鱼糜凝胶中蛋白质非二硫共价键的形成和蛋白质降解程度不同，水分的分布状态也有差异，从而导致不同加热温度下形成的鱼糜凝胶的凝胶强度和持水性有差异。鳡和草鱼鱼糜凝胶的破断强度与水的结合程度和结合数量有关，另外，由加热温度引起的鳡和草鱼鱼糜凝胶特性的变化与水分流动性的相关性因鱼种而异。

参考文献

[1] Benjakul S, Visessanguan W, Ishizaki S, et al. Differences in gelation characteristics of natural actomyosin from two species of bigeye snapper, *Priacanthus tayenus* and *Priacanthus macracanthus* [J]. J Food Sci, 2001, 66(9): 1311-1318.

[2] Liu R, Zhao S M, Liu Y M, et al. Effect of pH on the gel properties and secondary structure of fish myosin [J]. Food Chem, 2010, 121: 196-202.

[3] 刘海梅，熊善柏，谢笔钧，等．鲢鱼糜凝胶形成过程中化学作用力及蛋白质构象的变化[J]．中国水产科学，2008，15(3)：369-375.

[4] Chou H D, Morr C V. Protein-water interaction and functional properties [J]. J Am Oil Chem Sco, 1979, 56(1): 53-62.

[5] 周爱梅，张祥刚，龚翠，等．内源性转谷氨酰胺酶对淡水鱼鱼糜凝胶化的影响[J]．食品科技，

2009，34(2)：130 - 135.

[6] 刘茹，钱曼，熊善柏，等．白鲢鱼糜凝胶劣化的影响因素[J]．华中农业大学学报，2007，26(5)：709 - 713.

[7] Lanier T，Carvajal P，Yongsawatdigul J. In Park J W（Ed.），Surimi and Surimi Seafood［M］，Taylor & Francis，2004：435 - 489.

[8] 万松良，汪亮，李杰，等．鳡含肉率和肌肉营养成分分析[J]．淡水渔业，2008，38(1)：27 - 29.

[9] 马徐发，王卫民，杨紫兰．鳡的生化组成与营养特性[J]．华中农业大学学报，2008，27(6)：759 - 762.

[10] Ding Y Q，Liu Y M，Yang H，et al. Effects of $CaCl_2$ on chemical interactions and gel properties of surimi gels from two species of carps［J］．Eur Food Res Technol，2011，233：569 - 576.

[11] Ding Y Q，Liu R，Rong J H，et al. Rheological behavior of heat - induced actomyosin gels from yellowcheek carp and grass carp［J］．Eur Food Res Technol，2012，235(2)：245 - 251.

[12] Benjakul S，Visessanguan W，Pecharat S. Suwari gel properties as affected by transglutaminase activator and inhibitors［J］．Food Chemistry，2004，85：91 - 99.

[13] Lowry Q H，Rosebrough N J，Farr L A，Randall R J. Protein measurement with the Folin phenol reagent［J］．J Biol Chem，1951，193：256 - 275.

[14] 邵小龙，李云飞．用低场核磁研究烫漂对甜玉米水分布和状态影响[J]．农业工程学报，2009，25(10)：1 - 5.

[15] Ohkubo M，Miyagawa K，Osatomi K，et al. Purification and characterization of myofibril - bound serine protease from lizard fish（*Saurida undosquamis*）muscle［J］．Comp Biochem Physio，2004，137：139 - 150.

[16] Ohkubo M，Osatomi K，Hara K，et al. A novel type of myofibril - bound serine protease from white croaker（*Argyrosomus argentatus*）[J]．Comp Biochem Physio，2005，141(B)：231 - 236.

[17] Benjakul S，Visessanguan W，Pecharat S. Suwari gel properties as affected by transglutaminase activator and inhibitors［J］．Food Chemistry，2004，85：91 - 99.

[18] 陈海华，薛长湖．热处理条件对竹荚鱼鱼糜凝胶特性的影响[J]．食品科学，2010，31(1)：6 - 13.

[19] Salvador P，Toldra M，Saguer E，et al. Microstrucutre - function relationships of heat - induced gels of porcine haemoglobin［J］．Food Hydrocolloid，2009，23：1654 - 1659.

[20] Hermansson A M，Harbitz O，Langton M. Formation of two types of gels from bovine myosin［J］．J Sci Food Agric，1986，37：69 - 84.

[21] Haiduc A M，Duynhoven J V. Correlation of porous and functional properties of food materials by NMR relaxometry and multivariate analysis［J］．Magn Reson Imagine，2005，23：343 - 345.

[22] Herrero A M，Hoz L，Ordonez J A，et al. Magnetic resonance imaging study of the cold - set gelation of meat systems［J］．Food Res Intern，2009，42：1362 - 1372.

[23] Steen C，Lambelet P. Texture changes in frozen cod mince measured by low - field nuclear magnetic resonance spectroscopy［J］．J Sci Food Agric，1997，75(2)：268 - 272.

[24] Hullberg A，Bertram H C. Relationships between sensory perception and water distribution determined by low-field NMR T(2) relaxation in processed pork - impact of tumbling and RN(-) allele［J］．Meat Sci，2005，69（4）：709 - 20.

[25] Jørgensen B M，Jensen K N. Water Distribution and Mobility in Fish Products in Relation to Quality［J］．Quality，2008，915 - 918.

[26] Gudjónsdóttir M，Lauzon H L，Magnússon H，et al. Low field Nuclear Magnetic Resonance on the effect of salt and modified atmosphere packaging on cod（*Gadus morhua*）during superchilled storage［J］．Food Res Intern，2011，44(1)：241 - 249.

[27] Pearce K L, Rosenvold K, Andersen H J, et al. Water distribution and mobility in meat during the conversion of muscle to meat and ageing and the impacts on fresh meat quality attributes—a review [J]. Meat Sci, 2011, 89(2): 111 - 24.

[28] Ahmad M U, Tashiro Y, Matsukawa S, et al. Gelation mechanism of surimi studied by ^{1}H NMR relaxation measurements [J]. J Food Sci, 2007, 72 (6): 362 - 367.

[29] Ahmad M U, Tashiro Y, Matsukawa S, et al. Comparision of horse mackerel and tilapia surimi gel based on rheological and 1H NMR relaxation properties [J]. Fisheries Sci, 2005, 71: 655 - 661.

鲍鱼内脏多糖促 HepG2 细胞增殖及替代培养基中血清作用的研究

武风娟　李国云　刘春花　杜　磊　薛长湖　王玉明

（中国海洋大学食品科学与工程学院，山东 青岛 266003）

摘要： 从鲍鱼内脏中提取活性鲍鱼内脏多糖(AVAP)，检测 AVAP 对 HepG2 细胞增殖的影响，并探讨其替代培养基中血清的功效。采用细胞计数法测定 AVAP 对 HepG2 细胞总细胞数的影响，表观反映其促增殖活性；MTT 法检测细胞存活率，观察 AVAP 对 HepG2 活细胞数的影响；EdU 法测定 AVAP 对细胞增殖活性的影响，直接反映其促增殖活性；最后固定2% 血清添加量，MTT 法检测 AVAP 梯度添加对细胞存活率的影响。AVAP 处理组的总细胞数量、细胞存活率以及细胞增殖指数均高于正常组($P<0.05$)，并呈一定的剂量－效应关系；固定2% 血清添加量时，AVAP 梯度递减仍表现出良好的增殖活性，当多糖浓度降低到 10 μg/mL 时，增殖效率接近于正常组。AVAP 可促进 HepG2 细胞增殖，替代部分血清后对细胞的正常生长无不良影响，为其替代血清活性提供初步数据支撑，为鲍鱼内脏的综合性利用提供理论基础。

关键词： 鲍鱼内脏多糖；细胞增殖；EdU；替代血清

鲍鱼(*Haliotis* spp.)属软体动物门，腹足纲，原始腹足目，鲍科，鲍属，为藻食性动物，是我国传统的海珍品，具有较高的营养价值和药用价值[1]。鲍鱼内脏占鲍鱼总重的 15% ~ 25%，作为鲍鱼加工过程中的废弃物，目前尚未得到有效利用。鲍鱼内脏中富含蛋白质、多糖和脂质，其中多糖是鲍鱼内脏的主要组成部分。有研究指出，从大连产皱纹盘鲍内脏中提取的鲍鱼内脏多糖具有良好的抗肿瘤活性[2]。本文从青岛产鲍鱼内脏中提取分离纯化获得多糖，发现其对体外培养细胞具有较强的增殖活性，替代部分血清后对细胞的正常生长无副作用，为鲍鱼内脏的高值化利用提供了新的理论基础，也为血清替代物的研究提供新的思路。

1　材料与仪器

1.1　材料与试剂

HepG2 人肝癌细胞，购自山东省医学科学院基础研究所。鲜活皱纹盘鲍，购自青岛市

基金项目：海洋功能食品功效因子高效制备技术及产业化示范(No. 201105029)，海洋公益性行业科研项目

作者简介：武风娟(1985—)，女，硕士研究生。研究方向为海洋活性物质。E-mail：warmth_hut@yahoo. cn

通信作者：王玉明，男，教授，硕士生导师。E-mail：wangyuming@ ouc. edu. cn

南山水产品市场。单糖标准品：D－甘露糖，上海化学试剂公司；D－（＋）－氨基葡萄糖，Fluka公司；L－鼠李糖、D－木糖、D－葡萄糖醛酸、D－（＋）－半乳糖醛酸、D－（＋）－氨基半乳糖盐酸盐，D－半乳糖、L－阿拉伯糖、L－岩藻糖、乳糖，Sigma公司。葡聚糖（Dextran Mw 10 000，41 100，66 900，148 000，2 000 000），Sigma公司。其余试剂均为国产分析纯。

1.2 实验仪器

色谱柱及填料：Cellulose DEAE－52，Whatman公司；SephacrylTM S－200，pharmacia公司；TSK－gel G4000 PWxl色谱柱，Tosoh Bioscience公司；Aglient 1100高效液相色谱仪，美国安捷伦公司；RPMI－1640培养基、新生牛血清（美国Gibco公司）；噻唑蓝（MTT，美国Amresco公司）；Edu荧光显微镜检测试剂盒（锐博生物）；TGL－16G型台式离心机（上海安亭科学仪器厂）；680型酶标仪（美国Bio－Rad公司）；Bj5060UV型CO_2培养箱（德国Heraeus公司）；IX－51型倒置荧光显微镜系统（日本Olympus公司）。

2 实验方法

2.1 鲍鱼内脏多糖AVAP的提取、纯化及单糖组成测定

鲍鱼内脏多糖的提取参照文献[3]。将获得的鲍鱼内脏多糖过Sephacryl S－200凝胶柱（1.6 cm×100 cm），采用0.2 mol/L NaCl进行洗脱，收集馏分2min/管，根据苯酚－硫酸法检测多糖含量，收集峰尖样品，透析，冻干。高效液相色谱法测定鲍鱼内脏多糖分子量，柱前衍生高效液相色谱法检测多糖的单糖组成。

2.2 细胞的培养和传代

HepG2细胞以含10%的新生牛血清的RPMI－1640培养基中于37℃、含5% CO_2培养箱，细胞约3 d传代1次，细胞传代5次后用于实验。

2.3 细胞计数法测定AVAP对HepG2细胞总细胞个数的影响

将处于对数生长期的HepG2细胞，用RPMI－1640完全培养基（含10%新生牛血清）制成密度为5×10^4个/mL的细胞悬液，接种于96孔培养板内，100 μL/孔。待24 h贴壁后加入200 μL/孔的浓度分别为50 μg/mL，100 μg/mL和200 μg/mL多糖培养液，每个浓度设4个复孔。空白对照组加等量不含多糖的完全培养基。在37℃、5% CO_2条件下培养48 h后，用IX－51型倒置荧光显微镜计数。

2.4 MTT法测定AVAP对HepG2细胞增殖的影响

将处于对数生长期的HepG2细胞，用RPMI－1640完全培养基（含10%新生牛血清）制成密度为2×10^4个/mL的细胞悬液，接种于96孔培养板内，100 μL/孔。待24 h贴壁后更换成浓度分别为50 μg/mL、100 μg/mL、200 μg/mL和400 μg/mL多糖的培养液，每个浓度设4个复孔，200 μL/孔。空白对照组加等量的完全培养基。37℃、5% CO_2条件下分

别培养 24 h、48 h 和 72 h 后，弃去培养基，加入 MTT 液（PBS 液配制，终浓度为 0.5 mg/mL）。继续培养 4 h 后，吸去上清液，加入酸化异丙醇，吹打至蓝色结晶物完全溶解，酶标仪测 570 nm 各孔吸光度（A）。MTT = A570（样品组）/A570（空白对照组）×100%。

2.5 EdU 法检测 AVAP 对 HepG2 细胞的增殖指数

细胞布板和培养条件同 2.4。加样品培养 48 h 后，弃培养基，每孔加 100 μL 50 μM 的 EdU 培养基孵育 2 h，弃培养液，PBS 清洗细胞 2 次，每次 5 min。然后每孔加 100 μL 含 4% 多聚甲醛的 PBS 细胞固定液室温孵育 30 min，使细胞固定，之后经 EdU 染色，在荧光显微镜下拍照，具体按照 IX－51 型倒置荧光显微镜系统和 Edu 荧光显微镜检测试剂盒说明进行程序设置和实验操作。

2.6 不同 AVAP 浓度梯度添加对替代血清的影响

细胞布板和培养条件同 2.4。待 24 h 贴壁后更换为含 2% 血清，浓度分别为 50 μg/mL、20 μg/mL 和 10 μg/mL 的鲍鱼内脏多糖，每个浓度设 4 个复孔，200 μL/孔。分别以加等量含 10% 血清的完全培养基组为空白对照组，加等量的含 2% 血清浓度的培养基组作为模型组。37℃、5% CO_2 条件下分别培养 24 h 和 48 h，测定各组细胞存活率。

2.7 数据统计

实验数据利用 SPSS 17.0 统计软件进行处理，各组数据均以平均值 ± 标准差（$\bar{x} \pm s$）表示，多组之间的比较采用单因素方差分析，以 $P < 0.05$ 表示有统计学差异。

3 实验结果

3.1 AVAP 的组成分析

表 1 是 AVAP 的基本组成分析。由表 1 可以看出，AVAP 为硫酸化多糖，硫酸基含量为 20.9%，蛋白含量为 4.12%，主要由鼠李糖、葡萄糖醛酸、半乳糖 3 种单糖构成。

表 1　鲍鱼内脏多糖 AVAP 的基本组成分析

样品	硫酸基/%	蛋白质/%	鼠李糖	葡萄糖醛酸	半乳糖	木糖	甘露糖	岩藻糖
AVAP	20.9	4.12	6.4	3.69	1	0.39	0.37	0.23

3.2 AVAP 对 HepG2 细胞总细胞个数的影响

细胞计数的结果显示，AVAP 组的细胞个数明显高于空白对照组，且呈现一定的剂量－效应关系，提示 AVAP 可促进细胞的增殖活性。

3.3 MTT 法测定 AVAP 对 HepG2 细胞增殖活性的影响

MTT 检测法是通过活细胞中琥珀酸脱氢酶引起的酶促化学反应，MTT 结果与活细胞

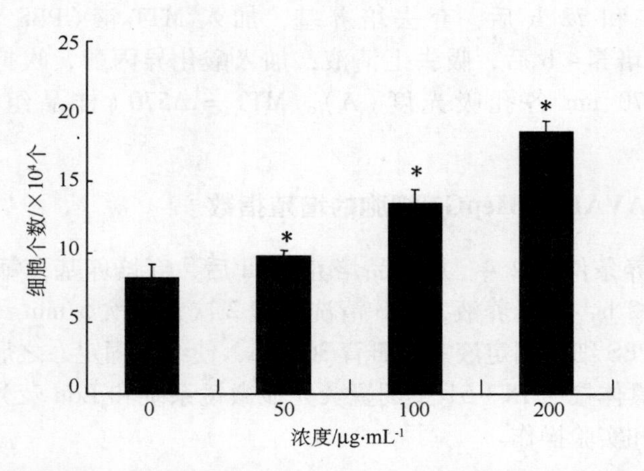

图1 细胞计数法测定 AVAP 对 HepG2 细胞总细胞个数的影响（$n=4$，$\bar{x}\pm s$）

注：同空白对照组相比，* $P<0.05$

数目呈正比，可间接反映活细胞的数量[4]。图2的结果显示，鲍鱼内脏多糖处理组细胞存活率明显高于空白对照组，具有一定的剂量－效应关系，该结果提示鲍鱼内脏多糖 AVAP 对细胞具有显著的增殖活性。

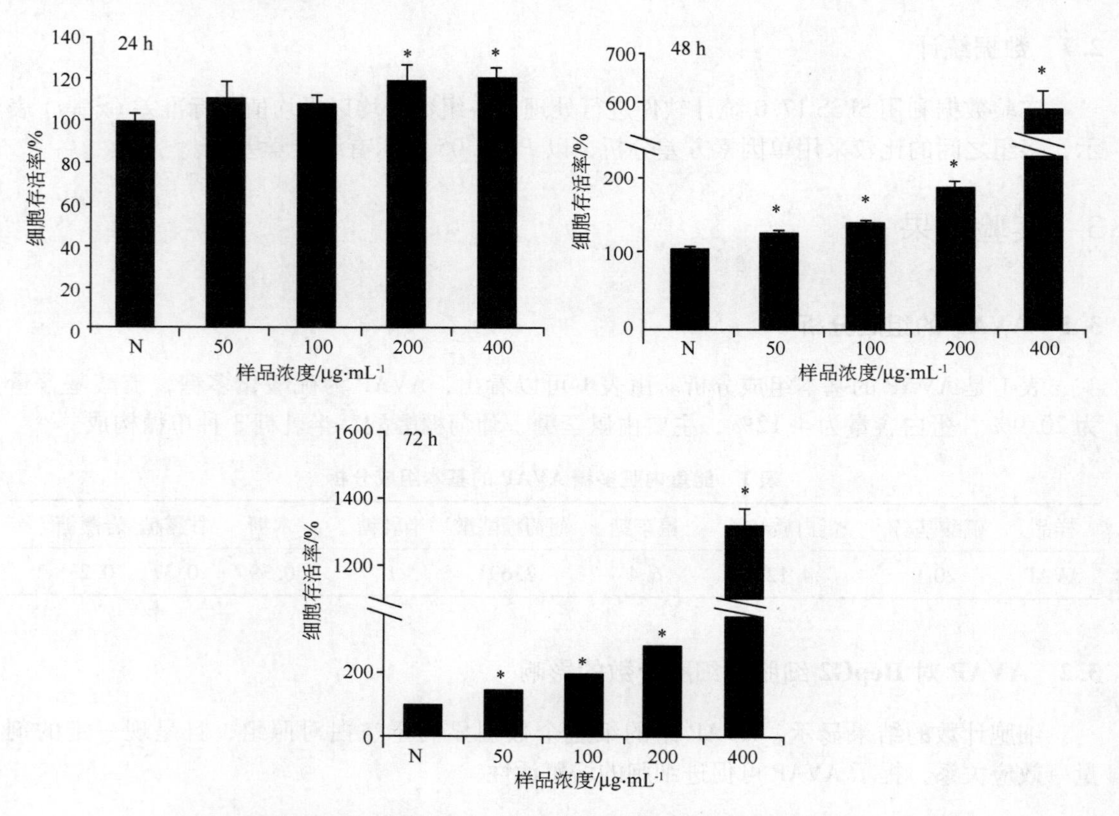

图2 MTT 法测定 AVAP 对 HepG2 细胞增殖活性的影响（$n=4$，$\bar{x}\pm s$）

注：同空白对照组相比，* $P<0.05$

3.4 EdU 法测定 AVAP 对 HepG2 细胞增殖指数的影响

EdU 法是通过加入人工合成的 DNA 成分(EdU)和结合荧光染色定量分析细胞的增殖，其中 EdU 标记的为分裂期细胞，直接反映细胞的增殖变化[5]。如图 3 所示，与对照组相比，多糖处理组细胞增殖指数明显增加，具有明显的量效关系，直接反映了 AVAP 的促进细胞增殖活性。

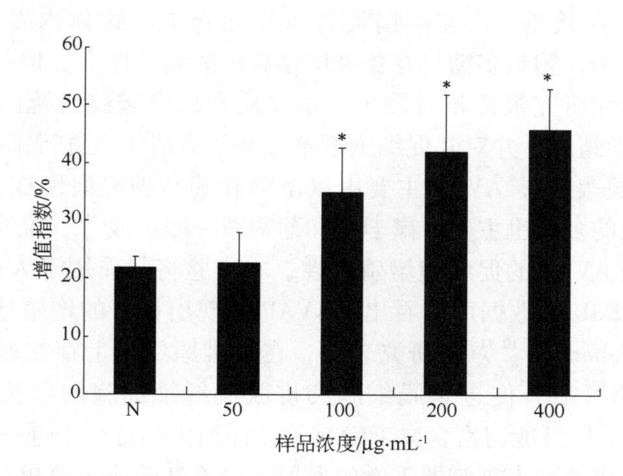

图 3 Edu 法测定 AVAP 对 HepG2 细胞增殖指数的影响($n=4$, $\bar{x}\pm s$)

注：同空白对照组相比，* $P<0.05$

3.5 不同 AVAP 浓度梯度添加对替代血清的影响

结果见图 4，2% 血清处理组细胞存活率低于正常组，加入鲍鱼内脏多糖后，细胞存活率均呈现显著的增加，且呈现显著的剂量-效应关系，当多糖浓度降低到 10 μg/mL 时，仍表现出促细胞增殖活性，增殖效率接近于正常组。以上结果显示，在含 2% 牛血清培养基中，鲍鱼内脏多糖在 10 μg/mL 添加量时细胞生长和增殖与 10% 血清相当，可替代 8% 牛血清。

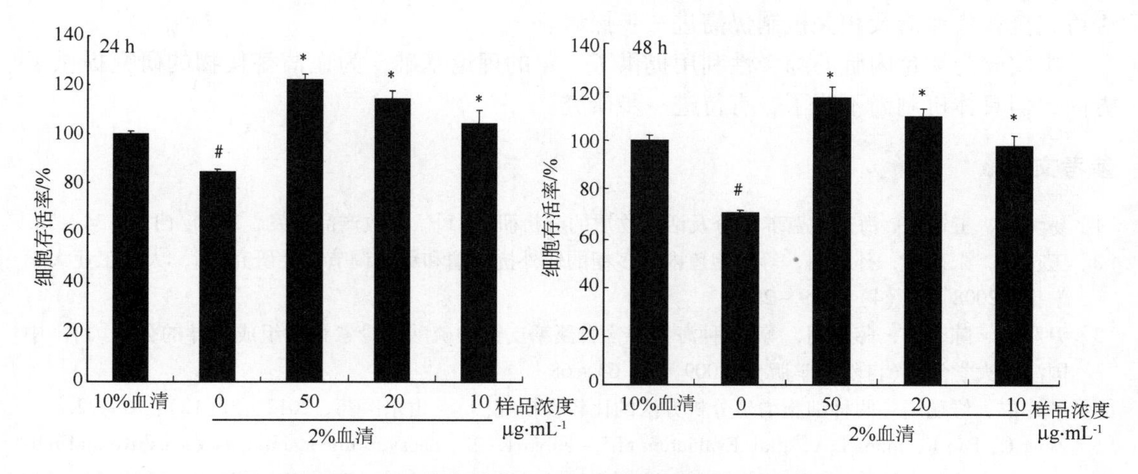

图 4 不同 AVAP 浓度梯度添加对替代血清的影响($n=4$, $\bar{x}\pm s$)

注：与 10% 血清组组，比较# $P<0.05$；与 2% 血清组比较 * $P<0.05$

4 结论

多糖和糖复合物以其在生物体内重要的生物功能和生理活性，在生命科学和医药上具有巨大的应用价值[6]。多糖的相关基础和应用研究以陆生植物及微生物多糖为主，对海洋多糖的研究则主要集中在海藻多糖，目前海洋动物多糖也引起国内外食品、医药等研究领域的重视，现已从鲍鱼软骨、海参、扇贝等海洋无脊椎动物体内发现了大量的活性多糖[7]。有相关研究证明，鲍鱼多糖具有免疫增强和抗肿瘤活性[8]，但关于鲍鱼内脏的综合利用和其中多糖的活性研究报道相对较少。本文从青岛产皱纹盘鲍内脏中提取内脏多糖AVAP，测定了其化学组成，并对其促细胞增殖及替代血清活性进行了探讨。

从糖组成来看(见表1)，AVAP主要由鼠李糖和葡萄糖醛酸组成，有研究报道指出，从浒苔等绿藻中提取的多糖也主要由鼠李糖和葡萄糖醛酸组成[9]，说明其来源可能是摄取了海洋绿藻。为验证AVAP的促细胞增殖活性，本实验将其作用于人的肝癌细胞HepG2，从细胞计数、MTT、EdU的数据可以看出，AVAP表现出良好的增殖活性，具有显著的剂量-效应关系。据Robert等[10,11]的研究表明，在纤维原细胞上存在鼠李糖受体，富含鼠李糖的多糖或者寡糖可显著促进角膜细胞和皮肤成纤维细胞的生长，故本研究获得的AVAP的促细胞增殖活性可能与富含鼠李糖有关，详细机制有待于进一步研究。

伴随着动物细胞培养和人工脏器工学的发展，培养基的质量要求越来越高。而大多数动物细胞的培养离不开血清，目前培养基中使用的血清主要来源于小牛或胎牛，其成分复杂，除含丰富的蛋白质、多肽、氨基酸、葡萄糖和脂肪酸外，还含有激素类物质，易受到细菌、真菌、支原体和病毒等的污染[12]，特别是近年来动物源性疾病，如疯牛病、口蹄疫等病毒性疾病的问题越来越严重，由于血清不能够进行高温灭菌处理，因此用于动物细胞培养所需的牛血清安全性成为细胞培养工学和人工脏器工学发展的瓶颈问题，急需一种安全可靠的血清替代物，以解决上述问题。本实验结果表明，当AVAP浓度梯度添加时，细胞存活率仍高于2%血清组，且浓度降至10 μg/mL时，仍表现出促细胞增殖活性，增殖效率接近于正常组，可替代8%牛血清，为其替代血清活性提供初步数据支撑，但其是否可完全替代血清及相关机制仍需进一步探讨。

本实验为鲍鱼内脏的综合性利用提供了一定的理论基础，为血清替代物的研究提供了方向，但具体机制尚不明了，有待进一步研究。

参考文献

[1] 易美华，王锡彬. 海南鲍营养成分及活性物质的分析研究[J]. 农牧产品开发，1997，(12)：34-38.

[2] 王莅莎，朱蓓薇，孙黎明，等. 鲍鱼内脏多糖的体外抗肿瘤和免疫调节活性研究[J]. 大连工业大学学报，2008，27 (4)：289-293.

[3] 尹利昂，陈士国，薛长湖，等. 4种海参中含岩藻糖支链的硫酸软骨素化学组成差异的分析[J]. 中国海洋大学学报(自然科学版)，2009，39：63-68.

[4] 韩建群，修瑞娟. 两种细胞增殖分析方法的比较性研究[J]. 山东医药，2012，52(12)：70-72.

[5] Zeng C, Pan F, Jones L A, et al. Evaluation of 5-ethynyl-2'-deoxyuridine staining as a sensitive and reliable method for studing cell proliferation in the adult nervous system [J]. Brain Res, 2010, 1319: 21-32.

[6] Hurtley S, Service R, Szuromi P. Cinderella, a coach is ready[J]. Science, 2001, 291: 2337-2378.

[7] 朱莉莉，孙黎明，李冬梅，等．鲍鱼内脏蛋白多糖体内对 H22 肝癌的抑制作用[J]．营养学报，2009，31(5)：478 - 485.

[8] 许东晖，许实波，王兵，等．皱纹盘鲍多糖抗肿瘤药理作用研究[J]．热带海洋学报，1999，18 (4)：86 - 90.

[9] Ray B. Polysaccharides from Enteromorpha compressa：Isolation，purification and structural features[J]．Carbohydrate Polymers，2006，66(3)：408 - 416.

[10] Ravelojaona V，Robert A M，Robert L. Collagen biosynthesis in cell culture：Comparison of corneal keratocytes and skin fibrolasts Effect of rahamnose - rich oligo - and polysaccharides [J]．Pathologie biologie，2008，(56)：66 - 69.

[11] Gilles Faury，Ruszova E，Molinari J，et al. The α - L - Rhamnose recognizing lectin site of human dermal fibroblasts functions as a signal transducer modulation of Ca^{2+} fluxes and gene expression [J]．Biochimica et Biophysica Acta，2008，780：1388 - 1394.

[12] 马忠仁，冯玉萍，李倬，等．动物血清在细胞培养中的重要性及其质量控制标准[J]．西北民族大学学报(自然科学版)，2003，24(50)：56 - 59.

基础水域生态

莱州湾鱼类种类组成及季节变化

郑　亮[1,2]　李　凡[1]　吕振波[1]　徐炳庆[1]　王田田[1,2]

(1. 山东省海洋水产研究所，山东省海洋生态修复重点实验室，山东烟台 264006；
2. 上海海洋大学海洋科学学院，上海 201306)

摘要： 根据2010年和2011年春季(5月)、夏季(8月)、秋季(10月)和冬季(12月)在莱州湾进行的20站位底拖网调查数据，对鱼类生态类型组成及季节变化进行了研究。结果表明，2周年共捕获鱼类55种，全部为硬骨鱼类，隶属于8目29科49属。目级分类单元包含指数为3.63、6.13、6.88，科级分类单元包含指数为1.69、1.90，属级分类单元包含指数为(1.12)。根据鱼类适温类型划分，暖温种种类数最多，占总种类数的60%，暖水种和冷温种种类数相同，均占20%。根据鱼类栖栖所类型划分，大陆架浅水底层鱼类种类最多，大陆架浅水中底层鱼类次之。莱州湾暖温种种类数在各季节均为最多，生物量占优势。大陆架浅水底层鱼类种类数在各季节均最高，生物量在夏、秋季占优势，而在冬季其被大陆架浅水底层鱼类取代。与历史调查结果相比，莱州湾鱼类种类数已大幅减少，但适温类型组成并未发生较大程度改变。与我国其他海域相比，莱州湾鱼类包含指数明显偏低。

关键词： 分类阶元包含指数；适温类型；栖所类型；生物量；莱州湾

莱州湾有黄河、小清河等多条河流入海，基础饵料丰富[1]，是山东渔民的传统渔场，也是黄、渤海鱼类的重要产卵场、栖息地和索饵场[2]。很多学者对渤海及莱州湾鱼类区系进行过大量研究[1~9]。但是，由于受环境变化及多年高强度捕捞的影响，莱州湾的鱼类群落结构已经发生较大程度的改变。在此情况下，掌握目前莱州湾鱼类的生态组成现状，对于科学评价莱州湾鱼类群落健康具有重要意义，同时也可为开展增殖放流工作提供基础资料。

基金项目：海洋公益性行业科研专项经费项目(200905019)、"山东近海经济生物产卵场、索饵场及其生态环境评价"项目和"水生动物营养与饲料'泰山学者'岗位"经费

作者简介：郑亮(1988—)，硕士研究生。研究方向：渔业资源

通信作者：吕振波。E-mail：ytlvzhenbo@163.com

1 材料与方法

1.1 数据来源及调查方法

数据来自2010年和2011年春季(5月)、夏季(8月)、秋季(10月)和冬季(12月)共8航次在莱州湾(37°12′—37°40′N、119°05′—120°00′E)进行的20个调查站位(图1)调查资料。调查网具为单船底拖网，网口周长30.6 m，囊网网目20 mm。每站拖曳1 h，拖速3 kn。拖曳时，网口宽度约8 m。调查均在白天进行。采集样品冰鲜保存，带回实验室进行分类和生物学测定。记录每一种类的数量和重量，将其换算为单位时间的生物量(kg/h)和丰度(个/h)。样品采样及分析均按《海洋调查规范(GB/T 12763.6—2007)》进行。2010年冬季航次SL16站未取得有效数据，在计算中未使用该航次此站数据。

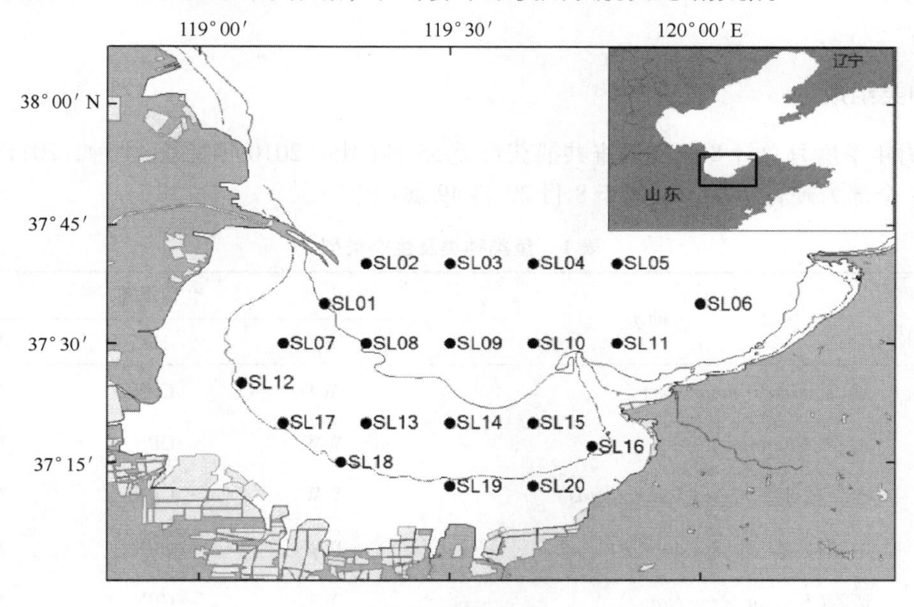

图1 调查站位

1.2 分析方法

鱼类名称及分类地位以Nelson分类系统[10]为依据，并参考FAO Fishbase数据库[11]。依据田明诚等[9]对鱼类适温类型的划分，将鱼类划分为暖水性种(warm water species，WW)、暖温性种(warm temperate species，WT)、冷温性种(cold temperate species，CT)和冷水性种(cold water species，CW)。参照刘静和宁平对黄渤海鱼类栖所类型的划分，划分为大陆架浅水中上层鱼类(continental shelf pelagic - neritic fish，CPN)、大陆架浅水中底层鱼类(continental shelf benthopelagic fish，CBD)、大陆架浅水底层鱼类(continental shelf demersal fish，CD)、大陆架岩礁性鱼类(continental shelf reef - associated fish，CRA)、大陆架大洋洄游性中上层鱼类(oceanic pelagic fish)和大洋深水底层鱼类(oceanic bathydemersal fish)6类[12]。

为了在各分类阶元上表征鱼类组成之间的多样性，根据李娜娜等[13]提出的分类阶元包含指数（$TINCL_i$），用以分析各阶元鱼类种类分布的集中程度，解释鱼类物种之间的亲缘关系。T分类阶元包含指数值越大，表示更多的种(属，科，目)级阶元类群数目归属于属(科、目)级分类阶元的一个类群，说明鱼类在该分类阶元的种类分布越集中，亲缘关系越近。

分类阶元包含指数 $TINCL_i$ 的计算公式为：

$$TINCL_i = \frac{1}{N_t}\sum_{j=1}^{N_i} G_{kj} \quad (k = i)$$

式中：N_i 表示第 i 级分类阶元的数目；C_{kj} 为第 j 个 k 级分类阶段元的数目。通过对比不同海区之间的分类阶元包含指数，分析不同环境条件下各海区的鱼类分类组成差异。

2　结果

2.1　种类组成

两周年季度月总计8航次调查共捕获鱼类55种（其中2010年捕获44种，2011年捕获49种），全部为硬骨鱼类，隶属于8目29科49属（表1）。

表1　鱼类种类及生态类型

序号	种类	生态类型		
		ST	HT	DT
1	鳀（*Engraulis japonicus*）	WT	CPN	MS
2	黄鲫（*Setipinna taty*）	WW	CPN	MS
3	赤鼻棱鳀（*Thryssa kammalensis*）	WW	CPN	MS
4	中颔棱鳀（*Thryssa mystax*）	WW	OEP	MS
5	斑鰶（*Konosirus punctatus*）	WT	CPN	MS
6	青鳞小沙丁鱼（*Sardinella zunasi*）	WT	CPN	MS
7	安氏新银鱼（*Neosalanx anderssoni*）	WT	CD	ESS
8	有明银鱼（*Salanx ariakensis*）	WT	CD	ESS
9	长蛇鲻（*Saurida elongata*）	WT	CD	MS
10	鲮（*Liza haematocheilus*）	WT	CPN	ENS
11	鲻（*Mugil cephalus*）	WW	CBD	MS
12	冠海马（*Hippocampus coronatus*）	CT	CD	ENS
13	尖海龙（*Syngnathus acus*）	WT	CD	ENS

（续表）

序号	种类	生态类型		
		ST	HT	DT
14	许氏平鲉（*Sebastes schlegelii*）	CT	CD	ENS
15	鲬（*Platycephalus indicus*）	WW	CRA	MS
16	大泷六线鱼（*Hexagrammos otakii*）	CT	CD	ENS
17	松江鲈（*Trachidermus fasciatus*）	WT	CBD	MS
18	网纹狮子鱼（*Liparis chefuensis*）	CT	CD	ENS
19	花鲈（*Lateolabrax japonicus*）	WT	CRA	ENS
20	细条天竺鲷（*Apogon lineatus*）	WT	CD	MS
21	多鳞鱚（*Sillago sihama*）	WW	CRA	MS
22	黑棘鲷（*Acanthopagrus schlegelii*）	WT	CD	ENS
23	真鲷（*Pagrus major*）	WT	CD	MS
24	皮氏叫姑鱼（*Johnius belangerii*）	WW	CBD	MS
25	小黄鱼（*Larimichthys polyactis*）	WT	CBD	MS
26	银姑鱼（*Pennahia argentata*）	WW	CBD	MS
27	绵鳚（*Zoarces elongatus*）	CT	CD	MS
28	日本眉鳚（*Chirolophis japonicus*）	CT	CBD	ENS
29	方氏锦鳚（*Pholis fangi*）	CT	CD	ENS
30	绯䲗（*Callionymus beniteguri*）	WT	CD	ENS
31	黄鳍刺鰕虎鱼（*Acanthogobius flavimanus*）	CT	CD	ENS
32	斑尾刺鰕虎鱼（*Acanthogobius ommaturus*）	WT	CD	ENS
33	乳色刺鰕虎鱼（*Acanthogobius lactipes*）	CT	CD	ENS
34	六丝钝尾鰕虎鱼（*Amblychaeturichthys hexanema*）	WT	CD	ENS
35	矛尾鰕虎鱼（*Chaeturichthys stigmatias*）	WT	CD	ENS
36	中华栉孔鰕虎鱼（*Ctenotrypauchen chinensis*）	WT	CD	ENS
37	裸项蜂巢鰕虎鱼（*Favonigobius gymnauchen*）	WW	CRA	ENS
38	普氏细棘鰕虎鱼（*Acentrogobius pflaumii*）	WT	CD	ENS
39	长丝鰕虎鱼（*Myersina filifer*）	WT	CD	ENS
40	拉氏狼牙鰕虎鱼（*Odontamblyopus lacepedii*）	WT	CBD	ENS
41	髭缟鰕虎鱼（*Tridentiger barbatus*）	WT	CD	ENS
42	纹缟鰕虎鱼（*Tridentiger trigonocephalus*）	WT	CD	ENS
43	小带鱼（*Eupleurogrammus muticus*）	WW	CBD	MS

（续表）

序号	种类	生态类型		
		ST	HT	DT
44	带鱼(*Trichiurus lepturus*)	WT	CBD	MS
45	蓝点马鲛(*Scomberomorus niphonius*)	WT	CPN	MS
46	银鲳(*Pampus argenteus*)	WW	CBD	MS
47	褐牙鲆(*Paralichthys olivaceus*)	WT	CD	MS
48	石鲽(*Kareius bicoloratus*)	CT	CD	MS
49	钝吻黄盖鲽(*Pseudopleuronectes yokohamae*)	CT	CD	MS
50	短吻红舌鳎(*Cynoglossus joyneri*)	WT	CD	ENS
51	半滑舌鳎(*Cynoglossus semilaevis*)	WT	CD	ENS
52	绿鳍马面鲀(*Thamnaconus modestus*)	WT	CRA	MS
53	月腹刺鲀(*Gastrophysus lunaris*)	WW	CD	MS
54	暗纹东方鲀(*Takifugu fasciatus*)	WT	CD	MS
55	假睛东方鲀(*Takifugu pseudommus*)	WT	CD	MS

其中以鲈形目种类最多，有28种，占总种类数的50.9%；其次是鲱形目6种，占10.9%(表2)。

目级分类单元包含指数为3.63、6.13、6.88，科级分类单元包含指数为1.69、1.90，属级分类单元包含指数为1.12。

表2 莱州湾鱼类物种各分类阶元的分布

目	科	属	种
鲱形目(Clupeiformes)	2	5	6
鲑形目(Salmoniformes)	2	3	3
鲻形目(Mugiliformes)	1	2	2
刺鱼目(Gasterosteiformes)	1	2	2
鲉形目(Scorpaeniformes)	5	5	5
鲈形目(Perciformes)	13	25	28
鲽形目(Pleuronectiformes)	3	4	5
鲀形目(Tetraodontiformes)	2	3	4
合计 8目	29	49	55

2.1.1 适温类型组成

构成莱州湾鱼类区系的主要成分为暖温种，包括斑鰶(*Konosirus punctatus*)、青鳞小沙丁鱼(*Sardinella zunasi*)、花鲈(*Lateolabrax japonicus*)、小黄鱼(*Larimichthys polyactis*)、绯䲗(*Callionymus beniteguri*)、斑尾刺鰕虎鱼(*Acanthogobius ommaturus*)、矛尾鰕虎鱼(*Chaeturichthys stigmatias*)、带鱼(*Trichiurus lepturus*)、蓝点马鲛(*Scomberomorus niphonius*)、褐牙鲆(*Paralichthys olivaceus*)、半滑舌鳎(*Cynoglossus semilaevis*)和短吻红舌鳎(*Cynoglossus joyneri*)等33种，占总种类数的60%；其次为暖水种，包括黄鲫(*Setipinna taty*)、赤鼻棱鳀(*Thryssa kammalensis*)、鲬(*Platycephalus indicus*)、银姑鱼(*Pennahia argentata*)和银鲳(*Pampus argenteus*)等11种，占总种类数的20%；冷温种包括许氏平鲉(*Sebastes schlegelii*)、大泷六线鱼(*Hexagrammos otakii*)、方氏锦鳚(*Pholis fangi*)、石鲽(*Kareius bicoloratus*)和钝吻黄盖鲽(*Pseudopleuronectes yokohamae*)等11种，占总种类数的20%。

2.1.2 栖息类型

莱州湾鱼类以大陆架浅水底层鱼类种类最多，包括许氏平鲉、绯衔、斑尾刺鰕虎鱼、矛尾鰕虎鱼、褐牙鲆、钝吻黄盖鲽、短吻红舌鳎、半滑舌鳎、假睛东方鲀(*Takifugu pseudommus*)等32种，占58.2%。其次为大陆架浅水中底层鱼类，包括皮氏叫姑鱼(*Johnius belangerii*)、小黄鱼、银姑鱼、带鱼和银鲳等10种，占18.2%。大陆架浅水中上层鱼类包括赤鼻棱鳀、斑鰶、青鳞小沙丁鱼、鮻(*Liza haematocheilus*)和蓝点马鲛等7种，占12.7%。大陆架岩礁性鱼类包括鲬、花鲈、多鳞鱚(*Sillago sihama*)等5种，占9.1%。大陆架大洋洄游性中上层鱼类仅中颌棱鳀(*Thryssa mystax*)1种，占1.8%。调查未渔获大洋深水底层鱼类。

2.2 季节变化

莱州湾鱼类种类数存在明显的季节变化，洄游性的暖水种和暖温种在春季进入莱州湾，鱼类种类数增加，秋季随着莱州湾水温的降低，这些种类逐步洄游离开莱州湾至越冬场越冬，种类数减少，因此冬季鱼类种类数明显低于春、夏、秋三季。

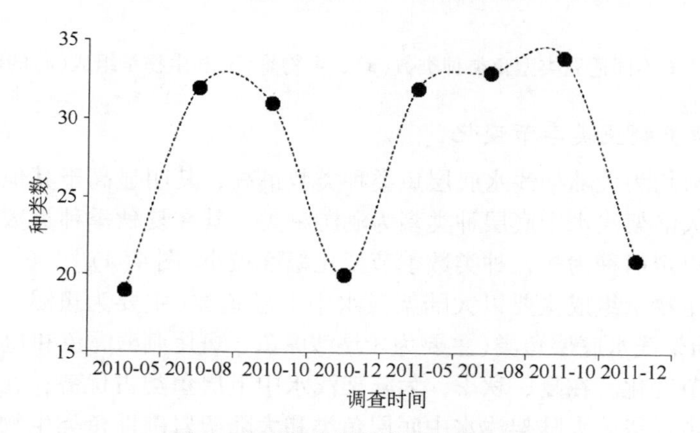

图2 莱州湾鱼类种类数季节变化

2.2.1　不同适温类型鱼类季节变化

莱州湾暖温种种类数在各季节均为最多，冷温种种类数在各季节均较少。暖温种和暖水种种类数均存在明显的季节变化，且变化趋势一致，表现为春、冬季较低，而夏、秋季较高且季节波动幅度较小(图3a)。

暖温种生物量在莱州湾占优势(主要贡献者为斑鰶、斑尾刺鰕虎鱼、矛尾鰕虎鱼和短吻红舌鳎等)，但各季节波动较大，夏、秋季较高而春、冬季较低。暖水种的生物量也存在明显的季节波动(主要由赤鼻棱鳀贡献)，但仅在春季比例较高(图3b、图3c)。

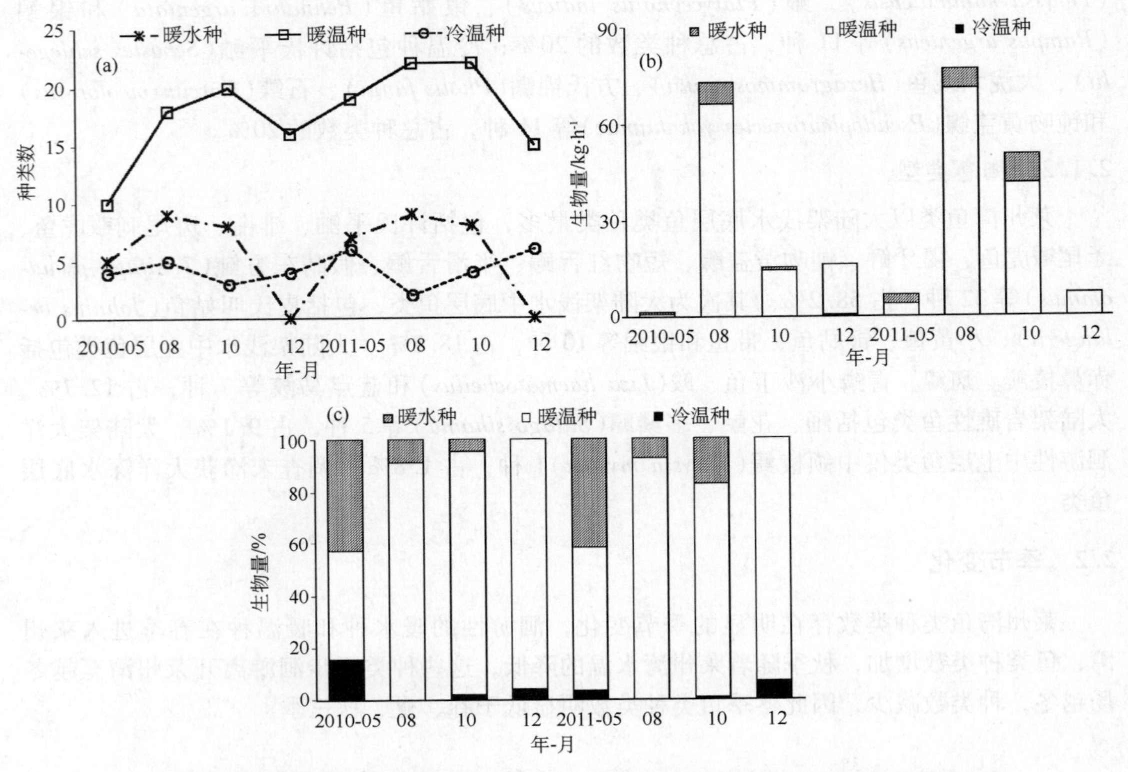

图3　莱州湾不同适温类型鱼类种类数(a)、生物量(b)和生物量组成(c)的季节变化

2.2.2　不同栖所类型鱼类季节变化

莱州湾各季节均为大陆架浅水底层鱼类种类数最高，其明显高于其他种类。大陆架浅水中上层种类和大陆架浅水中底层种类多为洄游种类，其在夏秋季种类数较高。而近大陆架浅水底层鱼类以定居种为多，种类数季节变化幅度较小[图4(a)]。

莱州湾鱼类生物量组成主要以大陆架浅水中上层鱼类(主要为斑鰶、赤鼻棱鳀、青鳞小沙丁鱼)和大陆架浅水底层鱼类(主要为矛尾鰕虎鱼、斑尾刺鰕虎鱼和短吻红舌鳎)为主，其存在明显的季节变化。在夏、秋季，大陆架浅水中上层鱼类占优势；在冬、春季，大陆架浅水底层鱼类占优势。大陆架浅水中底层鱼类和大陆架岩礁性鱼类生物量比例较低，而大陆架大洋洄游性中上层鱼类生物量比例几可忽略[图4(b)、图4(c)]。

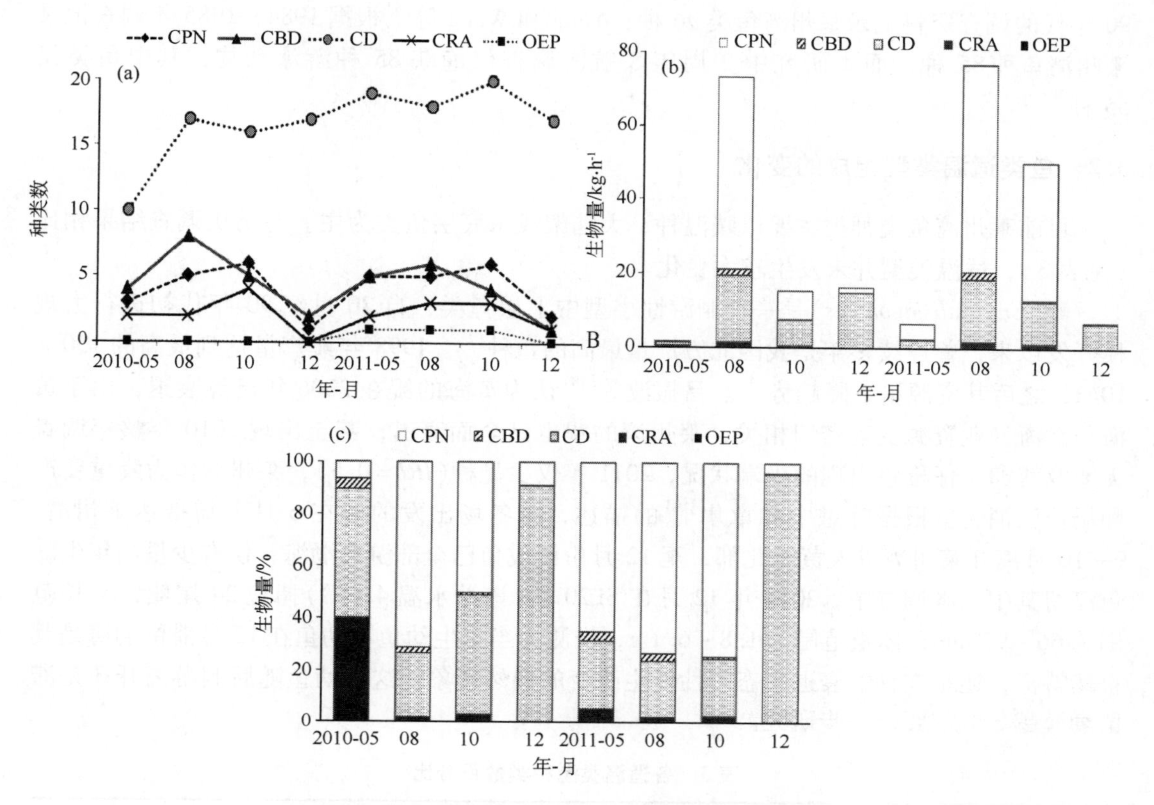

图 4 莱州湾不同栖所类型鱼类种类数的季节变化

CPN：大陆架浅水中上层鱼类；CBD：大陆架浅水中底层鱼类；CD：大陆架浅水底层鱼类；CRA：大陆架岩礁性鱼类；OEP：大陆架大洋洄游性中上层鱼类

3 讨论

3.1 鱼类种类数变化

有关莱州湾和渤海的鱼类种类数，不同文献报道的数目并不相同。Chen 等[7]认为莱州湾鱼类种类数与渤海实际上是一致的，因此可用渤海鱼类种类数来估算莱州湾鱼类种类数；张春霖等报道渤海鱼类 116 种；田明诚等[9]根据渤海 1982—1983 年调查记录鱼类 108 种，同时根据文献补充 48 种，认为渤海共有鱼类 156 种；朱鑫华等[14]根据渤海 1982—1985 年调查记录鱼类 119 种。上述研究中记录的鱼类种均存在一定数量的极偶然出现于渤海的鱼类(仅有记录而无标本)，而且根据目前的分类系统和研究结果，上述研究中亦包含部分同物异名种类。因此，渤海鱼类种类数应该低于上述报道的数目。刘静和宁平[12]根据标本整理认为渤海鱼类种类数为 104 种。

自 20 世纪 50 年代末以来，受人类活动(包括渔业捕捞、水利建设、陆源污染、海洋海岸工程、水产养殖等)以及气候变化的影响，莱州湾游泳动物群落受到了严重干扰，游泳动物种类数特别是鱼类种类数总体呈下降趋势(表 5)。Chen 等[7]根据 20 世纪 80 年代、

90年代的调查资料记录莱州湾鱼类96种；Yang和Wang等[6]根据1984—1985年调查记录莱州湾鱼种85种，而本研究中2周年8航次调查仅渔获85种游泳动物，其中鱼类仅55种。

3.2 鱼类适温类型组成的变化

目前莱州湾鱼类种类主要以暖温种、大陆架浅水底层鱼类为主。与历史调查结果相比(见表3)，适温类型并未发生较大变化。

鳀(*Engraulisjaponicus*)是一种洄游性小型中上层鱼类，自20世纪90年代初进行大规模开发以来，曾连续多年是我国北方产量最高的鱼种[2]。1998年鳀产量达到最高的150 × 10^4 t，之后其资源呈下降趋势[3]。吕振波等[18]认为黄海的鳀在2006年已经衰退，由于黄海与渤海渔业资源变动密切相关，莱州湾的鳀也已全面衰退，甚至出现2010年整年调查无鳀及鳀卵、仔稚鱼出现的极端状况，2011年仅少见种(*IRI* = 0.5)，莱州湾作为鳀重要产卵场业已消失。根据叶懋中和章隼[19]的描述，越冬场出发的鳀在6月上旬抵达莱州湾，9—10月离开莱州湾进人黄海北部，至12月份鳀成鱼已全部游离渤海，仅有少量当年生幼鱼滞留其中。本调查中，2011年12月在SL20站(该站水温4.6℃)捕获24尾鳀，叉长范围为66 ~ 97 mm，体重范围为1.8 ~ 6.1 g，推测为当年生幼鱼。幼鱼在12月滞留渤海是其自然特征，还是在种群衰退生态习性发生改变的偶然现象？这些幼鱼随后洄游离开还是滞留渤海越冬？需要进一步研究。

表3 各适温类型种类数百分比

调查年份	区域	种类数百分比/%			参考文献
		暖水种(WW)	暖温种(WT)	冷温种(CT)	
1958	渤海	25.7	59.5	14.8	林福伸[15]
渤海鱼类名录	渤海	21.8	52.6	25.6	田明诚等[9]
1982—1985	渤海	28.6	58.0	13.4	朱鑫华等[14]
	渤海				刘静和宁平[12]
1980—2000	莱州湾	29.2	60.4	10.4	Chen 等[7]
1984—1985	莱州湾及黄河口	29.4	56.5	14.1	Yang 等[6]
1998	莱州湾	37.8	51.1	11.1	程济生[16]
1998	渤海近岸	36.4	51.5	12.1	程济生[16]
2006	莱州湾	29.7	59.5	10.8	吕振波等[17]
2010—2011	莱州湾	21.8	58.2	20.0	本文

3.3 分类阶元包含指数

分类阶元包含指数(*TINCLi*)值越小，则在上一级分类阶元所包含的下一级阶元的均值越小，表示鱼类在该分类阶元的种类分布越不集中，亲缘关系较远，相应分类多样性也越高。表4列出了莱州湾和我国其他海域鱼类分类阶元包含指数。莱州湾分类阶元包含指数较低，我国海域分类阶元包含指数大小依次为：南海、东海、黄海、渤海。这一现象反映了海洋动物区系种的多样性从低纬度到高纬度呈梯度递减的普遍规律，符合“离开菲律宾—马来半岛—新几内亚这一种类最丰富的三角地区愈远种的数目愈少”[22]的规律。

表4　不同海域鱼类各阶元种的分类阶元包含指数

参考文献	区域	鱼类种类数	种/属	种/科	种/目	属/科	属/目	科/目
史赟荣等[20]	东沙群岛	514	2.41	7.45	24.48	3.09	10.14	3.29
李娜娜等[13]	大亚湾	320	1.55	3.40	14.55	2.19	9.36	4.27
李圣法[21]	东海陆架	350	1.48	2.92	12.07	1.97	8.16	4.13
刘静等[12]	黄渤海	321	1.45	2.84	9.73	1.96	6.70	3.42
	黄海							
吕振波等[17]	山东近海	79	1.13	2.03	6.08	1.79	5.38	3.00
朱鑫华等[14]	渤海	119	1.37	2.38	8.50	1.74	6.21	3.57
吕振波等[17]	莱州湾	37	1.03	1.42	3.70	1.38	3.60	2.60
程济生[16]	渤海近岸	66	1.22	1.89	5.50	1.54	4.50	2.92
本研究	莱州湾	55	1.12	1.90	6.88	1.69	6.13	3.63

参考文献

[1] 金显仕，邓景耀．莱州湾渔业资源群落结构和生物多样性的变化[J]．生物多样性，2000，8（1）：65－72.

[2] 邓景耀，金显仕．莱州湾及黄河口海域渔业生物多样性及其保护研究[J]．动物学研究，2000，21（1）：76－82.

[3] 金显仕，邓景耀．莱州湾春季渔业资源及生物多样性的年间变化[J]．海洋水产研究，1999，20（1）：6－12.

[4] 王平，焦燕，任一平，等．莱州湾、黄河口水域春季近岸渔获生物多样性特征的调查研究[J]．海洋湖沼通报，1999，1：40－44.

[5] 朱鑫华，缪锋，刘栋，等．黄河口及邻近海域鱼类群落时空格局与优势种特征研究[J]．海洋科学集刊，2001，43：141－151.

[6] Yang J M, Wag C X. Primary Fish Survey in the Huanghe River Estuary[J]. Chinese Journal of Oceanology and Limnology, 1993, 11 (4): 368－374.

[7] Chen D G, Shen W Q, Liu Q, et al. The geographical characteristics and fish species diversity in the Liuzhou Bay and Yellow River estuary [J]. Journal of Fishery Sciences of China, 2000, 7(3): 46－52.

[8] JIN X S. Long－term changes in fish community structure in the Bohai Sea, China[J]. Estuarine, Coastal and Shelf Science, 2004, 59: 163－171.

[9] 田明诚，孙宝龄，杨纪明．渤海鱼类区系分析[J]．海洋科学集刊，1993，34：157－167.

[10] Nelson J S. Fishes of the World (Fourth Edition). John Wiley & Sons Inc., New Jersey, 2006.

[11] Froese R, Pauly D. FishBase[EB/OL]. 2011. http://www.fishbase.org.

[12] 刘静，宁平．黄海鱼类组成、区系特征及历史变迁[J]．生物多样性，2011，19(6)：764－769.

[13] 李娜娜，董丽娜，李永振，等．大亚湾海域鱼类分类学多样性研究[J]．水产学报，2011，35(6)：863－870.

[14] 朱鑫华，杨纪明，唐启生. 渤海鱼类群落结构特征的研究[J]. 海洋与湖沼，1996，27(1)：6 - 13.

[15] 林福申. 渤海底层鱼类分布和渔获物种类组成的季节变化. 海洋水产研究资料，1965，35 - 72.

[16] 程济生. 黄渤海近岸水域生态环境与生物群落[M]. 青岛：中国海洋大学出版社，2004：343 - 346.

[17] 山东省海洋与渔业厅. 山东近海经济生物资源调查与评价[M]. 北京：海洋出版社，2010.

[18] 吕振波，李凡，王波，等. 黄海山东海域春、秋季鱼类群落结构[J]. 水产学报，2011，35(5)：692 - 699.

[19] 叶懋中，章隼. 黄渤海区鳀鱼的分布、洄游和探察方法[J]. 水产学报，1965，2(2)：31 - 38.

[20] 史赟荣，李永振，卢伟华，等. 东沙群岛珊瑚礁海域鱼类物种分类多样性研究[J]. 南方水产，2009，5(2)：10 - 16.

[21] 李圣法. 东海大陆架鱼类群落生态学研究——空间格局及其多样性[D]. 上海：华东师范大学，2005：125 - 137.

[22] S E. Zoogeography of the sea. London：Sidgwick and Jackson，1953.

套子湾及其邻近海域春季游泳动物群落结构

王田田[1,2]　李　凡[1]　吕振波[1]　徐炳庆[1]
郑　亮[1,2]　张爱波[1,2]

(1. 山东省海洋水产研究所，山东省海洋生态修复重点实验室，山东 烟台 264006；
2. 上海海洋大学海洋科学学院，上海 201306)

摘要： 根据2009年5月和2011年5月在套子湾及其邻近海域进行的渔业资源底拖网调查资料，对该海域游泳动物群落结构进行了初步分析。结果表明，在该海域共捕获游泳动物67种，隶属于15目41科61属。两年间游泳动物平均相对资源量分别为12.9 kg/h和8.7 kg/h。日本褐虾(*Crangon hakodatei*)、方氏锦鳚(*Pholis fangi*)和日本鼓虾(*Alpheus japonicus*)在两年均为优势种。2011年调查海域种类丰富度(D)、多样性指数(H')、均匀度指数(J')均值略高于2009年，但ANOVA分析表明，2年间无显著差异($P>0.05$)。数量生物量比较曲线(ABC曲线)分析表明，该海域渔业资源群落处于严重干扰状态。聚类分析、单因子相似性分析(ANOSIM)、相似性百分比分析(SIMPER)、Jaccard种类相似性指数分析表明，调查海域游泳动物群落两年间存在一定差异。本研究可为套子湾及其邻近海域渔业生物多样性保护和资源管理提供参考依据。

关键词： 种类组成；生态优势度；多样性；群落结构；ABC曲线；群落相似性

近年来，受过度捕捞和环境污染的影响，山东近海的渔业资源结构已经发生了较大变化[1~10]，也引起了国内学者的重视，但热点区域主要集中在莱州湾[1~4]、山东半岛南部海域[5~7]和胶州湾[8~10]，而针对套子湾渔业资源结构的研究未见公开报道。套子湾作为洄游鱼类进出渤海的过路渔场，其目前的渔业资源结构如何，是否发生了同山东近海其他海域类似的变化？本文利用2009年春季和2011年春季调查资料对该海域游泳动物种类组成和群落结构特征进行分析，以期为该海域的渔业管理和资源的科学利用提供基础依据。

基金项目：海洋公益性行业科研专项经费项目(200905019)、"山东近海经济生物产卵场、索饵场及其生态环境评价"项目和"水生动物营养与饲料'泰山学者'岗位"经费

作者简介：王田田(1988—)，硕士研究生。研究方向：渔业资源
通信作者：吕振波，E-mail：ytlvzhenbo@163.com

1　材料与方法

1.1　研究区域概况

套子湾位于山东半岛北部，东接烟台芝罘，西抵蓬莱初家，略东北西南向，面积约250 km^2，呈锅底形，属开放性浅水内湾，湾内水深1～13 m，底质砂泥；口部间有礁石底质，水深14～15 m，西北部有一深潭，可达20 m。该湾理化环境优越，温盐适中，季节节律分明，既适暖温、暖水性鱼类过路索饵，又适冷温性鱼类交叉繁衍栖息，所以自古这里就是烟威渔场的一部分，盛产鲐(*Scomber japonicus*)、鲱科鱼类、鲆鲽类和对虾等10多种经济鱼虾[11]。

1.2　数据来源及调查方法

数据来自2009年5月和2011年5月对套子湾及其邻近海域(37°45′—37°50′N，121°00′—121°20′E)进行的12个调查站位(图1)的单船底拖网调查数据。调查船只为“鲁蓬渔4366号”，主机功率29.4 kW，调查网具为单船底拖网，720目×4 mm，囊网网目20 mm。每站拖曳1 h，平均拖速3.0 kn。拖曳时，网口宽度约8 m。采集样品冰鲜保存，带回实验室进行分类和生物学测定。样品采样及分析均按《海洋调查规范(GB/T 12763.6—2007)》[12]进行。游泳动物种类名称及分类地位以刘静等[13]和FishBase数据库(www.fishbase.org)为依据。

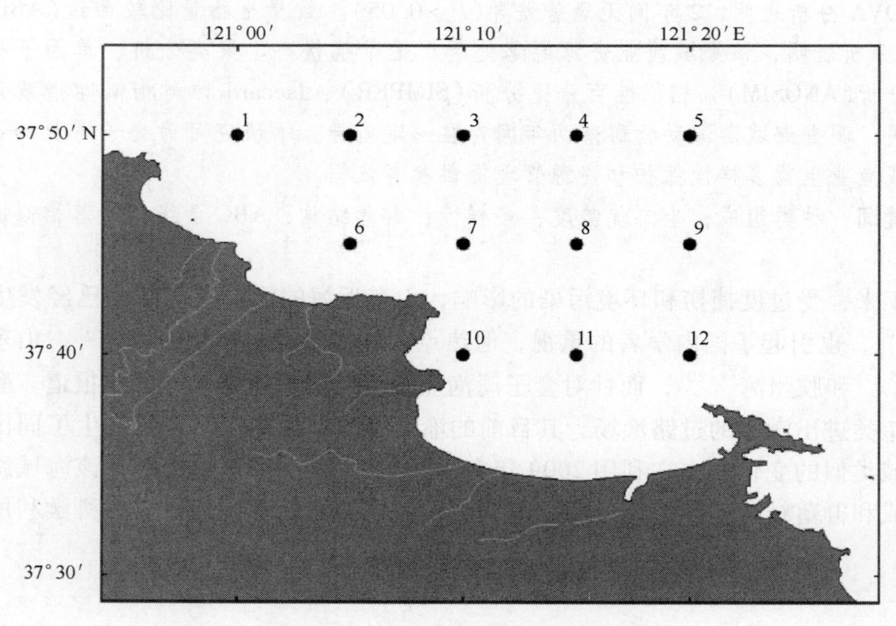

图1　套子湾及其邻近海域春季游泳动物调查站位

1.2 数据处理

对渔业生物进行种类鉴定，记录每一种类的数量和重量，并将其换算为单位时间的生物量(kg/h)和丰度(个/h)。

1.3 相对重要性指数

采用 Pianka 的相对重要性指数[14] (Index of Relative Importance, IRI)作为鱼类优势度的指标：

$$IRI = (N\% + W\%) \times F\%$$

其中：$N\%$ 和 $W\%$ 分别是每种鱼类占所捕总量的个体数量百分比和个体重量百分比，F 是出现频率，即某一种出现的站数占所有采样站中比例。将 IRI 值大于 1 000 的定为优势种；IRI 值在 100 ~ 1 000 的为重要种；IRI 值在 10 ~ 100 的为常见种；IRI 值小于 10 的为少见种。

1.4 群落的多样性指数

Margalrf 种类丰富度指数[15]：

$$D = (S - 1)/\ln N$$

Wilhm 改进的 Shannon - Wiener 多样性指数[16]：

$$H' = -\sum_{i=1}^{S} p_i \ln p_i$$

Pielou 均匀度指数[17]：

$$J' = H'/\ln S$$

式中：S 为种类数；N 为渔获总尾数；p_i 为第 i 种渔获物重量占总渔获物重量的比例。

1.5 群落的相似性和优势度

利用 Bray - Curtis 相似性指数[18]计算各月份间渔业生物种类组成的差异，分析套子湾渔业生物资源随时间变化的特征。相似性指数计算公式为

$$B = 100 \times \left(1 - \frac{\sum_{i=1}^{S} | x_{ij} - x_{im} |}{\sum_{i=1}^{S} | x_{ij} + x_{im} |}\right)$$

式中：x_{ij}，x_{im}分别为第 i 个种类在第 j 个月份和第 m 个月份的单位时间的生物量(经过四次方根转换)；S 为游泳动物物种数目。

Jaccard 种类相似性指数[19]计算式为

$$S = \frac{c}{a + b - c} \times 100\%$$

式中：a 为 2009 年底拖网的游泳动物种类数；b 为 2011 年底拖网的游泳动物种类数；c 为两年的共有种数。

1.6 群落结构分析

利用PRIMER软件包中的相似性百分比分析(Similarity Percentages, SIMPER)方法分析游泳动物群落的时空变化特征，找出造成不同季节差异的种类，用相似性分析检验(Analysis of Similarities, ANOSIM)进行不同站位和季节间差异显著性检验，来分析各站位和季节渔业生物群落结构的变化，并了解造成差异的主要关键物种[20~22]，当 $R=0$ 时，表示完全相同；$R<0.5$ 表示差异不明显；$R>0.5$ 表示虽有重叠但能清楚分开；$R>0.75$ 表示有显著差异；$R=1$ 表示完全不同。显著性水平小于5%才有显著性差异[23]，图件使用ArcGIS和PRIMER绘制。

去掉每年每站仅出现一次的偶然种，根据相对生物量(kg/h)四次方根转换计算的Bray - Curtis相似性系数矩阵，应用Cluster聚类分析和非度量多维标度[24,25](non - metic multidimensional scaling, NMDS)，其计算的胁迫系数分<0.05、0.05~0.1、0.1~0.2及>0.2共4个水平，分别表示吻合极好、较好、一般及较差4个效果[26]，NMDS和聚类分析均采用Primer 5.2软件。

1.7 ABC曲线

数量生物量比较曲线(abundance biomass comparison curve, ABC曲线)方法是在同一坐标系中比较生物量优势度曲线和数量优势度曲线，通过两条曲线的分布情况来分析群落不同干扰状况，若生物量优势度曲线在数量优势度曲线之上，表明群落处在未受干扰状态；两条曲线将相交，表明群落处于中等干扰的状态；数量优势度曲线在生物量曲线之上，表明群落处在严重干扰状态[20,27~29]。用 W 统计量(W - statistic)作为ABC曲线法的一个统计量，其公式为

$$W = \sum_{i=1}^{S} \frac{B_i - A_i}{50(S-1)}$$

式中：B_i 和 A_i 为ABC曲线中种类序号对应的生物量和数量的累积百分比；S 为出现物种数，当生物量优势度曲线在数量优势度之上时，W 为正，反之为负。ABC曲线绘制和W统计的计算均使用Primer软件[20]。

2 结果

2.1 种类组成

两次调查中，套子湾及其邻近海域春季共捕获游泳动物67种(见表1)，隶属于15目41科61属。其中，鱼类39种(10目23科37属)，占调查总种类数的58.2%，鲈形目19种最多；甲壳类23种(2目15科21属)，占调查总种类数的34.3%；头足类5种(3目3科3属)，占调查总种类数的7.5%。

表1 套子湾及其邻近海域春季游泳动物主要种类组成

序号	种名	2009 年	2011 年
1	星康吉鳗(*Conger myriaster*)	+	
2	鳀(*Engraulis japonicus*)	+	+
3	黄鲫(*Setipinna taty*)	+	+
4	赤鼻棱鳀(*Thrissa kammalensis*)	+	+
5	中颌棱鳀(*Thrissa mystax*)	+	+
6	刀鲚(*Coilia nasus*)		+
7	大头鳕(*Gadus macrocephalus*)		+
8	黄鮟鱇(*Lophius litulon*)	+	+
9	日本下鱵鱼(*Hyporhamphus sajori*)		+
10	尖海龙(*Syngnathus acus*)	+	+
11	许氏平鲉(*Sebastes schlegeli*)	+	+
12	褐菖鲉(*Sebastiscus marmoratus*)	+	
13	鲬(*Platycephalus indicus*)	+	+
14	大泷六线鱼(*Hexagrammos otakii*)	+	+
15	小杜父鱼(*Cottiusculus gonez*)		+
16	细纹狮子鱼(*Liparis tanakae*)	+	+
17	多鳞鱚(*Sillago sihama*)	+	
18	竹筴鱼(*Trachuurus japonicus*)	+	
19	棘头梅童鱼(*Collichthys niveatus*)		+
20	皮氏叫姑鱼(*Johnius belengerii*)	+	+
21	银姑鱼(*Pennahia argentatus*)	+	
22	小黄鱼(*Larimichthys polyactis*)	+	+
23	云鳚(*Pholis nebulosa*)	+	+
24	方氏锦鳚(*Pholis fangi*)	+	+
25	绵鳚(*Enchelyopus elongatus*)	+	+
26	玉筋鱼(*Ammodytes personatus*)	+	+
27	绯鲔(*Callionymus beniteguri*)	+	+
28	银鲳(*Pampus argenteus*)	+	+
29	髭缟虾虎鱼(*Tridentiger barbatus*)		+
30	长丝虾虎鱼(*Cryptocentrus filifer*)	+	+
31	矛尾虾虎鱼(*Chaeturichthys stigmatias*)	+	+
32	六丝钝尾虾虎鱼(*Amblychaeturichtys hexanema*)	+	
33	拉氏狼牙虾虎鱼(*Odontamblyopus lacepedii*)		+
34	中华栉孔虾虎鱼(*Ctenotrypauchen chinensis*)		+
35	褐牙鲆(*Paralichthys olivaceus*)	+	+

（续表）

序号	种名	2009年	2011年
36	圆斑星鲽（*Verasper variegates*）	+	
37	钝吻黄盖鲽（*Pseudopleuronectes herzensteini*）	+	+
38	石鲽（*Kareius bicoloratus*）	+	
39	假睛东方鲀（*Takifugu pseudommus*）		+
40	口虾蛄（*Orgtosaquilla oratoria*）	+	+
41	戴氏赤虾（*Metapenaeopsis dalei*）	+	
42	鹰爪虾（*Trachysalambria curvirostris*）	+	
43	鲜明鼓虾（*Alpheus distinguendus*）	+	+
44	日本鼓虾（*Alpheus japonicus*）	+	+
45	中华安乐虾（*Eualus sinensis*）	+	
46	长足七腕虾（*Heptacarpus futilirostris*）		+
47	疣背深额虾（*Latreutes planirostris*）		+
48	红条鞭腕虾（*Lysmata vittata*）		+
49	日本褐虾（*Crangon hakodatei*）	+	+
50	葛氏长臂虾（*Palaemon gravieri*）		+
51	细螯虾（*Leptochela gracilis*）		+
52	绒毛细足蟹（*Raphidopus ciliatus*）		+
53	日本拟平家蟹（*Heikeopsis japonicus*）	+	+
54	颗粒拟关公蟹（*Paradorippe granulata*）		+
55	隆线强蟹（*Eucrate crenata*）	+	+
56	泥脚隆背蟹（*Carcinoplax vestita*）		+
57	枯瘦突眼蟹（*Oregonia gracilis*）	+	
58	三疣梭子蟹（*Portunus trituberculatus*）	+	
59	日本蟳（*Charybdis japonica*）		+
60	双斑蟳（*Charybdis bimaculata*）	+	
61	隆背黄道蟹（*Cancer gibbosulus*）	+	
62	豆形拳蟹（*Philyra pisum*）		+
63	枪乌贼（*Loliginidae*）	+	+
64	双喙耳乌贼（*Sepiola birostrata*）	+	+
65	四盘耳乌贼（*Euprymna morsei*）	+	
66	短蛸（*Octopus fangsiao*）	+	+
67	长蛸（*Octopus* cf.）	+	+

2.2 生态优势度

将调查种类中 *IRI* 大于 100 的优势种和重要种定为重要成分，从表 2 可以看出，2009 年 5 月和 2011 年 5 月重要成分的量分别占渔获总重量的 92.28% 和 92.85%，其尾数分别占渔获总尾数的 95.34% 和 96.96%。套子湾及其邻近海域 2009 年 5 月的优势种为口虾蛄(*Orgtosaquilla oratoria*)、日本褐虾(*Crangon hakodatei*)、方氏锦鳚(*Pholis fangi*)、六丝钝尾鰕虎鱼(*Amblychaeturichtys hexanema*)和日本鼓虾(*Alpheus japonicus*)，占总渔获的 60.27%；2011 年 5 月的优势种为日本褐虾、方氏锦鳚和日本鼓虾，占总渔获的 37.64%。重要成分中，日本褐虾、方氏锦鳚和日本鼓虾两年均为优势种，所占渔获重量百分比有所上升，重要种黄鮟鱇(*Lophius litulon*)、大泷六线鱼(*Hexagrammos otakii*)、枪乌贼(Loliginidae)、葛氏长臂虾(*Palaemon gravieri*)、小黄鱼(*Larimichthys polyactis*)、鲬(*Platycephalus indicus*)等变化不大，其他种类有所变化。

表 2 套子湾及其邻近海域春季游泳动物主要种类特征值(*IRI* >100)

时间	种类	重量占比/%	数量占比/%	频数/%	个体均重/g	相对重要性指数 *IRI*
2009 年 5 月	口虾蛄(*Orgtosaquilla oratoria*)	29.88	20.94	100.00	9.88	5 082.22
	日本褐虾(*Crangon hakodatei*)	7.91	28.61	83.33	1.91	3 043.37
	方氏锦鳚(*Pholis fangi*)	14.31	14.83	91.67	6.68	2 670.90
	六丝钝尾鰕虎鱼(*Amblychaeturichtys hexanema*)	5.08	9.54	91.67	3.69	1 339.91
	日本鼓虾(*Alpheus japonicus*)	3.10	10.20	100.00	2.10	1 330.11
	多鳞鱚 *Sillago sihama*	5.12	2.73	75.00	12.97	588.94
	黄鮟鱇 *Lophius litulon*	9.33	0.05	50.00	1315.27	468.97
	大泷六线鱼(*Hexagrammos otakii*)	2.62	2.17	91.67	8.37	438.50
	银姑鱼(*Pennahia argentatus*)	3.08	0.45	75.00	47.73	264.36
	鲜明鼓虾(*Alpheus distinguendus*)	1.84	1.94	66.67	6.56	251.65
	枪乌贼(Loliginidae)	1.09	1.09	91.67	6.91	199.64
	绵鳚(*Enchelyopus elongatus*)	2.74	0.25	66.67	77.31	199.18
	葛氏长臂虾(*Palaemon gravieri*)	0.47	1.90	75.00	1.69	177.63
	小黄鱼(*Larimichthys polyactis*)	1.71	0.38	83.33	31.19	174.11
	长蛸(*Octopus* cf.)	2.15	0.09	75.00	158.52	168.05
	鲬(*Platycephalus indicus*)	1.88	0.16	75.00	83.31	152.76
2011 年 5 月	日本褐虾(*Crangon hakodatei*)	15.51	70.90	100.00	0.57	8 640.48
	方氏锦鳚(*Pholis fangi*)	16.94	7.98	100.00	5.50	2 492.18

（续表）

时间	种类	重量占比/%	数量占比/%	频数/%	个体均重/g	相对重要性指数 *IRI*
	日本鼓虾(*Alpheus japonicus*)	5.01	8.37	100.00	1.55	1 338.09
	小黄鱼(*Larimichthys polyactis*)	11.53	0.88	75.00	33.80	931.16
	鲬(*Platycephalus indicus*)	9.61	0.30	83.33	82.90	826.01
	口虾蛄(*Orgtosaquilla oratoria*)	4.65	0.85	100.00	14.11	550.58
	枪乌贼(Loliginidae)	3.34	2.11	100.00	4.11	544.17
	矛尾鰕虎鱼(*Chaeturichthys stigmatias*)	3.74	1.55	100.00	6.26	528.56
	黄鮟鱇(*Lophius litulon*)	8.04	0.02	41.67	932.21	335.90
	钝吻黄盖鲽(*Pseudopleuronectes herzensteini*)	3.33	0.07	83.33	115.75	283.50
	皮氏叫姑鱼(*Johnius belengerii*)	2.57	0.48	91.67	13.98	279.51
	葛氏长臂虾(*Palaemon gravieri*)	1.07	2.12	83.33	1.31	265.88
	许氏平鲉(*Sebastes schlegeli*)	2.94	0.11	58.33	66.61	177.94
	泥脚隆背蟹(*Carcinoplax vestita*)	1.22	0.50	100.00	6.31	171.42
	中颌棱鳀(*Thrissa mystax*)	1.83	0.64	66.67	7.41	164.91
	大泷六线鱼(*Hexagrammos otakii*)	1.53	0.07	66.67	55.13	106.94

2.3　群落的资源量变化

2009年春季、2011年春季调查的平均相对生物量分别是12.9 kg/h、8.7 kg/h；平均相对密度分别是1 865个/h、3 356个/h。表3列出了二次调查中主要种类的相对生物量和相对密度，日本褐虾、日本鼓虾、枪乌贼、葛氏长臂虾、小黄鱼和鲬在两次调查中相对生物量和相对密度呈上升趋势，其余主要种类均呈下降趋势。大部分主要种类个体均在50 g/尾以下，只有2009年春季的黄鮟鱇(1 315.3 g/尾)和鲬(83.3 g/尾)，2011年春季的大泷六线鱼(55.1 g/尾)、黄鮟鱇(932.1 g/尾)和鲬(82.9 g/尾)超过50 g/尾。鲬、小黄鱼在两次调查中个体平均重量差异不是很大，而大泷六线鱼、日本褐虾在两次调查中个体平均重量差异很大。

2009年春季渔获量主要分布于东北远离岸边的海域，5个站位渔获量超过15 kg/h，渔获量超过25 kg/h站位仅1个，最高渔获量为26.6 kg/h；2011年春季渔获量主要分布于调查区域的西南近岸海域和东北远离岸边的海域，渔获量超过15 kg/h的站位仅2个，最高渔获量为19.4 kg/h(见图2)。

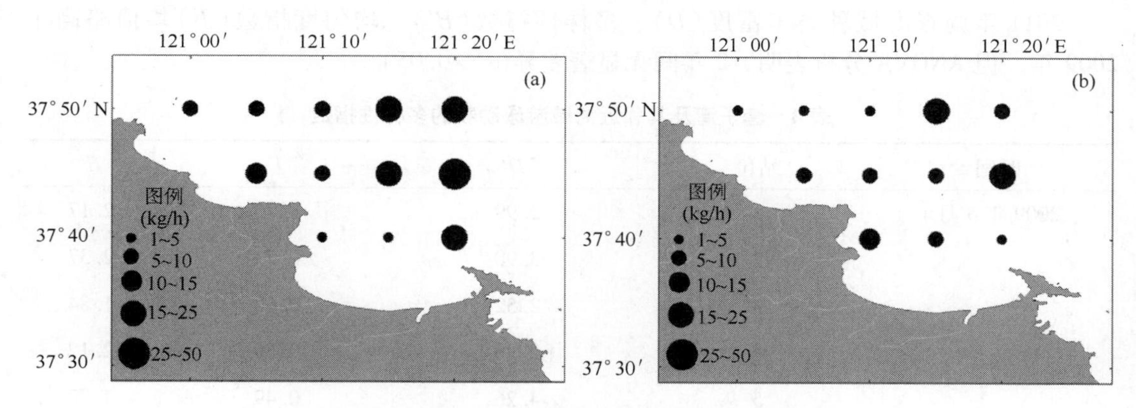

图2 套子湾及其邻近海域游泳动物相对生物量的分布
(a)2009 年春季；(b)2011 年春季

表3 套子湾及其邻近海域游泳动物主要种类的相对资源量指数

种类	相对生物量指数/kg·h^{-1}		相对生物密度指数/个·h^{-1}	
	2009 年 5 月	2011 年 5 月	2009 年 5 月	2011 年 5 月
口虾蛄(*Orgtosaquilla oratoria*)	46.33	4.85	4688	344
日本褐虾(*Crangon hakodatei*)	12.26	16.18	6405	28550
方氏锦鳚(*Pholis fangi*)	22.18	17.68	3320	3215
日本鼓虾(*Alpheus japonicus*)	4.80	5.23	2284	3370
黄鮟鱇(*Lophius litulon*)	14.47	8.39	11	9
大泷六线鱼(*Hexagrammos otakii*)	4.06	1.60	485	29
枪乌贼(Loliginidae sp.)	1.69	3.48	244	848
葛氏长臂虾(*Palaemon gravieri*)	0.72	1.12	426	854
小黄鱼(*Larimichthys polyactis*)	2.65	12.03	85	356
鲬(*Platycephalus indicus*)	2.92	10.03	35	121

2.4 群落结构的多样性

如表4 所示，套子湾及其邻近海域2009 年春季游泳动物的种类丰富度(D)变化范围为 1.09~4.26，平均为 3.03；以相对资源量计算，多样性指数(H')变化范围为 1.18~2.37，平均为 1.92；均匀度指数(J')变化范围为 0.48~0.73，平均为 0.63。2009 年春季多样性指数较高区域主要在调查区域的西部沿岸地区和东部远离岸边的区域。套子湾及其邻近海域 2011 年春季游泳动物的种类丰富度(D)变化范围为 1.93~4.62，平均为 3.05；以相对资源量计算，多样性指数(H')变化范围为 1.53~2.55，平均为 2.13；均匀度指数(J')变化范围为 0.54~0.81。2011 年春季多样性指数较高区域主要在调查区域的西部和南部沿岸区域。

2011 年调查海域种类丰富度（D）、多样性指数（H'）、均匀度指数（J'）均值略高于 2009 年，但 ANOVA 分析表明，2 年间无显著差异（$P>0.05$）。

表 4　套子湾及其邻近海域游泳动物的多样性指数

时间	站位	D	J'	H'
2009 年 5 月	1	2.99	0.70	2.17
	2	3.90	0.73	2.37
	3	2.52	0.66	1.84
	4	2.96	0.66	2.12
	5	4.26	0.49	1.72
	6	3.74	0.68	2.22
2009 年 5 月	7	3.26	0.63	1.97
	8	2.69	0.67	2.04
	9	2.62	0.64	2.05
	10	1.09	0.61	1.18
	11	2.39	0.48	1.36
	12	3.90	0.58	2.02
	平均值	3.03	0.63	1.92
	1	3.56	0.64	2.03
	2	2.02	0.76	2.06
	3	1.93	0.64	1.53
	4	2.79	0.58	1.87
	5	2.17	0.54	1.63
	6	2.96	0.77	2.38
2011 年 5 月	7	3.15	0.75	2.41
	8	4.50	0.78	2.35
	9	2.38	0.61	1.89
	10	4.62	0.71	2.45
	11	2.94	0.78	2.42
	12	3.54	0.81	2.55
	平均值	3.05	0.70	2.13

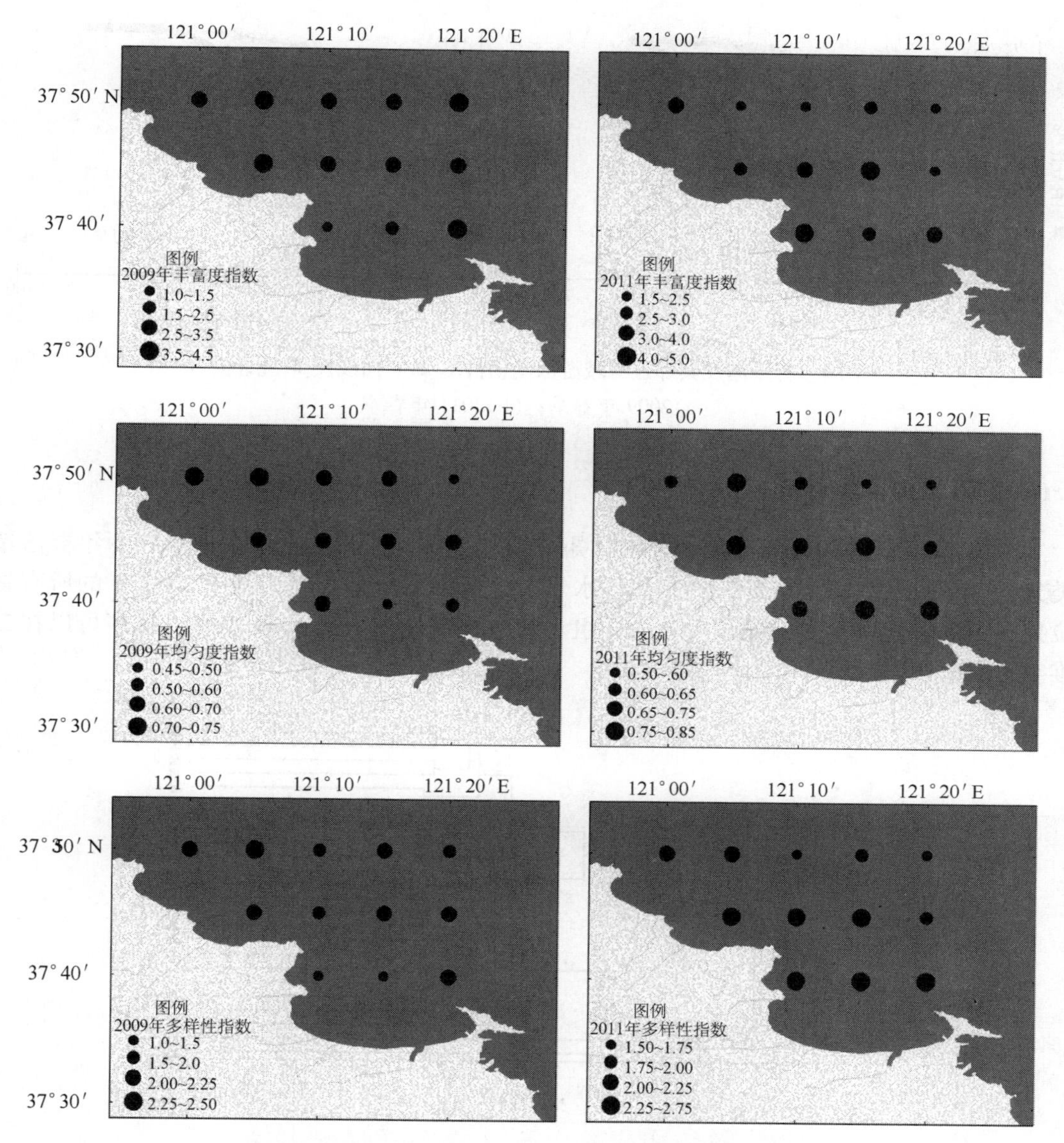

图 3　套子湾及其邻近海域游泳动物的多样性指数

2.5　ABC 曲线

套子湾及其邻近海域动物群落 ABC 曲线如图 4 所示，2009 年和 2011 年游泳动物群落的数量优势度曲线均高于生物量优势度曲线，*W* 统计值均为负值，表明游泳动物群落结构处于严重干扰状态。

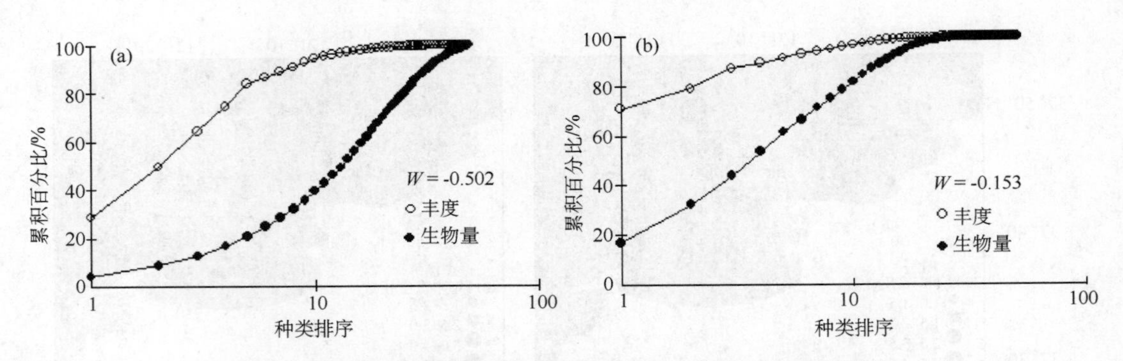

图4 套子湾及其邻近海域游泳动物群落ABC曲线及W统计值

(a)2009年春季；(b)2011年春季

2.6 群落结构聚类分析

2009年春季和2011年春季两年对比矩阵图和NMDS分析图如图5所示，两年群落聚类分组存在明显差别，在50%的相似性水平上，可以划分为3组，其中2011年的所有站位独立为1组，2009年的站位可分为2组。胁迫系数处于0.1～0.2水平，排序可以在二维空间展示。

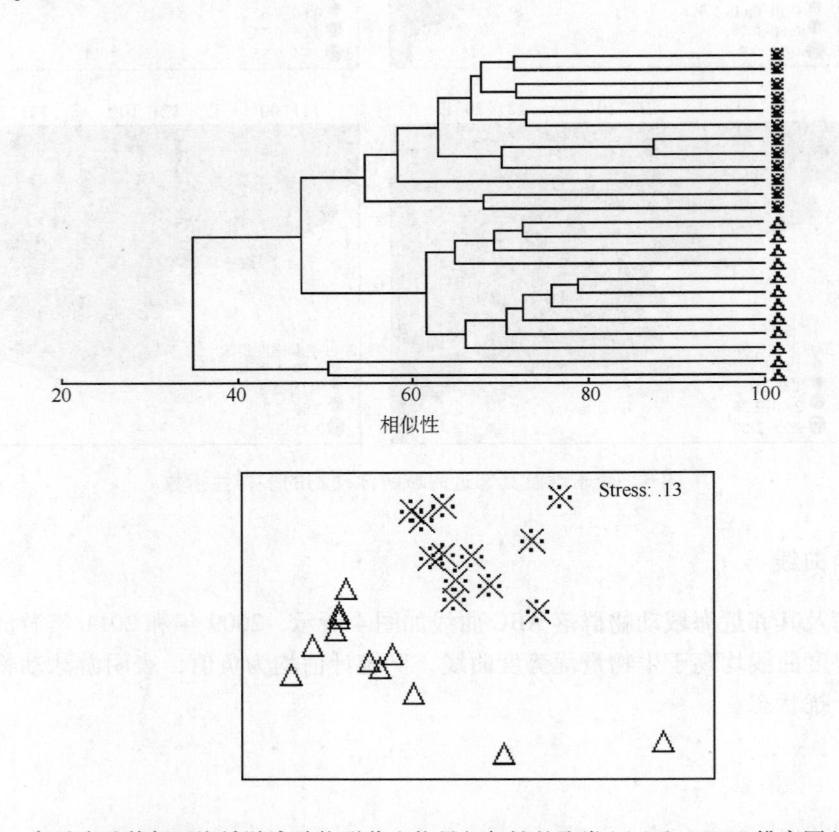

图5 套子湾及其邻近海域游泳动物群落生物量相似性的聚类(上)和NMDS排序图(下)

△：2009年春季；※：2011年春季

2.7 群落结构变化和相似性

ANOSIM 分析表明，2009 年和 2011 年两年不同站位组间群落结构种类组成差异显著，群落结构虽有重叠但能清楚分开($R = 0.645$，$P < 0.001$)。

利用相似性百分比（SIMPER）方法分析两年游泳动物群落的结构差异，2009 年春季平均相似性值为 54.68%，贡献 5% 以上种类 4 种；2011 年春季平均相似性 59.31%，贡献 5% 以上种类 10 种。2009 年春季与 2011 年春季两年的平均相似性为 43.34%，两年的群落结构差异较大。

2009 年春季物种种类数为 49 种，2011 年春季为 51 种，两年间共有种类数为 32 种，Jaccard 相似性值为 47.058 8%，两年间的差异较大。

3 讨论

3.1 种类组成和优势种

2009 年和 2011 年调查中，套子湾及其邻近海域共出现游泳动物 67 种，以鱼类居多。两年均出现的种类为 32 种，两年间种类变动较大。

两年调查群落优势种均为小个体、低质种类，这与黄海山东海域其他研究[5,30,31]相似。2011 年较 2009 年优势种种类数有所减少，口虾蛄、六丝钝尾虾虎鱼不再是优势种。两年间重要成分占总渔获的比重变化不大，日本褐虾、方氏锦鳚和日本鼓虾两年中均为优势种。套子湾及其邻近海域优势种与黄海山东海域[30,31]较为相似，方氏锦鳚都为优势种，口虾蛄也占有很大比重。黄海山东海域[30,31]的玉筋鱼在本调查中未出现，鳀数量也较少，可能与近年来鳀和玉筋鱼资源量衰退有关[30]。

3.2 资源量和多样性变化

2011 年春季调查海域游泳动物平均生物量较 2009 年春季大幅下降，由 12.9 kg/h 降到 8.7 kg/h；而平均相对密度升高，由 2009 年的 1 865 个/h 升高到 2011 年的3 356 个/h，两年中主要种类个体均重在 50 g/尾以上的很少，说明游泳动物群落组成向小型化变化。

2009 年春季渔获量较高区域主要集中于东北远离岸边海域，2011 年春季除了东北远离岸边区域，西南近岸海域也较高，游泳动物群落空间分布有所不同。

为减少个体大小差异带来的影响，本研究中使用生物量计算多样性指数和均匀度指数。两年调查平均种类丰富度变化不大，但 2011 年较 2009 年多样性指数和均匀度指数均有所增加。多样性较高区域由西部沿岸和东部远离岸边海域转向西部和南部沿岸区域。据陈作志等的多样性分级标准[32]（表 5），2009 年除了 5 号、10 号、11 号站位群落结构多样性差外，其余站位群落结构多样性均为一般；2011 年站位群落结构多样性均为一般。

表5 生物多样性阈值的分级评价标准

阈值 Dv	分级描述
<0.9	差
0.9~2.1	一般
2.2~3.5	较好
3.6~5.0	丰富
>5.0	非常丰富

3.3 群落结构变化

两年调查中，ABC曲线显示数量优势度曲线均高于生物量优势度曲线，W统计值为负，游泳动物群落结构均处于严重干扰状态。由于ABC曲线以生态学中r选择(生长快、性成熟快、个体小)和k选择(生长慢、性成熟晚、个体大)进化策略为理论基础，认为在群落未受干扰的状态下，群落主要是以k选择的种类为主，生物量优势度曲线位于数据优势度曲线之上。随着干扰的增加，k选择物种的生物量(或数量)逐渐减少，r选择物种的生物量(或数量)则逐渐增加[26~29]。套子湾及其邻近海域游泳动物群落r选择物种的种类(褐虾、方氏锦鳚和日本鼓虾)明显占有优势地位。

两年的矩阵图和NMDS分析图显示两年群落分组差异明显。这可能有多方面原因，比如应对捕捞压力，游泳动物的自主择地、环境因素的变化带动食物链的变化等。

ANOSIM分析结果显示两年中不同站位组间群落结构的种类组成差异显著；相似性百分比(SIMPER)也显示两年的群落结构差异较大，贡献5%以上的种类数目两年变动也很大；Jaccard值同样证明了两年的群落构成差异显著。

参考文献

[1] 金显仕，邓景耀．莱州湾春季渔业资源及生物多样性的年间变化[J]．海洋水产研究，1999，20(1)：6-12.

[2] 金显仕，邓景耀．莱州湾渔业资源群落结构和生物多样性的变化[J]．生物多样性，2000，8(1)：65-72.

[3] 邓景耀，金显仕．莱州湾及黄河口水域渔业生物多样性及其保护研究[J]．动物学研究，2000，21(1)：76-82.

[4] 王平，焦燕，任一平，等．莱州湾、黄河口水域春季近岸渔获生物多样性特征的调查研究[J]．海洋湖沼通报，1999，1：40-44.

[5] 徐炳庆，吕振波，李凡，等．山东半岛南部近岸海域夏季游泳动物的组成特征[J]．海洋渔业，2011，33(1)：59-65.

[6] 金显仕．山东半岛南部水域春季游泳动物群落结构的变化[J]．水产学报，2003，27(1)：19-27.

[7] 李涛，张秀梅，张沛东，等．山东半岛南部近岸海域渔业资源群落结构的季节变化[J]．中国海洋大学学报，2011，41(Z1)：41-50.

[8] 曾慧慧，徐宾铎，薛莹，等．胶州湾浅水区鱼类种类组成及其季节变化[J]．中国海洋大学学报，2012，42(1-2)：067-074.

[9] 梅春．胶州湾中部海域鱼类群落结构特征及多样性变化研究[D]．青岛：中国海洋大学，2010.
[10] 梅春，徐宾铎，薛莹，等．胶州湾中部海域秋、冬季鱼类群落结构及其多样性研究[J]．中国水产科学，2010，17(1)：110－118.
[11] 陈大刚，刘长安，董广君．套子湾黄盖鲽产卵群体渔业生物学特征的调查研究[J]．海洋学报，1989，11(5)：629－637.
[12] 国家质量监督检验检疫总局，国家标准化委员会．GB/T 12763.6 海洋生物调查[S]．北京：中国标准出版社，2007：56－62.
[13] 刘静，宁平．黄海鱼类组成、区系特征及历史变迁[J]．生物多样性，2011，19(6)：764－769.
[14] Pinkas L, Oliphamt M S, Iverson I L K. Food habits of albacore, Bluefin tuna, and bonito in Californian waters[J]. Clif Dep Fish Game Fish Bull, 1971, 152: 1－105.
[15] Margalef R. Information theory in ecology[J]. General systematics, 1958(3): 36－71.
[16] Ludwing J A, Reynold S J F. Statistical Ecology[M]. New York: John Wiley&Sons, 1988: 54－56.
[17] Pielou E C. Ecological diversity[M]. New York: Wiley, 1975: 46－49.
[18] Bray T R, Curtis J T. An ordination of the upland forest communities of southern Wisconsin [J]. Eco. Monogr, 1957, 27(4): 325－349.
[19] Jaccard P. Nouvelles recheres surla distribution florale[J]. Bull Soc Vaud Sci Nat., 1908, 44: 2238.
[20] Clarke K R, Warwick R M. Changes in marine communities: an approach to statistical analysis and interpretation [M]. 2nd ed. Plymouth: PRIMER －E, 2001.
[21] Zhou H, Zhang Z N. Rationale of the multivariate statistical sofeware PRIMER and its application in benthic community ecology[J]. Journal of Ocean University of Qingdao, 2003, 33(1): 58－64.
[22] Deng J Y, Jin X S. Study on fishery biodiversity and its conservation in Laizhou Bay and Yellow River estuary. Zoological Research, 2000, 21(1): 76－82.
[23] 陳智宏，郭世榮．日月潭水庫外來入侵種暹羅副雙邊魚(Parambassis siamensis)攝食生態之研究[J]．特有生物研究，2009，11(2)：31－46.
[24] Souissi S, Inanez F, Hamadou B R, et al. A new multivariate mapping method for studying species assemblages and their habitats: example using bottom trawl surveys in the Bay of Biscay (France) [J]. Sarsia, 2000, 86: 527－542.
[25] 李圣法．东海大陆架鱼类群落生态学研究——空间格局及其多样[D]．上海：华东师范大学，2005：42－43.
[26] 余世孝．非度量多维标度及其在群落分类中的应用[J]．植物生态学报，1995，19(2)：128－136.
[27] 李圣法．以数量生物量比较曲线评价东海鱼类群落的状况[J]．中国水产科学，2008，15(1)：136－144.
[28] Warwick R M. A new method for detecting pollution effects on marine macrobenthic communities[J]. Mar Biol, 1986, 92(4): 557－562.
[29] Yemane D, Field J G, Leslie R W. Exploring the effects of fishing on fish assemblages using abundance biomass comparison (ABC) curves[J]. ICES J Mar Sci, 2005, 62(3): 374－379.
[30] 吕振波，徐炳庆，李凡，等．2006年春、秋季黄海山东海域鱼类资源结构与数量分布[J]．中国水产科学，2011，18(6)：1335－1342.
[31] 吕振波，李凡，王波，等．黄海山东海域春、秋季鱼类群落结构[J]．水产学报，2011，35(5)：694－697.
[32] 陈作志，蔡文贵，徐珊楠，等．广西北部湾近岸生态系统风险评价[J]．应用生态学报，2011，22(11)：2977－2986.

应用多重模型推论估计北部湾多齿蛇鲻的生长参数

侯　刚[1,2,3]　刘金殿[1]　冯　波[1,2]　颜云榕[1,2]　卢伙胜[1,2]

(1. 广东海洋大学水产学院；2. 广东海洋大学南海渔业资源监测与评估中心，广东 湛江 524025；
3. 中国科学院水生生物研究所，湖北 武汉 430072)

摘要：年龄与生长参数在渔业资源评估和管理策略中至关重要。长久以来，VBGF被优先用来估计鱼类生长参数，但是没有经过检验就运用会导致有偏的参数估计，甚至会在资源评估中产生较大的风险分析。在模型选择中，多模型理论作为一种相对较新的模式比常规方法具有更多优势。本文以北部湾多齿蛇鲻为例，采用年龄与生长数据($n=204\ 6$)，设定了5个生长模型(包括VBGF)，利用最大似然法在加性误差条件下估算生长参数，并利用不同统计方法检验模型拟合度。如果出现没有合适的模型来拟合体长－年龄数据的情况，则采用多模型理论进行模型加权平均。结果表明，在大样本情况之下，各统计方法在模型拟合度排序上表现一致。Δ_i表明 generalized VBGF 为最适生长模型，建模中应考虑环境因子对生长的影响。MMI 理论检验结果表明，generalized VF 占到了 AIC 权重的 99.83%，可以独立描述多齿蛇鲻的体长与年龄生长关系，生长方程为：$L_t=593.28\times(1-e^{-0.047*(t-0.14)})^{0.360}$。该结果也表明运用VBGF来拟合鱼类体长－年龄关系需要谨慎，其需要在模型检验的基础上方能进行选择运用。

关键词：多齿蛇鲻；模型选择；多模型理论；AIC 权重

在渔业资源评估与管理策略分析中，鱼类的生长参数至关重要。为了定量估计鱼类生长参数和描述鱼类生长，一些常规方法已经被用来拟合体长与年龄关系[1]，例如较常用的有 specialized von Bertalanffy 生长模型(VBGF)[2]、Logistic 生长模型[3]和 Gompertz 生长模型[4]以及较少用到的 Generalized von Bertalanffy[5]生长模型和 Schnute－Richards[6]生长模型。在较长的一段时间，渔业工作者一般喜欢优先采用 VBGF 估计鱼类生长参数，包括在 Fishbase 中，大部分鱼类的生长参数也是仅以 VBGF 来表述的[7]。但是，当 VBGF 不是适合的生长模型时将会导致有偏差的参数估计，甚至会在渔业资源评估中产生较大的风险分

基金项目：国家自然科学基金项目(30771653)；农业部北部湾专项调查项目(2008—2010)；广东海洋大学引进人才科研启动费(10123380)资助

作者简介：侯刚(1982—)，男，讲师，在读博士，主要从事渔业资源学与渔场学等方面的教学与研究工作。E-mail：houg@ gdou. edu. cn

通信作者：卢伙胜(1948—)，教授，E-mail：luhs@ gdou. edu. cn

析，而导致错误的管理策略。因而，臆断采用 VBGF 进行鱼类生长研究，受到了诸多批判[8~11]。

为解决这个问题，利用判断准则(如最小残差平方和或最大模型近似率)从不同的候选模型中选取最适生长模型得到了广泛应用[12]。方法是，当误差项的概率分布被精确确定后，可以利用 F 检验或似然概率检验的统计假设检验来选择嵌套的候选模型。由于假设性检验方法是基于主观设立的置信度水平的(一般是 0.05 或 0.1)，当模型不能嵌套时，模型间的多重检验就受到了挑战。因而在过去的20 年，由于现代统计科学的发展以及传统的统计假设性检验在应用模型选择时效果一般及其存在局限性[13]，统计性假设检验方法在模型选择中的应用逐渐减少[11]。

基于信息理论的模型选择在生物科学领域是一个相对新颖的模式，并被推荐为比传统的假设检验方法更好更稳健的替代方法[11,13]。根据信息论方法，数据分析贯穿于模型选择的整个过程，参数估计和模型选择基于赤井信息准则(Akaike's information criterion, AIC)[10]。根据选取简约模型原则[12]，AIC 值越小和参数个数越少者越容易被选择为最适模型。这种信息论方法使研究者从合适的模型是以某种方式“假定”的限制概念中解放出来。当一个模型以某种方式被“敲定”时，信息数据就被直接用来估计模型参数，但是，模型选择的不确定性和选择简化模型的适宜性则被忽略了。如果模型选择的不确定性被忽略，参数精确性很可能被过度估计，参数置信区间也低于标准水平，则参数估计值可能比预期的精确性要低。当数据支持选择多于一个模型时，模型间参数取权重平均值来响应模型间的差异是有利于达到一个稳健的推论，而不是限制条件于一个模型，仅仅从一个“最适”模型中估计参数，这些参数估计可以考虑几个甚至全部的模型。这个参数估计过程被定义为多重模型推论(multi - model inference, MMI)。由于 MMI 具有理论上和实际应用上的较多优势[11]，近几年开始得到学者的重视和应用[14~16]。

多齿蛇鲻(*Saurida tumbil*)是我国南海的主要经济鱼类之一，分布广，渔获量高。在 2009 年南海捕捞产量调查中，蛇鲻属产量为 5.6×10^4 t(多齿蛇鲻为渔获优势种)，居第 9 位[17]。由于多齿蛇鲻在渔业资源结构中的重要地位，有关该鱼种的生物学研究，得到渔业资源研究学者的广泛关注[18~23]，舒黎明等基于体长数据利用 ELEFANI 技术估计了南海北部多齿蛇鲻的生长参数[21]，刘金殿等利用 ELEFANI 技术估计了北部湾多齿蛇鲻的生长参数[22]，但是基于硬质材料的北部湾多齿蛇鲻的年龄与生长方面的研究并未见到报道。本文以北部湾多齿蛇鲻为例，基于鳞片鉴定的年龄 - 体长数据，采用多重模型推论方法来研究其年龄与生长关系，估计生长参数，以期为鱼类生长特性的模型研究提供参考，并为北部湾多齿蛇鲻渔业资源的合理开发利用提供可靠的研究依据。

1 材料与方法

1.1 采样

在 2006 年 12 月至 2009 年 7 月北部湾进行的渔业资源调查中，对广西北海与广东湛江江洪底拖网、海南东方八所流刺网(单片刺网与三重刺网)渔获物中的多齿蛇鲻进行了逐月取样(图1)。共收集多齿蛇鲻样本2 046尾，按照海洋调查规范(GB 12763.3－91)[24]测定和记录其体长、全长、体质量、纯体质量、性腺质量、性腺成熟度以及胃饱满度，摘取鳞片作为年龄鉴定的硬质材料。

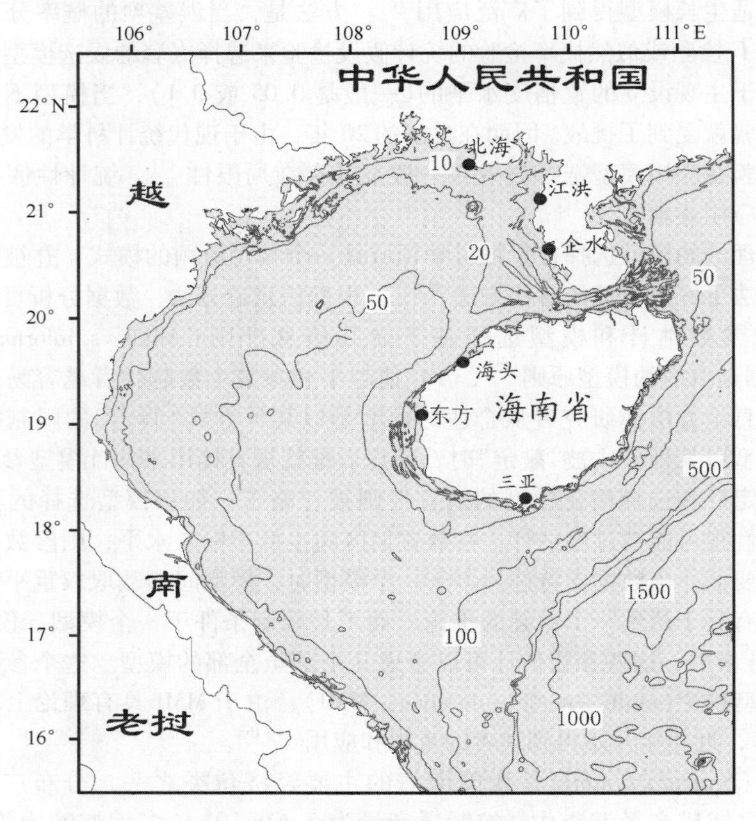

图1　多齿蛇鲻采样位置

本研究中，采集鳞片10～20枚，洗去粘连的组织残余，拭干后装入有编号的小密封袋带回实验室。实验室内，鳞片先用50%酒精浸洗5～10分钟，清水洗净，用试纸拭干，制成载玻片，以备观察。观察时，取出制备好的载玻片置于Nikon ZOOM645S体式显微镜(物镜×0.8，×1，×2；目镜×10)下，采用CCD进行拍照。鳞片上年轮数与年龄关系采用常规方法记录，0^{+}～1记为1龄鱼，依次类推[25]。全部鳞片由两名观察者独立重复读数，取其相同的观测值(图2)。

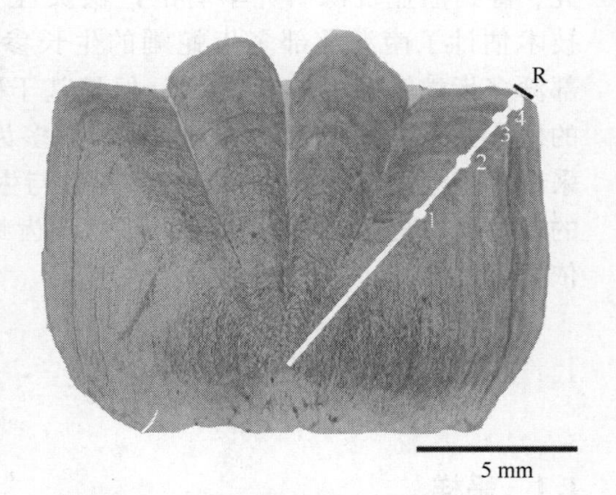

图2　多齿蛇鲻鳞片上的年轮

1.2 方法

1.2.1 生长模型

由于不同鱼类的摄食条件、栖息环境和繁殖能力等具有较大不同，因此不少渔业资源和鱼类研究学者，提出许多不同类型的生长方程，有的方程比较简单，所需的参数较少，有的方程所包含的范围则较广[26]。本文采用以下5种生长模型作研究：

$$\text{VBGF}: L_i = L_\infty [1 - e^{-K(t_i - t_0)}] + \varepsilon_i \quad (1)$$

$$\text{Logistic GF}: L_i = \frac{L_\infty}{1 + e^{-K(t_i - t_0)}} + \varepsilon_i \quad (2)$$

$$\text{Gompertz GF}: L_i = L_\infty e^{-e^{-K(t_i - t_0)}} + \varepsilon_i \quad (3)$$

$$\text{generalized VBGF}: L_i = L_\infty [1 - e^{-K(t_i - t_0)}]^p + \varepsilon_i \quad (4)$$

$$\text{Schnute - Richards GF}: L_i = L_\infty (1 - \delta e^{-Kt_i^v})^{\frac{1}{\gamma}} + \varepsilon_i \quad (5)$$

上述模型中，式(1)至式(5)分别是特殊von Bertalanffy生长模型[2]（VBGF）、logistic生长模型[3]（logistic GF）、Gompertz生长模型[4]（Gompertz GF）、一般von Bertalanffy生长模型[5]（generalized VBGF）和Schnute - Richards生长模型[6]（Schnute - Richards GF）。式(1)至式(5)中，L_t是t龄时的预测体长，L_∞是渐近体长；K为生长曲线的平均曲率；t_0为假设的理论生长起点年龄；P为待定参数；ε为加性误差，$\varepsilon \sim N(0,\sigma^2)$。模型(1)至模型(4)是具有无量纲参数$\delta,\nu,\gamma$适当值的Schnute - Richards模型的特例[12,14]。

1.2.2 最大似然法

采用最大似然法估算各生长模型的参数。假设生长模型残差分布形式为正态分布，对于每个生长模型，年龄体长的最大似然估计的计算公式为[27]

$$L\langle \theta | \text{data} \rangle = \prod_{i=1}^{n} \frac{1}{\sigma \sqrt{2\pi}} e^{\left[\frac{-(L_i - \hat{L}_i)^2}{2\sigma^2}\right]} \quad (6)$$

式中：$L\langle \theta | \text{data} \rangle$是数据组$\theta$的似然值；data为模型数据；$n$是样本总个数；$L_i$和$\hat{L}_i$分别是第$i$个观测值和预测体长；$\sigma^2$为正态分布变量，为总样本体长平均值的15.7%[28]。为避免产生舍入误差，首先将式(7)转化为对数似然值，然后求得模型参数的最大似然估计值。计算为Excel中利用规划求解可得。

1.2.3 模型拟合度检验

模型拟合度检验的方法有很多种，本文采用模型近似解释率(R^2_{adj})[29]、根平均方差(RMSE)[30]、赤井信息准则差值(Δ_i)[10,14]和贝叶斯信息准则(BIC)[31]用于生长模型选择：

$$R^2_{adj} = 1 - \frac{SSE/(n - m - 1)}{SST/(n - 1)} \quad (7)$$

$$RMSE = \sqrt{\frac{\sum (L_i - \hat{L}_i)^2}{n}} \quad (8)$$

$$AIC = -2\log(L\langle \theta | \text{data} \rangle) + 2m \quad (9)$$

$$AIC_c = -2\log(L\langle \theta | \text{data} \rangle) + 2m\left(\frac{n}{n - m - 1}\right) \quad (10)$$

$$\Delta_i = AIC_{c,i} - AIC_{c,\min} \tag{11}$$

$$BIC = -2\log(L\langle\theta|\text{data}\rangle) + m\log(n) \tag{12}$$

式(7)至式(12)中，SSE和SST分别是剩余平方和与总校正平方和；n是样本个数；m是生长模型中的参数个数；$\log(L\langle\theta|\text{data}\rangle)$是年龄体长数据的最大似然值对数。AIC为赤井信息准则，AIC_c为AIC偏差较正，$AIC_{c,i}$为各模型的AIC_c值，$AIC_{c,\min}$为最小的AIC值，Δ_i为AIC差值。

在上述式(1)至式(5)生长模型中，取得R^2_{adj}最大值或RMSE、AIC、AIC_c、BIC最小值的生长模型为最适生长模型。AIC值的大小受样本容量的影响较大，AIC差值更容易对一组模型进行比较和排序；式(11)中，对于给定的数据，一个模型获得支持的水平为：当$\Delta_i < 2$时，模型获得足够支持，可以考虑用于推断；当$4 < \Delta_i < 7$时，模型几乎得不到支持，模型间存在差异；当$\Delta_i > 10$时，模型得不到支持，足以证明模型间存在实质差异[11]。

由于AIC检验对参数较多的生长方程施加惩罚项，也就意味着模型参数越少的生长方程越容易被选择用来拟合年龄-体长数据。但是，AIC检验是一个相对估计，其主观赋值了生长模型，使AIC值较大者被动拒绝，为克服这个问题，对每个模型进行了AIC加权[11]，公式为

$$\omega_i = \frac{\exp(-0.5\Delta_i)}{\sum_{k=1}^{5}[\exp(-0.5\Delta_k)]} \tag{14}$$

式中：ω_i为第i个模型的AIC权重；$\sum_{k=1}^{5}[\exp(-0.5\Delta_k)]$为第$k$个候选模型的AIC差值之和。一个模型的AIC权重(ω)代表它在对相应数据的候选模型里的模型拟合度。因而，对于一个给定的数据集，仅仅当一个模型$\omega > 0.9$时，它被判断为唯一精确的参数估计模型；当所有模型$\omega < 0.9$时，数据支持不止一个模型时，多重模型推论(MMI)被用做描述鱼类生长曲线的稳健模型。

1.2.4　MMI渐近体长估算

在多重模型推论(MMI)中，对于指定的5个候选模型，AIC加权值小于批判值($\omega < 0.9$)时，渐近体长$\bar{L}_\infty$由以下公式计算[11]：

$$\bar{L}_\infty = \sum_{i=1}^{n}\omega_i\hat{L}_{\infty,i} \tag{15}$$

式中：$\bar{L}_\infty$为MMI中的渐近体长；ω_i为第i个生长模型的权重；$\hat{L}_{\infty,i}$为第i个生长模型的渐近体长值。

2　结果

2.1　体长年龄数据

由于北部湾渔业的过度捕捞，较大体长的多齿蛇鲻较难采集到，本研究中对300～380 mm体长段的多齿蛇鲻样本进行了针对性的搜集，共搜集47尾。以鳞片作为年龄鉴

定的硬质材料，共鉴定多齿蛇鲻体长年龄样本为 2 046 尾(见表 1)。当年生(1 龄鱼)样本为 1 580 尾，占样本总数的 77.22%；次年生(2 龄鱼)样本为 324 尾，占总样本数的 15.84%。

表 1　北部湾多齿蛇鲻样本体长与年龄数据

体长 /mm	年龄组(龄)					
	0 + ~1	1 + ~2	2 + ~3	3 + ~4	4 + ~5	总计
80 ~ 100	62					62
100 ~ 120	146					146
120 ~ 140	238					238
114 ~ 160	335					335
160 ~ 180	383	1				384
180 ~ 200	282	2				284
200 ~ 220	134	34	1			169
220 ~ 240		136	31			167
240 ~ 260		83	20			103
260 ~ 280		54	7			61
280 ~ 300		14	36			50
300 ~ 320			19			19
320 ~ 340			13	2		15
340 ~ 360			5	6		11
360 ~ 380					2	2
n	1 580	324	132	8	2	2 046
Per/%	77.22	15.84	6.45	0.39	0.10	
$\overline{X}$	158.30	241.87	278.02	343.88	370.00	
S. D.	31.17	20.33	36.16	9.45	7.07	
CV/%	19.69	8.40	13.01	2.75	1.91	

注：n 为各年龄组样本个数；Per 为样本所占百分比；$\overline{X}$ 为各年龄组的样本体长平均值；S. D. 为标准差；CV 为变异系数。

2.2　体长体重组成

北部湾多齿蛇鲻渔获总样本体长 73.2 ~ 375.0 mm，平均体长为 180.19 mm，以体长 121 ~ 240 mm 占优势，占 77.08%；体重范围为 5.7 ~ 764.6 g，平均体重为 98.99 g，其中体重 5.7 ~ 150 g 占优势，占 80.55%(图 3 和图 4)。低龄幼体占多齿蛇鲻大部分渔获。

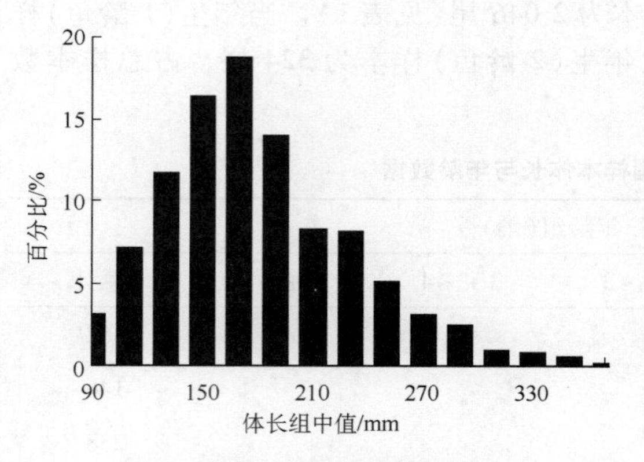

图 3 多齿蛇鲻样品的体长组成

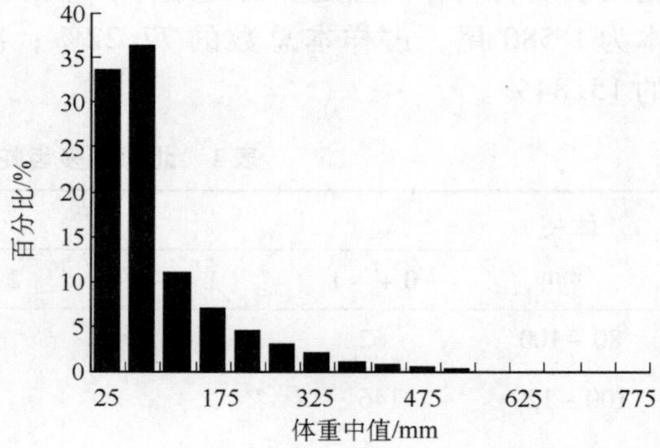

图 4 多齿蛇鲻样品的体重组成

2.3 模型拟合度检验

以北部湾多齿蛇鲻的年龄 - 体长数据为基础，通过最大似然法估计五个候选模型的模型参数，采用模型近似解释率(R_{adj}^2)、根平均方差($RMSE$)、赤井信息准则差值 (Δ_i) 和贝叶斯信息准则(BIC)进行生长模型拟合度检验(表 2)。检验结果表明，generalized VB 模型近似率值最大($R_{adj}^2=0.8319$)，其 RMSE、AIC_C、BIC 均为最小值，则 generalized VBGF 为 5 个候选模型中的最适生长模型。以 AIC 差值 Δ_i 进行排序，generalized VBGF 的 $\Delta_i=0$，Schnute - Richards GF 列于第二位，$\Delta_i=12.70$，模型已得不到支持，证明各模型存在实质性差异，Δ_i 排序后四位的候选模型不适于拟合多齿蛇鲻的体长生长关系。

表 2 生长模型的参数 *m* 个数和 R_{adj}^2、AIC、AIC_c、BIC、RMSE、Δ_i 值

生长模型	*m*	R^2	R_{adj}^2	RMSE	BIC	AIC_c	Δ_i
g4：generalized VB	4	0.832 2	0.831 9	21.06	14 553.36	14 530.90	0
g5：Schnute - Richards	5	0.831 4	0.830 9	21.12	14 571.67	14 543.60	12.70
g1：VB	3	0.828 9	0.828 7	21.27	14 585.90	14 569.05	38.15
g3：Gompertz	3	0.826 0	0.825 8	21.45	14 619.78	14 602.93	72.03
g2：Logistic	3	0.822 6	0.822 3	21.66	14 660.16	14 643.30	112.40

2.4 MMI 模型参数估计

5 种候选模型的生长参数估计与 AIC 权重结果如表 3 所示。VBGF、Logistic GF 和 Gompertz GF 的 AIC 权重几乎可以忽略不计，并且三者的渐近体长估计值小于样本最大体长值($L_{max}=375.0$ mm)，因而 VBGF、Logistic GF 和 Gompertz GF 均不适于拟合多齿蛇鲻的年龄与生长关系。generalized VBGF 和 Schnute - Richards 的渐近体长估计值分别为 593.28 mm 和 419.94 mm，大于样本最大体长。generalized VBGF 的 AIC 权重为 99.83%，Schnute - Richards 的 AIC 权重为 0.17%。因而，在多重模型推论中，generalized VBGF 可以单一作为生长参数模型估计生长参数，描述多齿蛇鲻的年龄与生长关系。

表 3 生长模型参数与 AIC 权重

生长模型	k/a^{-1}	t_0/a	p/δ	ν	γ	$\omega_i/\%$	L_∞
VB	0.557	-0.47				0.00×10^{-7}	327.48
Logistic	1.233	0.60				0.00×10^{-7}	288.52
Gompertz	0.884	0.24				5.19×10^{-7}	304.43
generalized VB	0.047	0.14	0.360			99.83	593.28
Schnute - Richards	0.528		-0.968	0.620	1.030	0.17	419.94
Model - averaged	0.047	0.14	0.360				593.28

3 讨论

3.1 候选模型的选择

一般来说，描述鱼类的生长时通常会用一个比较合适的数学方程，并预测鱼类生长的趋势，比较不同种类或种群间的生长差异[32]。在鱼类生长中，相同的生长数据由于选取的描述鱼类的生长方程不同也会导致不同结果，阐述也不同[33]。因此，在鱼类生长建模中，比较不同的生长模型和选择适宜生长方程是非常重要的，其将影响后面的评估模型结果(如 YPR 和 SPR)。尽管这种模型选择方法比不加任何考虑的武断"敲定"一个模型要好，它仍然是一个过于简单化而没有完全开发潜在信息的理论方法。模型选择不应该简单地被认为是去猎取一个"最适"模型，取而代之的是，应该是基于全部的候选模型去寻找更合适可靠的推断。本研究中，在 5 个候选模型中，MMI 结果表明，generalized VBGF 被检验为最适模型且被有效支持($\omega_i>90\%$)，因而 generalized VBGF 可以单一用来估计多齿蛇鲻的生长参数。

在多重模型推论中，当数据支持多于一个候选模型时，模型选择中的不确定性程度不容忽视，不然将会造成参数的过度估计[14,15]。需要强调的是，信息论方法的结果依赖于候选模型，而在建立优先选择的候选模型集时应通过审慎的思考和参考已发表文献的生物学研究结果。正如 Chatfield 建议的，仔细的和审慎的思考是必要的，不能不考虑真正的生物学问题而不假思索地仅仅关注于理论分析[34]。模型构建是生物学信息正式进入调查研究的关键点。这个部分上是主观艺术和概念，比仅仅估计模型参数和精确度更困难。在选取候选模型时，必须确认模型个数多少与假设置信度之间一定的平衡，应该创建的模型集合足够大而不漏掉一个先验的好模型[11]。利用 AIC 检验或者其他简单的检验方法，希望通过以此来选择最适模型，可能会导致合适的模型从候选模型中漏选，而这些模型选择方法也可能未发现这个问题。因此，直接"敲定"一个最适模型将会导致生长参数有偏估计的风险，典型的例子如北部湾二长棘鲷[35]、斑鰶白姑鱼[36]和红鳍笛鲷[37]的生长模型选择与参数估计。因而模型检验准则的适宜性是需要认真考虑的。

3.2 模型检验准则的适用性

通过 R^2_{adj}或 AIC$_c$、BIC 和 RMSE 对北部湾多齿蛇鲻生长模型选择的检验结果进行了排序。4 种检验准则一致首先选择了 generalized VBGF，第二位一致选择了 Schnute - Richards GF，且多齿蛇鲻的 Schnute - Richards GF 生长模型结果已与 generalized VBGF 存在显著的模型差异(表4)，而常用的 VBGF 仅在模型排序第三位，表明不经过模型检验而直接运用 VBGF 来描述多齿蛇鲻的生长，存在较大的生长建模风险。

近年来针对特定鱼类选择最适生长模型，即最适于拟合鱼类体长 - 年龄数据、描述鱼类生长过程的生长模型得到了广泛关注[35~37]，而模型选择的依据——模型检验准则的适宜性也得到了广泛关注，如 Zhu 等[38]通过四种鱼类的实际和模拟数据，设置白噪声为 10%，利用 bootstrap 技术进行了重抽样，系统比较了六种模型检验准则的适宜性，其研究认为：①相关系数(R^2)和 RMSE 具有相同的检验性能且表现最差；②R^2_{adj}、AIC、Δ_i 和 BIC 在样本相同时具有相同的检验效果；③R^2_{adj}小样本的检验效果优于大样本；④AIC 不适合小样本检验，且在样本变大时趋向于选择更复杂的模型(多参数)；⑤AIC$_c$和 BIC 模型分别在小样本和大样本中检验效果表现最好。以上表明，不同的模型检验准则适于不同的样本量水平；检验的样本量不同，依据不合适的准则，或单个准则的检验结果会导致参数估计有偏差。本研究采样了大样本进行了模型选择，而多齿蛇鲻的样本容量对这些模型检验准则适用性及偏差估计，有待于进一步理论研究。

在模型检验准则适应性上，根据 Zhu[38]模型检验 AICc 值进行 Δ_i 排序，则在其研究的 4 个鱼类案例中(共 5 个候选模型)，1 个值 Δ_i <2 的案例有 2 个(0.28 ~ 53.31)，2 个值 Δ_i <4 的有 2 个(0.69 ~ 15.55)，即在 5 个候选模型中，均有不少于 2 个模型均可以描述案例鱼类的生长，因而表明在其鱼类研究案例中，并不适合于单一“敲定”一个模型来描述鱼类生长。对其案例进行 AIC 权重分析，无一个模型 ω > 90% (0.00% ~ 71.76%)，这表明，根据 MMI 推论，单纯地去选取一个“最适”模型，会造成较大的参数偏差估计。因而 AIC 权重，在鱼类生长模型建模中是一个非常值得考虑的一个评价因子，其可以更好地从生物学数据中挖掘更多的隐含信息。

表4 5 个比较模型检验结果排序

AIC$_c$	BIC	R^2_{adj}	RMSE
g4: generalized VB	g4: generalized VB	g4: generalized VB	g4: generalized VB
g5: Schnute - Richards	g5: Schnute - Richards	g5: Schnute - Richards	g5: Schnute - Richards
g1: VB	g1: VB	g1: VB	g1: VB
g3: Gompertz	g3: Gompertz	g3: Gompertz	g3: Gompertz
g2: Logistic	g2: Logistic	g2: Logistic	g2: Logistic

注：模型排序(从好到差)依据 R^2_{adj}最大值或 AIC$_c$、BIC 和 RMSE 最小值。

致谢： 文献[14、15]作者 Stelios Katsanevakis 在多重模型推论原理和方法上给予技术指导和建议；文献[38]作者朱立新老师在模型拟合度检验数据处理中给予指导和建议，在此谨表谢忱！

参考文献

[1] Urban H J. Modeling growth of different developmental stages in bivalves[J]. Marine Ecology Progress Series, 2002, 238: 109 – 114.

[2] von Bertalanffy L. A quantitative theory of organic growth (Inquiries on growth laws II)[J]. Human Biology, 1938, 10: 181 – 213.

[3] Ricker W E. Computation and interpretation of biological statistics of fish populations[J]. Bulletin of the Fisheries Research Board ofCanada, 1975, 191: 1 – 382.

[4] Gompertz B. On the nature of the function expressive of the law of human mortality and on a new mode of determining the value of life contingencies[J]. Philosophical Transactions of the Royal Society of London, Series A, 1825, 115: 515 – 585.

[5] Pauly D. Gill size and temperature as governing factors in fish growth: a generalization of von Bertalanffy's growth formula[M]. Berichte aus dem Instiute fuer Meereskunde, 1979, 63.

[6] Schnute J T, Richards L J. A unified approach to the analysis of fish growth, maturity, and survivorship data [J]. Canadian Journal of Fisheries and Aquatic Sciences, 1990, 47: 24 – 40.

[7] Froese R, Pauly D. (eds) FishBase. World Wide Web electronic publication. http: //www. fishbase. org, version (09/2007).

[8] Imai C, Sakai H, Katsura K, et al. Growth model for the endangered cyprinid fish *Tribolodon nakamurai* based on otolish analyses[J]. Fisheries Science, 2002, 68: 843 – 848.

[9] Porch C E, Wilson C A, Nieland D L. A new growth model for red drum (*Sciaenops ocellatus*) that accommodates seasonal and ontogenic changes in growth rates[J]. Fishery Bulletin, 2002, 100: 149 – 152.

[10] Akaike H. Information theory as an extension of the maximum likelihood principle[M]. In: B. N. Petrov and F. Csaki (eds.), Second International Symposium on Information Theory. Akademiai Kiado, Budapest, 1973: 267 – 281.

[11] Burnham K P, Anderson D R. Model Selection and Multimodel Inference: A Practical Information – theoretic Approach, 2nd ed[M]. New York: Springer, 2002: 49 – 89.

[12] Quinn II T J, Deriso R B. Quantitative Fish Dynamics[M]. Oxford UniversityPress, New York. 1999.

[13] Akaike H. Likelihood of a model and information criteria. J. Econom., 1981, (16): 3 – 14.

[14] Stelios K. Modelling fish growth: Model selection, multi – model inference and model selection uncertainty. Fisheries Research, 2006, 81: 229 – 235.

[15] Stelios K, Christos D M. Modelling fish growth: multi – model inference as a better alternative to a priori using von Bertalanffy equation[J]. Fish and Fisheri ES, 2008, 9: 178 – 187.

[16] Lény Mercier, Jacques Panfili, Christelle Paillon etc. Otolith reading and multi – model inference for improved estimation of age and growth in the gilthead seabream *Sparus aurata* (L.)[J]. Estuarine, Coastal and Shelf Science, 2011, 92: 534 – 545.

[17] 卢伙胜，颜云榕，侯刚，等. 2009 年度南海渔业资源调查报告[R]. 湛江：广东海洋大学，2010.

[18] 南海水产研究所. 南海北部底拖网鱼类资源调查报告(海南岛以东)[R]. 第四册. 广州：南海水产研究所，1966.

[19] 张其永，徐旭才. 闽南 – 台湾浅滩渔场多齿蛇鲻种群年龄和生长特性[J]. 台湾海峡，1988，3：256 – 263.

[20] 徐旭才，张其永. 多齿蛇鲻鳞片年轮形成的研究[J]. 厦门大学学报(自然科学版)，1989，28 (2)：208 – 210.

[21] 舒黎明，邱永松. 南海北部多齿蛇鲻生物学分析[J]. 中国水产科学，2004，11(2)：154 – 158.

[22] 刘金殿，卢伙胜，朱立新，等．北部湾多齿蛇鲻雌雄群体组成、生长、死亡特征的差异[J]．海洋渔业，2009，31(3)：243－253.
[23] 颜云榕，王田田，侯刚，等．北部湾多齿蛇鲻摄食习性及随生长发育的变化．水产学报，2011，7(34)：1089－1068.
[24] 国家技术监督局．GB 12763.6－91 海洋调查规范－海洋生物调查[S]．北京：中国标准出版社，1991.
[25] 苏锦祥．鱼类学与海水鱼类养殖[M]．北京：中国农业出版社，1982：276.
[26] 詹秉义．渔业资源评估[M]．北京：中国农业出版社，1995：20－31.
[27] Haddon M. Modeling and quantitative methods in fisheries [M]. Florida: CHAPMAN &HALL/CRC, 2001: 88－92.
[28] Buckland S T, Anderson D R, Burnham K P, et al. Distance Sampling: Estimating Abundance of Biological Populations [M]. Chapman and Hall, London, 1993: 446.
[29] 孙敬水，马淑琴．计量经济学[M]．北京：清华大学出版社，2004：119－121.
[30] 费鸿年，张诗全．水产资源学[M]．北京：中国科学技术出版社，1990：254－285.
[31] Schwarz G. Estimating the dimension of a model[J]. Annals of Statistics, 1978, 6: 461－464.
[32] Rao C R. Some statistical methods for comparison of growth curves[J]. Biometrics, 1958, 14: 1－17.
[33] Chen Y, Jackson D A, Harvey H H. A comparison of von Bertalanffy and polynomial functions in the modeling fish growth data[J]. Can. J. Fish. Aquat. Sci., 1992, 49: 1228－1235.
[34] Chatfield C. Model uncertainty, data mining and statistical inference[J]. J. Roy. Stat. Soc. A, 1995, 158: 419－466.
[35] Hou Gang, Feng Bo, Lu Huosheng, et al. Age and Growth Characteristics of Crimson Sea Bream *Paragyrops edita* Tanaka in Beibu Gulf[J]. J. Oceanic and Coastal Sea Research, 2008, 7(4): 457－465.
[36] 颜云榕，侯刚，卢伙胜，等．北部湾斑鳍白姑鱼的年龄与生长．中国水产科学，2011，18(1)：145－155.
[37] 朱立新，侯刚，卢伙胜，等．北部湾红鳍笛鲷年龄与生长特性的初步研究[J]．海洋湖沼通报，2009，2：19－26.
[38] Zhu Lixin, Li Lifang, Liang Zhenlin. Comparison of six statistical approaches in the selection of appropriate fish growth models[J]. Chinese Journal of Oceanology and Limnology, 2009, 27 (3): 457－467.

应用氮稳定同位素技术研究北部湾多齿蛇鲻摄食生态

冯啟彬[1]　颜云榕[1,2]　卢伙胜[1,2]　张宇美[1]　潘沛贤[1]

(1. 广东海洋大学水产学院，广东 湛江 524088；
2. 广东海洋大学南海渔业资源监测与评估中心，广东 湛江 524088)

摘要： 2010 年 8 月至 2011 年 5 月，对北部湾主要渔区的多齿蛇鲻逐季采样，通过氮稳定同位素分析法和胃含物分析法，分析北部湾多齿蛇鲻的饵料组成、摄食规律、氮稳定同位素和营养级随生长发育的变化及其季节性、地理性变化。研究结果表明，北部湾多齿蛇鲻食物由中上层小型鱼类、头足类、底栖甲壳等 53 种饵料生物组成，以质量百分比为指标。其中，竹筴鱼占全年的质量比重最大，达到 12.94%，其次蓝圆鲹占 6.79%，发光鲷占 6.06%，其他如粗纹鲾、裘氏小沙丁、多齿蛇鲻、金线鱼等鱼类也具有一定的质量比例。根据食物质量比例及 $\delta^{15}N$ 计算的北部湾多齿蛇鲻营养级平均值分别为 2.9 和 3.2，按照 1 ~ 4 级划分标准，多齿蛇鲻属于中级肉食性动物(2.9 ~ 3.4 级)，且多齿蛇鲻营养级在各季度之间变化及随体长增加差异不显著，而地理性变化差异较显著，表明研究鱼类的营养级应当建立在稳定同位素和胃含物分析法相结合的基础上，长期跟踪探讨其波动性才能准确地确立鱼类的营养位置。

关键词： 多齿蛇鲻；北部湾；胃含物分析法；氮稳定同位素分析法

1　引言

北部湾位于南海西北部(17°00′—21°45′N，105°40′—110°10′E)，是一个半封闭的典型的亚热带、热带海湾，同时也是我国南方省市传统渔业的重要渔场。多齿蛇鲻(*Saurida tumbil*，Bloch，1795)隶属于脊索动物门(Chordata)、硬骨鱼纲(Osteichthyes)、灯笼鱼目(Myctophiformes)、狗母鱼科(Synodontidae)、蛇鲻属(*Saurida*)，属于暖水性底栖鱼类，体

基金资助：国家自然科学基金项目，30771653 号、农业部南海渔业资源调查，2008 专项、中国海洋石油总公司北部湾渔业资源调查评估、农业部南海渔业资源调查、广东省教育厅高校优秀青年创新人才培育项目(LYM09089)、广东海洋大学引进人才科研启动项目(2011 年)、广东海洋大学 2010 年度大学生创新实验项目(1056610006)

作者简介：冯啟彬(1990—)，本科在读，E-mail：1101912543@qq.com

通信作者：颜云榕，博士，副教授，E-mail：yanyr@gdou.edu.cn

圆而瘦长，呈长圆柱形，尾柄两侧具棱脊，体背呈暗褐色，腹部为淡色，体侧无任何斑块或横纹，主要分布于印度—西太平洋区30～120 m的水深，120～300 m渔获量随深度的增加而减少，300 m以上未有捕获，全年均可产卵，在我国东黄海和南海均有分布[1]。其中2010年南海渔业生产中，多齿蛇鲻年产量高达1.8×10^4 t[2]，是南海底拖网作业的主要捕捞对象之一，具有重要的经济价值。

目前关于鱼类摄食生态的研究，主要是运用传统胃含物分析法[3]。其通过对摄食者的饵料进行分析，研究其种群关系[4]、资源变动[5]和摄食习性随生长发育的关系[6]，主要反映的是短期摄食的结果。而同位素测定法通过测定生物体内碳氮稳定同位素比值的变化，可反映生物长期消化吸收的食物来源、营养位置和食物网结构，并且可以定量分析[7]。应用稳定同位素技术分析水域生态系统食物网结构和食物链在国外开展较为广泛，Jennings等应用稳定氮同位素方法探讨英国北海底层鱼类和无脊椎动物的营养级[8]，Romanek等通过对捕食者及其饵料生物氮稳定同位素的测定，计算出各种饵料比例，分析动物在生态系统中所处的营养位置并划分复杂的食物网及群落结构[9]。而国内，蔡德陵等运用同位素研究黄东海的食物网结构和营养关系[10]，万祎等应用碳氮稳定同位素研究渤海湾主要鱼种的营养层次[11]，颜云榕等应用碳氮稳定同位素研究北部湾带鱼的摄食习性和营养级[12]。

本研究选取北部湾多齿蛇鲻为研究对象，以多齿蛇鲻一周年的四个季度的胃含物分析中的饵料生物组成结果为基础，结合多齿蛇鲻主要饵料生物δ^{15}N，应用氮稳定同位素技术计算其营养级及分析其周年变化和摄食生态[13]，旨在为研究北部湾多齿蛇鲻营养层次动态、资源开发与保护及北部湾海洋食物网提供基础资料。

2　材料与方法

2.1　调查船和调查海域

调查渔船：广西北海“北渔60011”单拖网渔船（主机功率588 kW，船长40.8 m，船宽6.8 m），调查海域：北部湾（17°00′—21°45′N，105°40′—110°10′E）。

分四个季度（2010年8月、11月和2011年2月、5月）进行独立的渔业资源调查和采样，采集多齿蛇鲻及其主要饵料生物，带回实验室，按照海洋调查规范（GB 12763.3－91）[14, 15]在实验室测定其体长、体质量、性腺质量以及纯体质量等生物学参数，胃含物低温速冻以便分析，取鱼类背部部分肌肉急冻冷藏作同位素分析。其采样渔港及底拖网定点作业分布图如图1所示。

在实验室，胃含物内饵料种类的鉴定使用双筒解剖镜（Leica Zoom 2000 Z45V），参考海洋生物分类资料[16]，用传统胃含物分析方法对多齿蛇鲻的食物组成进行研究，依据形体特征尽可能精确分到最低的分类阶元，在用滤纸吸干表面水后，用精度为0.001 g的电子天平（Shimadzu Auy220）分别称重。

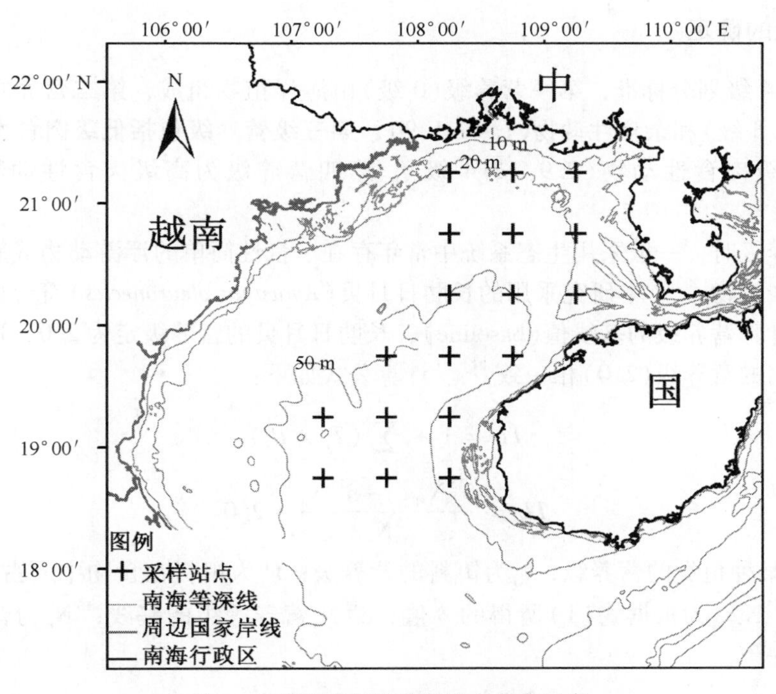

图 1 北部湾采样渔港及站点分布示意

2.2 稳定同位素分析

取多齿蛇鲻及其饵料鱼类背鳍周围肌肉适量，混合相同体长组样品的肌肉(5 ~ 10 尾)，虾取腹部肌肉，贝类取闭壳肌，软体动物除内脏，所有样品处理完后在人工气候箱(HPG - 400HX)60℃恒温下烘干至恒重，最后用玛瑙研钵充分磨匀以备进行稳定同位素测定。

实验样品氮稳定同位素比值的测定是用德国 Thermo Finnigan 公司的 Flash EA1112 元素仪与 Delta Plus XP 稳定同位素质谱仪通过 Conflo Ⅱ 相连进行。根据稳定同位素质谱仪分析出生物样品中 $^{13}C/^{12}C$、$^{15}N/^{14}N$ 的值，按以下公式计算出 $\delta^{13}C$[17]、$\delta^{15}N$[18]：

$$\delta^{13}C = \left(\frac{^{13}C/^{12}C_{样品}}{^{13}C/^{12}C_{箭石}} - 1\right) \times 1000 \tag{1}$$

$$\delta^{15}N = \left(\frac{^{15}N/^{14}N_{样品}}{^{15}N/^{14}N_{大气}} - 1\right) \times 1000 \tag{2}$$

式中：$^{13}C/^{12}C_{箭石}$ 为国际标准物质箭石的碳同位素比值；$^{15}N/^{14}N_{样品}$ 为标准大气氮同位素比值。δ 值越小表示样品重位素 ^{15}N 含量越低，反之，则表示越大。为保证实验结果的准确性，测试前先进行仪器校正，每种生物测定 3 个平行样，为保持实验结果的准确性和仪器的稳定性，每测定 5 个样品后插测 1 个标准样，并且对个别样品进行 2 ~ 3 次复测。氮稳定同位素比值精密度为 ±0.2‰，氮含量的精密度为 0.31%。

2.3 营养级的确定

按照1~4级划分标准，第一营养级(0级)由海洋植物组成，第二营养级包括食植性动物(1.0~1.3级)和杂食性动物(1.4~1.9)，第三级营养级包括低级肉食性动物(2.0~2.8级)和中级肉食性动物(2.9~3.4级)，第四营养级为高级肉食性动物(3.5~4.0级)[19]。

计算营养级时，一般采用生态系统中常年存在、食性简单的浮游动物或底栖生物等消费者作为基线生物[20]。本研究采用的长肋日月贝(*Amusium pleuronectes*)符合此要求，故本研究中作为计算营养级的基线值(baseline)，长肋日月贝的营养级定为2.0，这与郭旭鹏等定华贵栉孔扇的营养级(2.0)相一致[21]。计算公式如下：

$$TL = 1 + \sum_{i=1}^{s} (T_i \times P_i) \tag{3}$$

$$TL = \frac{\delta^{15}N_{样品} - \delta^{15}N_o}{^{15}N_c} + 2.0 \tag{4}$$

式中：TL为某种鱼类的营养级；T_i为饵料的营养级；P_i为饵料在食物中所占的比例：s为饵料种类。$\delta^{15}N_{样品}$为根据式(1)所得的δ值；$\delta^{15}N_o$营养等级的基线；$^{15}N_c$为营养等级富集度，取3.4‰[22]。

2.4 数据的统计分析

采用物种个数百分比(%N)、饵料质量百分比(%W)、出现频率(%F)和相对重要性指数百分比(%IRI)等指标，评价各种饵料的重要性[23]：

$$IRI = (\%N + \%W) \times \%N \tag{5}$$

$$\%IRI = (IRI/\Sigma IRI) \times 100 \tag{6}$$

用饱满指数(RI,%)和空胃率[24]评估多齿蛇鲻每季度的摄食强度，用雌性性成熟指数(GSI)[24]判断多齿蛇鲻的繁殖高峰期，并与饱满指数、空胃率等相对比研究其食性随个体发育阶段的变化，公式如下：

$$RI = 饵料质量 / 纯体质量 \times 100 \tag{7}$$

$$GSI = 卵巢质量 / 纯体质量 \times 100 \tag{8}$$

北部湾各季度表面水温(SST)、20 m水温及30 m水温数据来自法国CATSAT(恺撒)渔业遥感系统。聚类分析采用Primer 5.2软件，分析各体长组多齿蛇鲻基于各饵料生物%IRI的Bray－Curtis相似性指数。统计分析应用SPSS 17.0软件，应用非参数秩检验[Kruskal－Wallis test－H(d，N)]检验饱满指数、各体长组的饵料重量和饵料个数差异显著性，并用单样本t检验分析营养多样性和营养级周年变化。根据Pearson相关系数分析多齿蛇鲻不同体长组$\delta^{15}N$的相关性，用成组数据t检验分析不同季度$\delta^{15}N$值的差异显著性，用单样本t检验分析营养级周年变化。

3 结果

3.1 多齿蛇鲻营养多样性和食物组成的季度变化

2010 年 8 月至 2011 年 5 月，分四个季度在北部湾进行海上采样，共取得 3 488 尾，实胃数 2 772 尾，样品体长范围 50.0 ~ 281.0 mm，年平均体质量(50.5 ± 29.1) g(表 1)。

表 1 北部湾多齿蛇鲻采样基本情况

时间	站点数		数量			体长范围 /mm	平均体长 /mm	体质量范围/g	平均体质量/g	空胃率 /%
	总数	有分布数	♀	♂	不分					
夏季	19	19	388	366	266	86.0 ~ 281.0	160.3 ± 31.0	5.9 ~ 275.0	49.5 ± 30.0	39.75
秋季	22	18	234	259	350	50.0 ~ 274.0	165.6 ± 28.8	1.8 ~ 196.8	55.5 ± 29.6	36.70
冬季	27	9	141	96	30	80.0 ~ 246.8	145.9 ± 23.5	5.0 ~ 310.1	39.1 ± 27.8	63.40
春季	26	21	264	236	99	103.0 ~ 265.0	158.2 ± 22.1	10.9 ~ 277.6	51.1 ± 25.5	37.48
总计			1027	957	745	50.0 ~ 281.0	159.9 ± 28.4	1.8 ~ 310.1	50.5 ± 29.1	40.95

北部湾多齿蛇鲻食物种类质量组成的季度变化：北部湾多齿蛇鲻各季度均以鱼类为最主要饵料食物(见表 2，图 1)。其中，竹筴鱼(*Trachurus japonicus*)占全年的质量比重最大(12.94%)，其次蓝圆鲹(*Decapterus maruadsi*)占质量比重的 6.79%，发光鲷(*Acropomidae*)占质量比重 6.06%，其他如天竺鱼属，粗纹鲾(*Leiognathus lineolatus*)、裘氏小沙丁(*Sardinella jussieu*)、多齿蛇鲻、金线鱼等鱼类也具有一定的质量比例；另外，虾蟹类和枪乌贼属(*Uroteuthis* sp.)在多齿蛇鲻周年食物组成中，部分季度也有一定比例出现。北部湾多齿蛇鲻在夏季、秋季和春季的空胃率保持在 37% 左右，而冬季的空胃率则高达到 63%，平均饱满指数 *RI* 与空胃率呈现负相关性，反映了北部湾多齿蛇鲻在全年中有摄食强度的波动，并且有季节性变化，根据表 3、式(3)得到多齿蛇鲻的营养级为 3.2。

表 2 北部湾多齿蛇鲻食物组成质量百分比季度变化

主要饵料生物	夏季	秋季	冬季	春季
已消化 (Digestion)	9.35	28.21	1.38	17.03
不可辨别鱼类(Unidentifiedpisces)	13.37	6.53	15.56	14.13
不可辨别虾蟹类(Unidentified shrimps)	2.50	0.80	2.62	1.50
枪乌贼属 (*Loligo* sp.)	10.82		2.52	0.13
小公鱼属 (*Anchoviella* sp.)	10.10	4.40	3.90	5.10
天竺鱼属 (*Apogonidae* sp.)	10.30		1.60	2.10
篮子鱼属 (*Siganus* sp.)	1.70			

（续表）

主要饵料生物	夏季	秋季	冬季	春季
棱鳀属（*Thrissa* sp.）			12.60	
天竺鲷属（*Apogon* sp.）		0.80		2.20
蓝圆鲹（*Decapterus maruadsi*）	6.40		21.10	9.80
发光鲷（*Acropoma japonicum*）	7.90	5.60	12.50	3.50
黄斑鲾（*Leiognathus bindus*）	1.70	12.30	3.40	0.70
粗纹鲾（*Leiognathus lineolatus*）	14.18			
虾蛄科（Squillidae）	0.40			0.20
鰕虎鱼（Gobiidae）	1.80	2.90		0.10
少鳞犀鳕（*Bregmaceros rarisquamosus*）	2.40	0.20		0.20
裘氏小沙丁（*Sardinella jussieu*）	0.10	9.50	4.10	
毛烟管鱼（*Fistularia villosa*）	2.70			
多齿蛇鲻（*Saurida tumbil*）	3.80	0.20		
鳎科（Soleidae）	0.30	1.50		0.20
鲬科（Flatheads）	0.20	0.70		
短鲽（*Brachypleura novaezeelandiae*）		2.70	3.00	
条尾鲱鲤（*Upeneus bensari*）			7.90	
竹筴鱼（*Trachurus japonicus*）				38.80
中国枪乌贼（*Loligo chinensis*）		6.40	0.30	4.20
鳓（*Ilisha elongata*）		0.70		
黑鳃天竺鱼（*Apogonichthys arafurae*）		0.50		
冠鲽属（*Samaris*）			0.60	
半线天竺鲷（*Apogon semilineatus*）		0.80		
黑边天竺鱼（*Apogonichthys ellioti*）		0.40		
黄带鲱鲤（*Upeneus sulphureus*）		1.40		
青带小公鱼（*Stolephorus zollingeri*）		12.80		
须赤虾（*Metapenaeopsis barbata*）		0.70	4.90	0.10
金线鱼（*Nemipterus virgatus*）			2.00	

表3 北部湾多齿蛇鲻主要饵料生物的氮稳定同位素百分含量

主要饵料生物 (main prey)	代码	比重/%	$\delta^{15}N$/‰	营养级
中上层鱼类 (Pelagic fish)				
裘氏小沙丁 (*Sardinella jussieu*)	SJ	3.3	14.236	3.2
蓝圆鲹 (*Decapterus maruadsi*)	DM	6.8	13.599	3.0
竹筴鱼 (*Trachurus japonicus*)	TJ	12.9	13.385	3.0
* 杜氏棱鳀 (*Thryssa dussumieri*)	TD	1	13.543	3.4
* 尖吻小公鱼 (*Anchoviella heteroloba*)	AH	10.1	15.915	3.7
* 摩鹿加绯鲤 (*Upeneus moluccensis*)	UM	1.1	12.413	2.7
日本金线鱼 (*Nemipterus japonicus*)	NJ	0.2	13.644	3.5
底层生物 (Benthic organism)				
多齿蛇鲻 (*Saurida tumbil*)	ST	1.1	16.963	4.0
褐篮子鱼 (*Siganus fuscessens*)	SF	0.5	—	2.2
毛烟管鱼 (*Fistularia villosa*)	FV	0.7	—	3.0
细条天竺鱼(*Apogonichthys lineatus*)	AL	4.8	—	2.3
* 鹰爪虾 (*Trachypenaeus ancheralis*)	TA	2.1	10.211	2.5
发光鲷 (*Acropoma japonicum*)	AJ	6.1	10.543	2.6
二长棘鲷 (*Paerargyrops edita*)	PE	0.8	10.992	2.3
黄斑鲾 (*Leiognathus bindus*)	LB	4.8	16.917	4.0
粗纹鲾 (*Leiognathus lineolatus*)	LL	3.9	15.613	3.6
△ * 银腰犀鳕 (*Bregmaceros nectabanus*)	BN	0.8	—	2.4
* 鲽 (*Pleuronichthys* sp.)	PS	1.9	14.495	3.3
* 中国枪乌贼 (*Loligo chinensis*)	LC	6.7	14.896	3.4

注：* 表示部分饵料生物种类由于时空限制等原因未取到该种，以其科属及食性相近的种类替代，木叶鲽用没有辨认分类具体种的鲽代替，以饵料分布较广泛的中国枪乌贼作为枪乌贼属的代表种，△表示参考相关测定值。

3.2 多齿蛇鲻摄食习性随季度与生长发育的变化

根据图2可以看到北部湾多齿蛇鲻在冬季的空胃率最大，平均胃饱满指数较低，而春季的平均胃饱满指数最大，各季度的摄食强度变化比较明显(见表4)，存在一定的季节差异。

多齿蛇鲻的摄食强度在性腺发育过程中，Ⅰ~Ⅵ间的空胃率稳定保持在30%~50% 的水平，反映其摄食强度随个体发育变化比较稳定；平均饱满指数 *RI* 的波动不是很大，*RI* 在产卵期(Ⅴ)达到最高值，在Ⅰ、Ⅱ期则为最低，Ⅲ期的空胃率达到最高值(图3，图4)。

表4　北部湾多齿蛇鲻各季度摄食强度

季节	测定尾数	0级		1级		2级		3级		4级	
		尾数	百分比/%	尾数	百分比/%	尾数	百分比/%	尾数	百分比/%	尾数	百分比/%
夏	1 024	407	39.7	198	19.3	163	15.9	145	14.2	111	10.8
秋	842	309	36.7	132	15.7	122	14.5	184	21.9	95	11.3
冬	305	193	63.3	21	6.9	24	7.9	35	11.5	32	10.5
春	601	226	37.6	59	9.8	116	19.3	141	23.5	59	9.8
全年	2 772	1 135	40.9	410	14.8	425	15.3	505	18.2	297	10.7

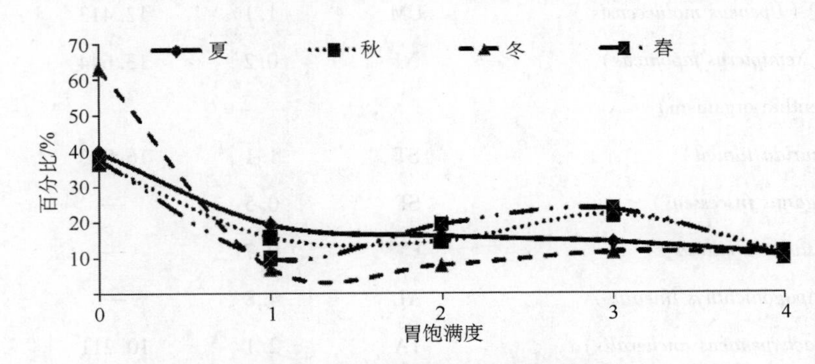

图2　北部湾多齿蛇鲻各季摄食强度变化

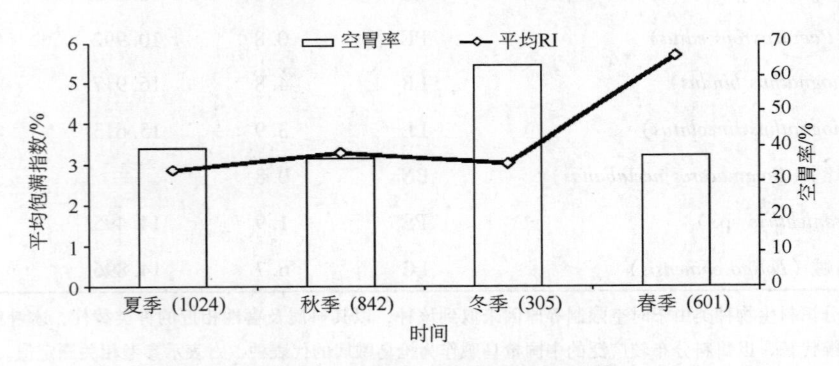

图3　北部湾多齿蛇鲻摄食强度的季度变化

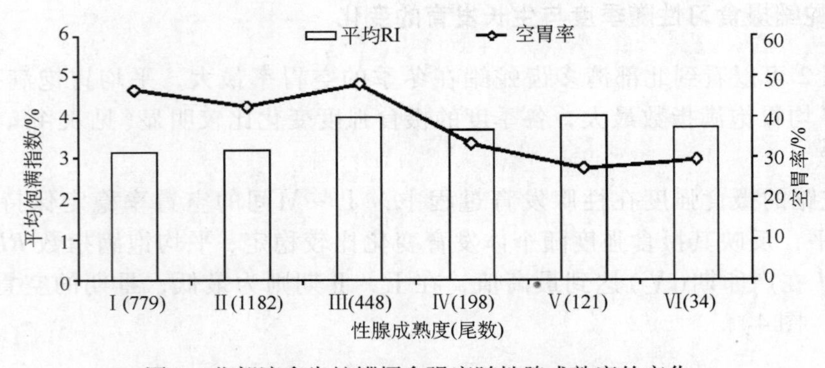

图4　北部湾多齿蛇鲻摄食强度随性腺成熟度的变化

3.3 多齿蛇鲻稳定同位素特征及其随生长的变化

北部湾多齿蛇鲻的氮同位素范围均较为广泛(表5)，$\delta^{15}N$ 的范围则是9.649‰~16.981‰，平均值为(13.440±0.1707)‰，平均营养级为2.9(±0.05)。

表5 北部湾多齿蛇鲻 $\delta^{15}N$ 和营养级随体长的变化

体长组/mm	$\delta^{15}N$	营养级
121~135	13.278	2.8
136~150	13.715	3.0
151~165	13.852	3.0
166~180	13.935	3.0
181~195	14.109	3.0
196~210	13.868	2.9
211-225	13.863	2.7
226~240	12.670	2.6
241~255	13.867	2.8

本次在北部湾29个渔区进行四季底拖网调查采样中，多齿蛇鲻的产量较大，且体长组分布较广的有20°25′N、108°25′E，20°25′N、108°75′E，19°75′N、107°75′E，19°75′N、108°25′E，19°25′N、107°25′E，19°25′N、107°75′E，18°75′N、107°75′E 7个渔区。在本研究中分别测定不同体长组的氮稳定同位素值，并绘制散点图和趋势线。7个渔区中，19°25′N、107°75′E(图5，点1)，18°75′N、107°75′E(图5，点7)，19°75′N、108°25′E(图5，点3)，19°75′N、108°75′E(图5，点4)渔区的多齿蛇鲻 $\delta^{15}N$ 值与体长增加的线性相关性较为明显，其余渔区的线性相关不明显，整体上整个北部湾的多齿蛇鲻 $\delta^{15}N$ 值与体长增加线性相关较明显，反映了北部湾多齿蛇鲻随生长发育营养级会逐步上升。

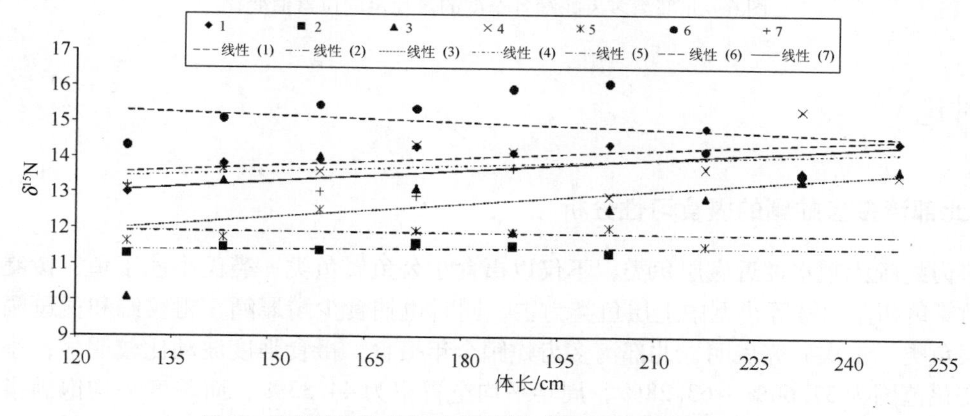

图5 北部湾5个渔区多齿蛇鲻 $\delta^{15}N$ 值随生长变化趋势

3.4 北部湾多齿蛇鲻稳定同位素的随季节、渔区的变化

本次研究分别对北部湾多齿蛇鲻四季样品的肌肉进行了预处理并测定其$\delta^{15}N$值。如下是四个季度的同位素值变化图，$\delta^{15}N$值差异性比较显著，其中夏季的比较大，秋季的比较低。湾内、湾中的比较，发现越靠近湾内或陆地的水区，多齿蛇鲻的$\delta^{15}N$值越大。

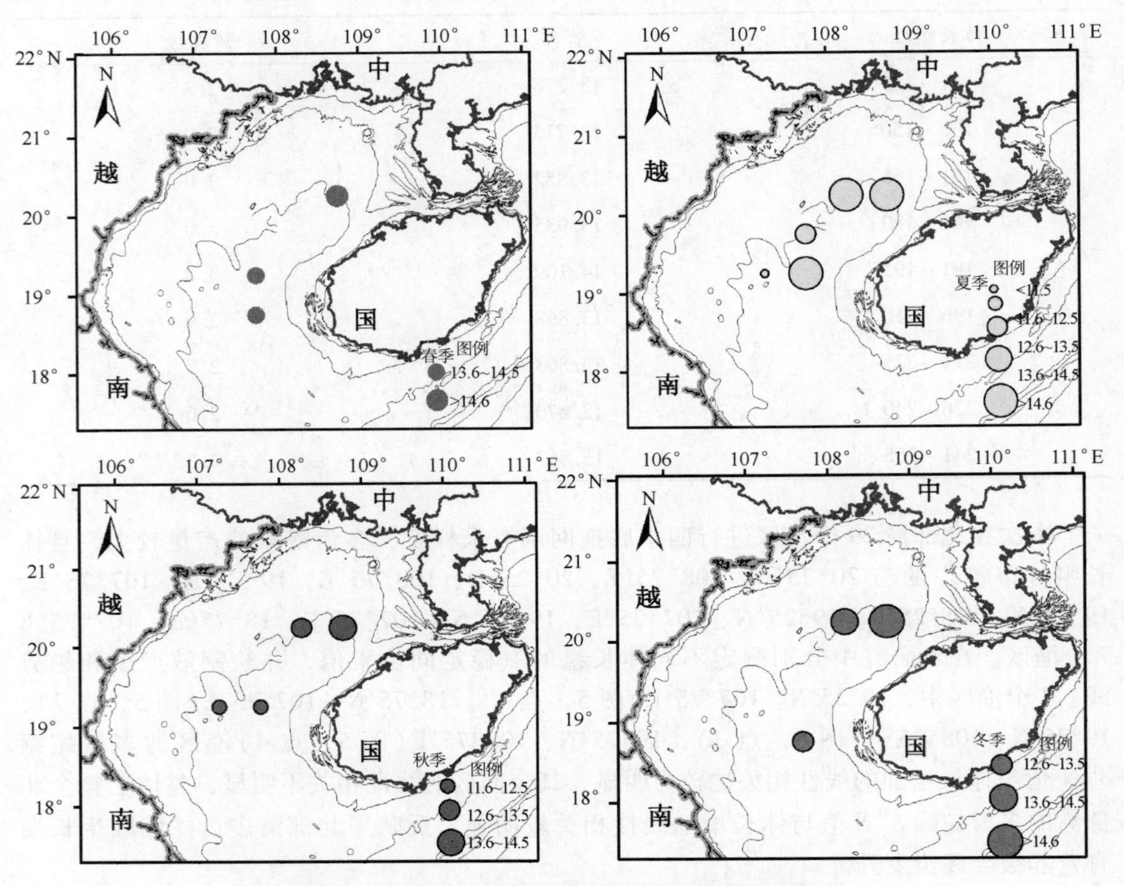

图6 北部湾多齿蛇鲻各季度的氮稳定同位素值变化

4 讨论

4.1 北部湾多齿蛇鲻的摄食习性分析

多齿蛇鲻为暖水性近底层鱼类，不仅以摄食小公鱼属鱼类、裘氏小沙丁鱼、棱鳀属鱼类、竹筴鱼和蓝圆鲹等小型中上层鱼类为主，同时也捕食少鳞犀鳕、粗纹鲾和黄斑鲾等小型底层鱼类。本次研究表明，北部湾多齿蛇鲻全年摄食，摄食强度波动比较明显，季度空胃率变化范围为37.60%～63.28%，周年平均空胃率为44.33%；而季度平均饱满指数变化范围为2.85%～5.67%，周年平均饱满指数为3.70%。北部湾多齿蛇鲻主要以鱼类为

摄食对象，重量百分比达到95%以上。随着体长的增长，北部湾多齿蛇鲻的饵料种类比较集中，个体数变化较少，平均单个饵料质量明显增加，这个与北部湾多齿蛇鲻的摄食习性及随体长发育的变化研究一致[25]。生物的生长发育伴随着摄食器官、消化器官的增强和游泳能力的提高，其捕食个体较大的饵料生物的能力也会随之增强，这个结果与南沙群岛西南陆架区多齿蛇鲻的资源变动研究一致[5]。

北部湾多齿蛇鲻的食物种类较少，除了小公鱼属、蓝圆鲹、发光鲷、黄斑鲾等出现频率较高外，其他的种类波动较大。其中杜氏棱鳀，黑边天竺鱼、冠鲽、条尾绯鲤等32个饵料仅在单月出现，说明多齿蛇鲻的摄食存在一定的随机性；其中还有部分的虾蟹类、头足类以及鱼类消化后的残余，不能准确的鉴定到种，影响到多齿蛇鲻的食性分析，有待于在往后的工作中改进。

4.2 北部湾多齿蛇鲻稳定同位素及营养级的季节和地理变化分析

本次实验共采集了27个渔区的共3 488条多齿蛇鲻，分别测定了4个季度不同渔区的不同体长组的稳定同位素值共209个。在利用同位素值计算多齿蛇鲻营养级的时候，本研究选取的$\delta^{15}N_c$为3.4‰。在国外文献报道中有选取3.5‰的，也有2.38‰的，国内的万祎[11]等测定渤海湾水生食物网稳定同位素的富集因子为3.8‰，蔡德陵[10]等按实验室的养殖半年的鳀鱼和其饵料间的稳定同位素差值为2.5‰。氮稳定同位素的富集在不同的物种和不同的生态系统中都存在着变化，受到环境、饵料质量、摄食食性以及样品采集处理等因素影响[26]。

在研究中我们选定了7个渔区，但是缺乏春季和冬季的基线生物同位素值，所以计算多齿蛇鲻春季和冬季的营养级时我们采用夏季、秋季的基线生物同位素均值来计算。从而发现存在着明显的差异性，夏季和秋季的日月贝的同位素值相差较大，夏季为11.026‰，秋季的为9.149‰，有着明显的季节性变化，按3.4‰的富集度计算，两个季度相差了近半个营养级。不考虑变化，取均值计算，多齿蛇鲻全年的营养级秋季最低，其他的差异不大；但是采用日月贝基准值测定时发现，多齿蛇鲻的营养级在夏季和秋季会出现明显的差异，且秋季高于夏季，表明了基线生物的季节变化对营养级有影响。

本实验的多齿蛇鲻在不同的季节间摄食存在地理差异，从渔获量和胃含物分析结果可以看出，夏季的渔获量最大，达到1 254条，饵料分布广，而春季的最少，只有512条，而饵料相对集中，反映了多齿蛇鲻摄食存在着季节和地理上的变化，虽然都以摄食鱼类为主，但是各个季度主要的摄食种类存在着差异，不同地点、不同时间和不同的物质来源都会影响营养物质的稳定同位素累积，随着物质的循环，生物种群也会呈现出季节的变化。本次研究的结果发现，在同一经度、不同纬度的渔区中，多齿蛇鲻的同位素值存在着差异。在同一个季度里，同位素值靠近南沙群岛海域12°以北的比较高，南沙群岛海域12°以南的比较低。夏季是繁殖的高峰，浮游动植物的增加造成饵料种类的增多，多齿蛇鲻的摄食范围更广，加上夏季是多齿蛇鲻的繁殖高峰期，产卵期间会强烈索饵，这样就增加了多齿蛇鲻的营养累积，使得氮的稳定同位素值更大，营养级更高。

4.3 稳定同位素与传统胃含物分析的对比与应用

胃含物分析法是现代生物学中鱼类食性研究的标准方法。在鱼类食性的研究和分析中，胃含物分析法要求实验员的生物分类知识丰富、饵料生物采样全面、样品新鲜度大、有一定的时间间隔等，其优点是可以直观地反映鱼类当时的摄食情况，研究设备比较简单，但是食物的消化程度会对结果产生影响，特别是难以辨认容易消化的软体动物和动物残肢[27]，只能通过实验员的经验和鱼类的消化吸收校正这种误差。

稳定同位素法是根据消费者稳定同位素比值与其食物相应的同位素比值相近的原则来判断此生物的食物来源进而确定食物贡献，所取的样品是生物体的一部分或全部，能反映生物长期生命活动的结果，应用精确度高的质谱仪全自动在线操作系统进行测定，很大程度上避免了人为因素的影响，所需的样品较少，实验周期相对较短等[28]。

在本次研究中，多齿蛇鲻的胃含物样品中约有30%未能确定到类而无法进行仔细鉴定，所以只统计了其胃含物的质量百分比。根据对四个季度的不同地理位置的质量百分比进行对比，结果分析得到多齿蛇鲻在不同的季节和地理上都是以鱼类为主要摄食对象，这与颜云榕等[25]的北部湾多齿蛇鲻摄食习性及随生长发育的变化的结果相一致。根据多齿蛇鲻的稳定同位素测定计算营养级，多齿蛇鲻的营养级集中在2.6～3.5，根据胃含物分析法计算营养级为3.2，表明多齿蛇鲻属于中级肉食性动物。颜云榕等[25]在北部湾多齿蛇鲻摄食习性级随生长发育的变化中通过胃含物分析法得到多齿蛇鲻的营养级为4.2，张月平[29]在南海北部湾主要鱼类食物网中通过胃含物分析法得到多齿蛇鲻的营养级为3.8，判定多齿蛇鲻属于高级的肉食性动物。但是，同时采用两种方法进行测定时，两者的结果基本一致。

因此，在以后的鱼类营养级的测定中，应当注意胃含物分析法和稳定同位素法的结合应用。稳定同位素法在研究鱼类的营养级和食物营养结构的时候能够弥补传统胃含物分析法的不足，能有效地分析生态系统的营养流动和生物之间的营养关系，但是，不能像传统胃含物分析法一样可以反映消费者短时间内的摄食情况，而鱼类普遍存在偶食性现象，不排除在采用胃含物分析法的时候会导致计算的营养级有偏差。

4.4　研究展望

本研究采用的氮稳定同位素技术研究了北部湾多齿蛇鲻营养级的地理和季节变化，其中根据不同的海域基线生物同位素会影响该海域消费者的营养级位置，而单独采用了长肋日月贝作为研究的基线生物，并且不同的季度需要采用相对季度的基线同位素值，但是本次研究的基线生物只有夏季和秋季两个季度，需要以后的实验加以补充。通过不同季节，不同地理位置的对比，发现北部湾多齿蛇鲻稳定同位素和营养级具有一定的时间和空间上的变化，分析结果还表明了稳定同位素在研究鱼类营养级的时候比胃含物分析法更准确，能解决部分主要饵料生物营养级缺乏、无法准确计算鱼类营养级的问题，但是受到时空差异的影响，饵料采样不完全，缺乏少鳞犀鳕、冠鲽、虾蛄等饵料，导致无法准确计算营养级，只能根据文献进一步确定，有待往后的采样进行校正。因为作为研究的基线生物长肋日月贝是浅海性贝类，食性简单，通过夏季和秋季的对比发现，长肋日月贝的稳定同位素值差异较大，是否选取长肋日月贝作为基线生物研究北部湾多齿蛇鲻的营养级需要进一步验证。

致谢：在此感谢国家自然科学基金项目(30771653)、农业部北部湾渔业资源调查与监测项目和2010年度广东海洋大学创新实验项目(CXSY20105)的资助。感谢广东海洋大学海渔系本科学生何雄波、陈成、吴桂荣、李玉媛、陶雅静、杨通慧、林晓丹等同学参加了样品的采集和部分同位素样品预处理工作。

参考文献

[1] 尔甘．南海魚类志[J]．科学通报，1963(3)．

[2] 卢伙胜，冯波，颜云榕．2010年北部湾渔业资源调查与评估报告，湛江：广东海洋大学，2010．

[3] 窦硕增．鱼粗胃含物分析的方法及其应用[J]．海洋通报，1992，11(2)：28－31．

[4] 孙冬芳，董丽娜，李永振，等．南海北部海域多齿蛇鲻的种群分析[J]．水产学报，2010：1387－1394．

[5] 黄梓荣，陈作志．南沙群岛西南陆架区多齿蛇鲻的资源变动[J]．海洋湖沼通报，2005：50－56．

[6] 颜云榕，王田田，侯刚，等．北部湾多齿蛇鲻摄食习性及随生长发育的变化[J]．水产学报，2010，34(7)：1089－1098．

[7] 李忠义，金显仕，庄志猛，等．稳定同位素技术在水域生态系统研究中的应用[J]．生态学报，2005，25(11)：3052－3060．

[8] Jennings S, Greenstreet S. Long－term trends in the trophic structure of the North Sea fish community: evidence from stable isotope analysis, size－spectra and community metrics[J]. Marine Biology, 2002, 141(6): 1085－1097.

[9] Romanek C S, Gaines K F. Foraging ecology of the endangered wood stork recorded in the stable isotope signature of feathers [J]. Oecologia, 2000, 125(4): 584－594.

[10] 蔡德陵，李红燕，唐启升，等．黄东海生态系统食物网连续营养谱的建立：来自碳氮稳定同位素方法的结果[J]．中国科学：C辑，2005，35(2)：123－130．

[11] 万祎，胡建英，安立会，等．利用稳定氮和碳同位素分析渤海湾食物网主要生物种的营养层次[J]．科学通报，2005，50(7)：708－712．

[12] 颜云榕，张武科，卢伙胜，等．应用碳、氮稳定同位素研究北部湾带鱼(Trichiurus lepturus)食性及营养级[J]．海洋与湖沼，2012，43(1)．

[13] 李由明，黄翔鹄，刘楚吾．碳氮稳定同位素技术在动物食性分析中的应用[J]．广东海洋大学学报，2007(4)．

[14] 国家技术监督局 N T S B. Marine Survey Standard－Marine Biology Survey[M]. Beijing: China Standards Press, 1991.

[15] 国家技术监督局．海洋生物调查的标准[M]．北京：中国标准出版社，1991．

[16] 上海水产学院，中国科学院动物研究所，中国科学院海洋研究所．南海鱼类志[M]．北京：科学出版社，1962．

[17] DeNiro M J, Epstein S. Influence of diet on the distribution of carbon isotopes in animals[J]. Geochimica et Cosmochimica Acta, 1978, 42(5): 495－506.

[18] Masao M, Eitaro W. Stepwise enrichment of 15 N along food chains: Further evidence and the relation between 15 N and animal age[J]. Geochimica et Cosmochimica Acta, 1984, 48(5): 1135－1140.

[19] 沈国英，施并章．海洋生态学．北京：科学出版社，2002．

[20] Vander Zanden M J, Rasmussen J B. Variation in δ^{15}N and δ^{13}C Trophic Fractionation: Implications for Aquatic Food Web Studies[J]. Limnology and Oceanography, 2001, 46(8): 2061－2066.

[21] 郭旭鹏，李忠义，金显仕．采用碳氮稳定同位素技术对黄海中南部鳀鱼食性的研究[J]．海洋学报，

2007, 29(2): 98 - 104.

[22] Post D M. Using stable isotopes to estimate trophic position: Models, methods and assumptions[J]. Ecology, 2002, 83(3): 703 - 718.

[23] Hyslop E J. Stomach contents analysis a review of methods and their application[J]. Journal of Fish Biology, 1980, 17(4): 411 - 429.

[24] Morato T, Santos R S, Andrade J P. Feeding habits, seasonal and ontogenetic diet shift of blacktailcomber, Serranus atricauda (Pisces: Serranidae), from the Azores, north - eastern Atlantic[J]. Fisheries Research, 2000, 49(1): 51 - 59.

[25] 颜云榕，王田田，侯刚，等．北部湾多齿蛇鲻摄食习性及随生长发育的变化[J]．水产学报，2010(7).

[26] Jake Vander Zanden M, Fetzer W W. Global patterns of aquatic food chain length[J]. 2007(116): 1378 - 1388.

[27] Hobson K, Piatt J F, Pitocchelli J. Using stable isotopes to determine seabird trophic relationships[J]. Journal of Animal Ecology, 1994, 4(63): 796 - 798.

[28] 蔡德陵，张淑芳，张经．天然存在的碳、氮稳定同位素在生态系统研究中的应用[J]．质谱学报，2003(3): 434 - 440.

[29] 张月平．南海北部湾主要鱼类食物网[J]．中国水产科学，2005, 12(5): 621 - 631.

挺水植物根系对底泥抗蚀作用的实验研究

金　晶　张饮江

（上海海洋大学水产与生命学院，上海 201306）

摘要： 研究挺水植物对水体悬浮物沉积与沉积物再悬浮的影响。通过黄花鸢尾（*Iris pseudacorus*）、花菖蒲（*Iris ensata* var. *hortensis*）两种挺水植物生长对高浊度水体悬浮物沉积作用，并且利用模拟扰动环境对水体沉积物再悬浮作用进行实验研究。结果表明：①两种挺水植物均能在高浊度水体较好生长；②植栽组对水体悬浮物沉积作用明显，控制在8～11NTU，明显低于未植栽组；③低强度扰动（$R<1\ 200$ r/min）下，植栽组水体沉积物再悬浮量受水体的冲击较小，再悬浮量低，水体浊度基本无变化，未植栽组再悬浮量较高，浊度有一定起伏；④高强度扰动（$R>1\ 200$ r/min）下，植栽组水体沉积物再悬浮量有所升高，水体浊度升至77NTU，但仍明显低于未植栽组（257NUT）；⑤沉积物再悬浮量与植株生长状况密切相关，植株比根长、根长密度高，水体沉积物再悬浮量低。

关键词： 挺水植物；根系；抗蚀效能；悬浮物；沉积物；风浪扰动

底泥是水生态系统的重要组成部分，是营养物、重金属、持久性有机污染物的汇合源[1]。因此底泥常被视做水环境的重要信息库[2]，以研究水体的内源污染，控制水体富营养化。然而浅水、滨水带等水体易受风浪、水流等外力扰动，导致底泥与水体产生强烈交换[3]，引起表层沉积物营养盐的释放，水体内源负荷明显增强[4]，进而带来水体生物数量以及水体光照度的变化。水体悬浮物沉积、沉积物再悬浮是一个频繁发生的过程，其研究具有重要的理论及实际意义。该过程不仅包含一系列物理变化，同时发生大量的生物和化学变化[4]，因此对浅层水体悬浮物沉积、沉积物悬浮的研究也成为目前国际研究的热点课题之一[5]。近年来，国内外学者围绕外力扰动条件下水域沉积物的再悬浮特征开展了大量的野外原位观测和室内模拟实验，建立了不少理论模型。如秦伯强等[6]从湖流和波浪引起的底泥侵蚀及野外观测结果角度分析，认为风速大于6.5 m/s以上，沉积物将发生大规模悬浮，一次风浪可能引起水体溶解性磷含量增加0.005 mg/L。范成新等[7]利用相关资料和室内扰动模拟实验，估算了风浪作用和生物转化作用对太湖悬浮颗粒物磷分解对水体磷的贡献。文献[8]研究风速对深水沉积物再悬浮和起动的影响，认为日平均风速中有40%

基金项目：国家水专项（08zx07101－005－01）；上海市重点学科建设项目（Y1110，S30701）

作者简介：金晶（1987—），女，硕士研究生，专业方向为水域环境生态修复，E-mail：jing200620@163.com

通信作者：张饮江，E-mail：yjzhang@shou.edu.cn

大于10 km/h(约3 m/s)时湖底受到频繁扰动。水生植物独特的空间结构，可降低水流速度、减弱水动力扰动作用等，特别是植物根系，在底泥中的穿插、缠绕、固结等作用，改变土壤的理化性质，有效提高底泥抗侵蚀效能，从而稳定沉积物[9]，提高水体透明度。但由于根—土系统、水体外力扰动特征的复杂性，到目前为止，有关水生植物根系，特别是挺水植物根系在悬浮物含量高的底泥环境中的形态、数量、分布及其对水体悬浮物沉积的定量动态关系的研究少有报道。

为定量化研究水生植物群落的这种作用，选用长江土著种黄花鸢尾和花菖蒲两种挺水植物，定量研究植物群落生长对高浊度水体悬浮物的影响并分析模拟扰动环境下底泥抗蚀效能，以期揭示挺水植物对浅水、滨水等水域悬浮物沉积、沉积物再悬浮的规律，为浅水悬浮物沉积及再悬浮等研究提供理论参考。

1　材料与方法

1.1　实验材料

选择黄花鸢尾(*Iris pseudacorus*)、花菖蒲(*Iris ensata* var. *hortensis*)2种常见挺水植物，黄花鸢尾、花菖蒲与底泥均购于上海浦东川沙九菊圃苗木基地。挑选黄花鸢尾、花菖蒲生长状态良好、形状基本相同。

1.2　实验设置

实验于2012年7—10月进行。实验容器为长57 cm、宽42 cm、高35 cm的长方体水箱，底部铺设11 cm厚底泥，加至25 cm高的自来水，并充分搅拌，使水与泥充分混合。将植株洗净，以密度为鸢尾33.4株/m^2、花菖蒲54.3株/m^2移栽至容器中，稳定2天后将水加至35 cm高(浊度>1 000 NTU)开始室外实验。每个容器均种植2种植物，设置3个平行对比组(P1，P2，P3)。另设置3个不种任何挺水植物的底泥空白对照组(B1，B2，B3)(图1，图2)。实验期间每天晚上17：00对各容器浇水(下雨天除外)。实验始末分别测定植物各生长指标。实验开始后每天进行水体浊度检测，了解水体浊度变化。

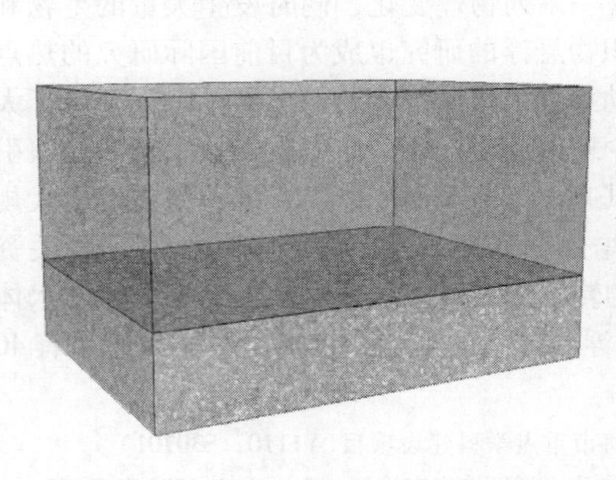

图1　实验水箱装置

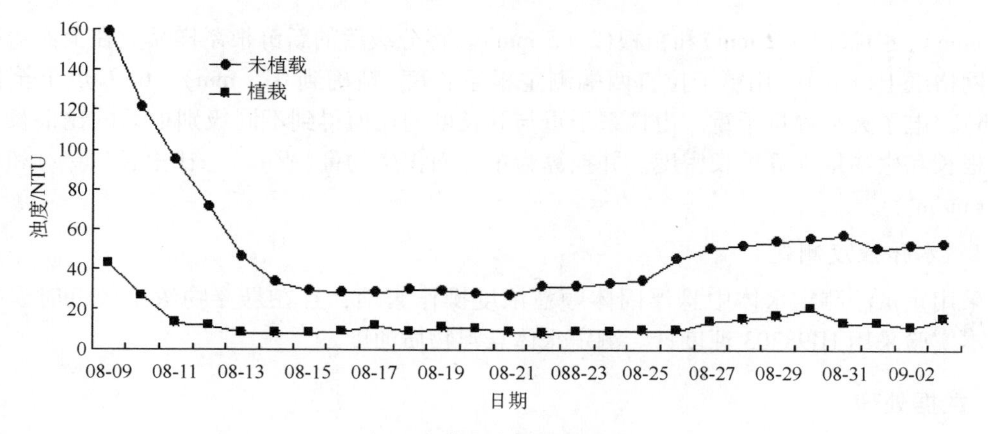

图 2　水体浊度随时间变化

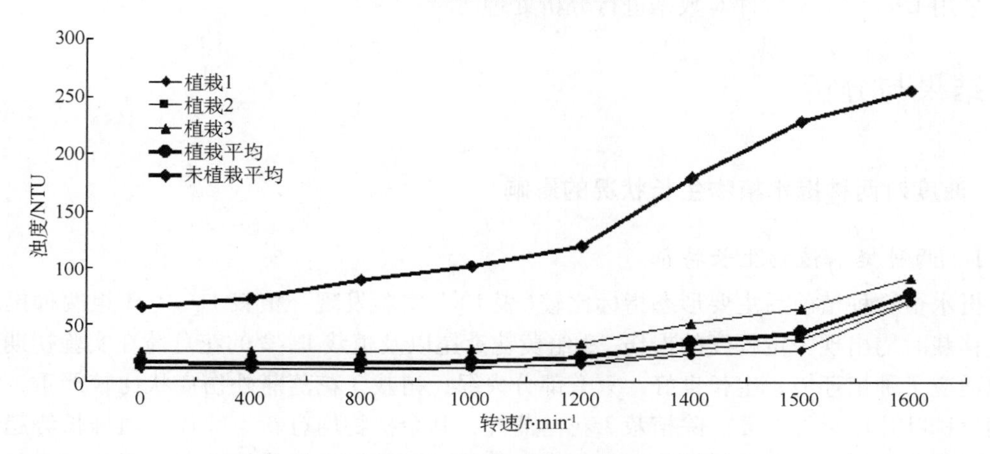

图 3　不同转速下植栽各组水体浊度的变化

待水体浊度稳定后，通过控制 JJ－1 A100 w 数显精密增力电动搅拌器，调节转速进行模拟自然风浪。设搅拌器转速分别为(400 ± 10) r/min，(800 ± 10) r/min，(1 000 ± 10) r/min，(1 200 ± 10) r/min，(1 400 ± 10) r/min，(1 500 ± 10) r/min 和(1 600 ± 10) r/min。每 5 min 从采样点处抽取上覆水，测定水体浊度，并分别保持在 20 min 以上，保证上覆水中悬浮物浓度稳定，测定不同转速下容器中离搅拌器中心 10 cm、20 cm、40 cm 处的水体浊度变化。

1.3　检测方法

1.3.1　植株外观生长状况测定

实验期间观察其外观生长状况。外伤症状目测估计方法[10]，将外伤症状分为 4 级：Ⅰ级，正常生长(无伤害)，目测不到伤害症状；Ⅱ级，轻度伤害，仅植株中心部分失绿；Ⅲ级，中度伤害，植株中心部位及成熟叶片边缘不同程度失绿；Ⅳ级，重度伤害，整株植物叶片失绿变黄，萎蔫、甚至死亡。

1.3.2　水生植物根系生物量、根长密度、比根长测定

将植栽组底泥、植株用 40 目筛网流水冲洗，洗净后根系按直径分 3 个等级，即细根

（<1 mm）、中根（1 ~2 mm）和粗根（2 ~5 mm）。将分级后的新鲜根系样品放在上面盖有玻璃的网格纸上（mm），用镊子拉直两端测定根系长度（精确到0.5 mm）。65℃烘干至恒重（48 h），电子天平称量干重。由根系干重与其长度的比值得到不同级别根系的比根长，并由比根长和生物量推算根长密度。并换算为单位面积生物量（g/m^2）、比根长（m/g）和根长密度（m/m^2）[11]。

1.3.3　水体浊度测定

采用重量法测定水体中悬浮固体颗粒浓度操作繁琐，且在悬浮物浓度较低时误差较大。本实验采用HI98703浊度计。测定水体悬浮物质浊度。

1.4　数据处理

采用Excel 2003软件对数据进行分析处理。

2　结果与分析

2.1　浊度对两种挺水植物生长状况的影响

2.1.1　两种挺水植物生长特征

挺水植物种植前后主要形态指标比较（表1），实验发现：植栽1、2、3组两种挺水植物在移栽时均出现一定程度的损伤，3组黄花鸢尾以及植栽1、2的花菖蒲在实验初期便较好地适应了种植环境，生长良好，只有部分失绿；植栽3花菖蒲外伤症状比较严重，实验后期植株叶片已全部枯萎。除植栽3花菖蒲外，其余植物均有新生叶片，植株长势趋于好转。因移栽过程中部分植株枯萎、损伤，实验后期两种挺水植物的株高、根长基本低于移栽前。生物量在移栽前后变化较小，因植物移栽枯萎损伤的同时，新叶萌发生长、根系扎根。根冠比出现不同程度的提高，因为植株扎根迅速，地下部分生物量增加明显，而植物移栽叶片损失以及新叶萌发较晚，基本在实验中后期。

表1　挺水植物种植前后其主要形态指标变化

	种类		伤害程度	新叶数量/片	株高/cm	根长/cm	生物量（湿重）/g	根冠比
种植前		黄花鸢尾	Ⅰ	—	81 ~100	22 ~25	1.44	1.53
		花菖蒲	Ⅰ	—	47 ~55	21.5 ~22	0.57	0.83
种植后	植栽1	黄花鸢尾	Ⅱ	8	90 ~103	11 ~25	1.2	1.61
		花菖蒲	Ⅱ	13	45 ~53	12 ~19	0.72	1.57
	植栽2	黄花鸢尾	Ⅱ	10	80 ~94	11 ~23	1.12	1.75
		花菖蒲	Ⅱ	9	50 ~53	13 ~20	0.66	1.43
	植栽3	黄花鸢尾	Ⅱ	11	83 ~96	6 ~20	0.92	1.71
		花菖蒲	Ⅳ	—	—	6 ~16	0.34	—

2.1.2 植栽根系生物量、比根长和根长密度

三植栽组总根系($D<5$ mm)生物量分别为211.65 g/m^2、195.11 g/m^{2}和157.37 g/m^2。粗根(D：2~5 mm)生物量所占比例最高，分别为47.65%、45.93%和49.48%，均占根系总生物量的一半左右；其次为中根(D：1~2 mm)，分别为40.34%、40.43%和32.55%；细根($D<1$ mm)比例较小，分别为12.02%、13.64%和17.97%。

与生物量相反，根的直径越细，比根长越大，细跟的比根长(分别为19.08 m/g、19.97 m/g和15.07 m/g)远远大于中根(分别为2.73 m/g、3.62 m/g和4.02 m/g)和粗根(分别为2.49 m/g、2.64 m/g和2.70 m/g)。

单位面积上$D<5$ mm的总根长分别为968.83 m/m^2、1 053.72 m/m^{2}和841.55 m/m^2。与比根长相似，直径越小，根长密度也越高。细根占比例最高，分别为50.07%、50.45%和50.63%，其次为中根与粗根。

表2 植栽各组不同直径根系生物量、比根长和根长密度

直径/mm		生物量/g·m^2	比根长 SRL/m·g^{-1}	根长密度 RLD/m·m^{-2}
植栽1	<1	25.43	19.08	485.08
	1~2	85.37	2.73	232.63
	2~5	100.85	2.49	251.12
植栽2	<1	26.62	19.97	531.60
	1~2	78.88	3.62	285.55
	2~5	89.61	2.64	236.57
植栽3	<1	28.28	15.07	426.04
	1~2	51.22	4.02	205.65
	2~5	77.87	2.70	209.86

2.2 植栽对水体浊度的影响

实验结果显示，水体浊度变化主要集中在实验前期。从8月7日植物移栽后，植栽组与未植栽组对水体悬浮物沉积作用均非常明显，植栽组浊度在8月9日就已急速下降至42.5 NTU，未植栽组降至159 NTU。植栽组8月11日后浊度趋于稳定(8~11 NTU)，8月26日后略有波动，8月30日又稳定于10~16 NTU；未植栽组在8月15日后，浊度降至29.1 NTU，之后并趋于稳定(25~35 NTU)，8月25日后浊度有较大提升，后稳定于50~60 NTU。

2.3 不同扰动对水体浊度的影响

不同扰动下对水体浊度的变化(见图3)，与对照组(未植栽平均)相比，植栽3组在不同转速模拟不同风浪强度下，水体浊度变化较小。转速在1 200 r/min内，植栽组水体浊度基本稳定在27~35 NTU；1 400 r/min开始，水体浊度有一定提升，升幅不大；

1 600 r/min 开始，增幅较大，水体浊度升至 77 NTU。未植栽组在 1 200 r/min 内，水体浊度就有一定增幅，从 65 NTU 升至 121 NTU；1 200 r/min 后开始有较大增幅；1 600 r/min 时水体浊度升至 257 NUT。

在 3 个植栽组中，不同转速下水体浊度变化趋势基本相近；植栽 3 水体浊度最高，并在 1 200 r/min 后，水体浊度增幅最大。

3 讨论

在泥沙型浑浊水体中，由于泥沙对光的吸收、散射等作用，导致水体中入射光衰减、水下光照不足，制约水生植物的生长。实验通过高浊度（ >1 000 NTU）水体，移栽长势良好的黄花鸢尾和黄菖蒲，实验表明：两种挺水植物均能较好地适应高浊度泥沙型水体（移栽损失除外）。根系消耗的碳水化合物主要用于生长、呼吸、养分吸收与同化、有机物分泌等[12]。为了保证生长所需的养分，根系生物量必须维持在一定水平。植栽组根系生物量维持在 200 g/m^2，Jackson 等[13]认为，土壤空间异质性是导致根系分布空间异质性的主要原因，根系对土壤空间异质性的基本反应是调整生物量和根长密度，这也是根系适应土壤空间异质性的策略。水生植物根系吸收机制是在底泥中尽可能投入较多的碳水化合物、扩大根系的面积、尽可能多地吸收养分[14]。根据笔者及 Preigtzer 等[15]和 Guo 等[16]的研究结果，比根长随着直径增加而显著减小，即比根长可能受根系结构（如分支等）控制。

水体悬浮物虽有较强的自我沉降作用，但水体浊度变化与水生植物植栽与否密切相关。实验表明，植栽组对高浊度水体悬浮物沉积作用明显，并在模拟不同风浪扰动下，植栽组水体再悬浮情况显著高于未植栽组。高等水生植物可减小上覆水流速、阻尼和风浪扰动，在沉积物 - 水界面中形成一道屏障，不仅为微生物及其他生物提供栖息地，也有利于植物残体和悬浮物沉降、积淀[17]。挺水植物发达的根系、叶片形成较大的接触面积，悬浮颗粒物、不溶性胶体、附着于根系的细菌（部分凝集的菌胶体）会被植物根系、叶片黏附或吸附而沉积，从而加速水体悬浮物沉降，增强底质的稳定性，降低水体悬浮物含量[18]。从而提高植株光合作用率，促进植株生长，特别是地下部分根系的生长，增加根冠比，根系能最大效能地接触土体，有效改变底泥的理化性质，增强底泥抗分散能力，提高底泥的抗蚀性[19]，形成底质 - 水 - 草良性循环。

同时，水体浊度变化与水生植物生长状况密切相关。3 平行植栽组因挺水植物生长状况不一，显示出不同程度的悬浮沉积及不同扰动下再悬浮效果。其中植栽 1、2 植物生长较好，表层沉积物受水体的冲击较小，再悬浮的量低；植栽 3 花菖蒲实验后期死亡，水体再悬浮的量较植栽 1、2 高。风浪扰动下，水体产生悬浮的沉积物往往是沉积物表层那些结构疏松无定形的无机大分子絮凝物和有机碎屑，其比重较小，几乎每出现一次扰动过程这些疏松物都参加；此后再悬浮的固体物则可能为沉积物中的那些细小颗粒[4]。在强烈扰动环境下，更大的粒径粉砂、细砂甚至粗砂也离开沉积物表层参与再悬浮，从而大大增加了悬浮物 - 水接触物理界面，在沉积物与水的激烈撞击环境下，增加悬浮沉积物与水体间营养元素的交换，使水体进一步污染[4]。李勇、朱显谟等人研究结果也表明，$D<1$ mm 须根能显著提高土壤抗冲性能，并认为单位土壤截面积上 $D<1$ mm 须根的数量与土壤抗冲之间关系密切[20]。本实验挺水植物对底泥抗蚀效能与土壤基本相似。

参考文献

[1] 徐少君，曾波．三峡库区5种耐水淹植物根系增强土壤抗侵蚀效能研究[J]．水土保持学报，2008，22(6)：13－18.

[2] 范成新，刘元波，陈荷生．太湖底泥蓄积量估算及分布特征探讨[J]．上海环境科学，2000，19(2)：72－75.

[3] 李一平，逄勇，李勇．水动力作用下太湖底泥的再悬浮通量[J]．水利学报，2007，38(5)：558－564.

[4] 范成新，张路，秦伯强，等．风浪作用下太湖悬浮态颗粒物中磷的动态释放估算[J]．中国科学，2003，33(8)：760－768.

[5] 尤本胜，王同成，范成新，等．太湖沉积物再悬浮模拟方法[J]．湖泊科学，2007，19(5)：611－617.

[6] 秦伯强，胡维平，张金善，等．太湖沉积物悬浮的动力机制及内源释放的概念性模式[J]．科学通报，2003，48 (17)：1822－1831.

[7] 范成新，张路，秦伯强，等．风浪作用下太湖悬浮态颗粒物中磷的动态释放估算．中国科学，D辑，2003，33(8)：760－768.

[8] Evans R D. Empirical evidence of the importance of sediment resuspension in lakes. Hydrobiologia，1994，284：5－12.

[9] Horppila J，Nurminen L. The effect of anemergent m acrophyte (Typhaangustifolia) on sediment resuspension in asha llow north temperate lake [J]. Fresh water Biology，2001(46).

[10] 秦天才，吴玉树，黄巧云，等．镉、铅单一和复合污染对小白菜抗坏血酸含量的影响[J]．生态学杂志，1997，16(3)：31－34.

[11] 梅莉，王政权，韩有志，等．水曲柳根系生物量、比根长和根长密度的分布格局[J]．应用生态学报，2006，17(1)：1－4.

[12] 梅莉，王政权，程云环，等. 林木细根寿命及其影响因子研究. 植物生态学报，2004，28(5)：704－710.

[13] Jackson R B，Canadell J R，Mooney H A，et al. A globnl malysis of root distribution for terrestrial biomass. Oecologia，1996，108(3)：389－411.

[14] Fransen B，Kroon H D，Berendse F. Root morpbological plasticity and nutrient acquisition of perenial grass species from habitats of different nutrient availability. Oecologia，1998，115(3)：351－358.

[15] Pregitzer K S，Deforest J L，Burton A J，et al. Fine root architecture of nine North American trees. Ecol Monogr，2002，72(2)：293－309.

[16] Guo Dali，Mitchell R J，Hendricks J J. Fine root branch orders respond differentially to carbon source-sink manipulstions in a longleaf pine forest[J]. Oecologia，2004，140(3)：450－457.

[17] 郭长城，喻国华，王国祥．高等水生植物对悬浮颗粒物再悬浮的影响[J]．人民黄河．2007，19(4)：37－38.

[18] Robert H，Kadlec，Robert L Knight. Constructed Wetlands for Pollution Control[M]. USA：W A Publishing，2002.

[19] 刘国彬．黄土高原草地土壤抗冲性及其机理研究[J]．水土保持学报，1998，4(1)：93－96.

[20] 李勇，徐晓琴，朱显谟，等．草类根系对土壤抗冲性能的强化效应[J]．土壤学报，1992，29(3)：302－309.